O'Reilly精品图书系列

Java技术手册

（原书第7版）

U0171704

[英] Benjamin J. Evans
[美] David Flanagan 著

张世武 李想 译

Beijing · Boston · Farnham · Sebastopol · Tokyo

O'Reilly Media, Inc. 授权机械工业出版社出版

机械工业出版社

图书在版编目（CIP）数据

Java 技术手册：原书第 7 版 / (英) 本杰明・J. 埃文斯（Benjamin J. Evans），(美) 大卫・弗拉纳根（David Flanagan）著；张世武，李想译 . -- 北京：机械工业出版社，2021.8
(O'Reilly 精品图书系列)

书名原文：Java in a Nutshell: A Desktop Quick Reference, Seventh Edition

ISBN 978-7-111-68990-4

I. ①J… II. ①本… ②大… ③张… ④李… III. ① JAVA 语言－程序设计－技术手册
IV. ①TP312-62

中国版本图书馆 CIP 数据核字（2021）第 170644 号

北京市版权局著作权合同登记
图字：01-2019-5418 号

Copyright © 2019 Benjamin J. Evans and David Flanagan. All right reserved.

Simplified Chinese Edition, jointly published by O'Reilly Media, Inc. and China Machine Press, 2021. Authorized translation of the English edition, 2019 O'Reilly Media, Inc., the owner of all rights to publish and sell the same.

All rights reserved including the rights of reproduction in whole or in part in any form.

英文原版由 O'Reilly Media, Inc. 出版 2019。

简体中文版由机械工业出版社出版 2021。英文原版的翻译得到 O'Reilly Media, Inc. 的授权。此简体中文版的出版和销售得到出版权和销售权的所有者——O'Reilly Media, Inc. 的许可。

版权所有，未得书面许可，本书的任何部分和全部不得以任何形式重制。

封底无防伪标均为盗版
本书法律顾问
北京大成律师事务所 韩光 / 邹晓东

书　　名 / Java 技术手册（原书第 7 版）

书　　号 / ISBN 978-7-111-68990-4

责任编辑 / 王春华　李美莹

封面设计 / Karen Montgomery，张健

出版发行 / 机械工业出版社

地　　址 / 北京市西城区百万庄大街 22 号（邮政编码 100037）

印　　刷 / 北京诚信伟业印刷有限公司

开　　本 / 178 毫米 ×233 毫米　16 开本　24.5 印张

版　　次 / 2021 年 9 月第 1 版　2021 年 9 月第 1 次印刷

定　　价 / 129.00 元（册）

客服电话：(010) 88361066　88379833　68326294
华章网站：www.hzbook.com
投稿热线：(010) 88379604
读者信箱：hzit@hzbook.com

O'Reilly Media, Inc.介绍

O'Reilly以"分享创新知识，改变世界"为己任。40多年来我们一直向企业、个人提供成功所必需之技能及思想，激励他们创新并做得更好。

O'Reilly业务的核心是独特的专家及创新者网络，众多专家及创新者通过我们分享知识。我们的在线学习（Online Learning）平台提供独家的直播培训、图书及视频，使客户更容易获取业务成功所需的专业知识。几十年来O'Reilly图书一直被视为学习开创未来之技术的权威资料。我们每年举办的诸多会议是活跃的技术聚会场所，来自各领域的专业人士在此建立联系，讨论最佳实践并发现可能影响技术行业未来的新趋势。

我们的客户渴望做出推动世界前进的创新之举，我们希望能助他们一臂之力。

业界评论

"O'Reilly Radar博客有口皆碑。"

—— *Wired*

"O'Reilly凭借一系列非凡想法（真希望当初我也想到了）建立了数百万美元的业务。"

—— *Business 2.0*

"O'Reilly Conference是聚集关键思想领袖的绝对典范。"

—— *CRN*

"一本O'Reilly的书就代表一个有用、有前途、需要学习的主题。"

—— *Irish Times*

"Tim是位特立独行的商人，他不光放眼于最长远、最广阔的领域，并且切实地按照Yogi Berra的建议——如果你在路上遇到岔路口，那就走小路——去做了。回顾过去，Tim似乎每一次都选择了小路，而且有几次都是一闪即逝的机会，尽管大路也不错。"

—— *Linux Journal*

译者序

Java 语言从 1995 年 5 月 23 日问世以来，已有 26 年了。在这段时光中互联网领域蓬勃发展，众多编程语言兴起又没落，但是 Java 始终长盛不衰，可以说一直是最受欢迎的语言。Java 的成功，译者认为最大的因素是它拥有一个强大的社区，这让 Java 能够不断吸收各种语言的长处，从而实现自我革新、与时俱进。从 Java 的发展历程，我们能够看到 Java 逐渐吸收了一些函数式编程的特性，也兼具了一些动态语言的特性。也正是这种发展思路，让 Java 在网络服务开发、移动端开发、大数据以及人工智能领域都有深刻而广泛的应用。

本书共分为两部分，第一部分介绍了 Java 开发环境、基本句法、面向对象编程、类型系统、内存管理以及并发机制，第二部分介绍了 Java 原生的核心库以及一些中高级开发者常用的技术，包括文档约定、集合类、数据格式、文件和 I/O 操作、类加载、反射、模块化以及平台工具。本书既适合新手 Java 程序员入门，也适合有多年 Java 开发经验的工程师阅读。

本书的翻译工作经过了精心组织，在翻译时我们不仅结合了自己多年的 Java 实践经验，还参考了众多知名企业的业界专业人士的意见。本书的译者都拥有超过 10 年的 Java 开发经验。其中，张世武负责第 1、2、3、8、10、11 章的翻译及校对，李想负责第 4、5、6、7、9、12、13 章的翻译和校对及全书统稿。在本书翻译过程中，我们讨论了多次，力求达到信、达、雅。但由于本书涉及很多新概念，有的业界尚无统一术语，且译者水平有限，译稿中难免会出现一些问题，欢迎广大读者及业内同行批评指正。

在翻译本书的过程中，译者得到了来自蚂蚁金服人工智能团队多位同事的帮助。通过与这些资深工程师进行探讨，很多概念得以厘清，很多表述得到了恰当的中文表达。这里特别感谢王义、桂正科、林昊、朱仲书、李建强等经验丰富又对技术充满极大热忱的工程师。同时，还要感谢译者的家人，他们的支持与宽容为我们的翻译工作创造了宽松的环境。

译者

目录

序

2014 年 3 月，Java 8 发布了，在几个月之后，本书第 6 版问世了。从那时起，Java 世界发生了很多变化。其中，最大的新闻是 Java 平台模块化（Project Jigsaw）的到来，以及新的六个月的发布周期。这两点将是 Java 平台和生态系统在未来 20 年内继续进步和成功的关键。

延迟许久的 Java 9 发布了（引入了模块化），紧随其后 Java 10 和 Java 11 也发布了，目前，Java 8 和 Java 11 是受到长期支持的版本。这些发布节奏的变化，让开源的 OpenJDK 走到了 Java 世界的最前沿，现在几乎所有的 Java 发行版都基于开源的代码库，也遵循其开源许可协议。

随着平台的不断发展，Java 已经很好地适应了新兴的领域（比如云和微服务），因为新的特性已经随着 Java 9 到 Java 11 各个版本的发布而陆续到来。无论开发者们是使用可靠的 Java 8，还是跟着 Java 11 一起加入微服务世界，Java 世界在未来几年里都将继续蓬勃发展。

无论是哪种情况，现在都是加入（或返回）Java 应用程序开发的好时机。未来将会发生一些重大的变化（比如值类型），这些变化将从根本上改变 Java 开发的特性。接下来的一两年，这些变化将开始出现，并成为 Java 开发人员日常工作的一部分。

在对 David 的这本经典著作再一次进行修订时，如果既能保留之前版本的原汁原味，又能引起新一代开发者的关注，那我就十分满足了。

Benjamin J. Evans
2018 年于蒙特雷

前言

这是一本 Java 案头参考书，适合放在键盘旁，编程时随时翻阅。本书第一部分快速准确地介绍了 Java 编程语言和 Java 平台的核心运行时概念。第二部分通过重要的核心 API 示例来解释关键概念。本书虽然涵盖 Java 11，但考虑到有些行业还没有开始使用这个版本，所以只要有需要，我们就会特别注明 Java 8、Java 9 或者 Java 10 引入的特性。本书全面使用 Java 11 句法，包括 var 关键字和 lambda 表达式。

第 7 版的变化

本书第 6 版涵盖了 Java 8，而第 7 版囊括了 Java 11。然而，随着 Java 9 的出现，Java 的发布过程发生了很大的变化，因此本书英文版在 Java 9 问世一年后才出版。Java 11 也是自 Java 8 以来 Java 第一个长期支持（LTS）的版本，因此许多行业看起来会直接从 Java 8 跳到 Java 11。

在第 7 版中，我们试图更新技术指南的概念。现代 Java 开发人员需要知道的不仅仅是句法和 API。随着 Java 环境愈加成熟，并发、面向对象设计、内存和 Java 类型系统等内容都变得越来越重要，甚至在主流开发人员中也是如此。

由于大多数 Java 开发者可能只对 Java 的最新版本感兴趣，所以在第 7 版中我们通常只在 Java 8 及其之后的新特性出现时才加以强调。

Java 模块系统（随 Java 9 发布）至少对部分开发者来说可能还是全新的，它代表了一个重大的变化。

本书内容

第一部分（前 6 章）介绍了 Java 语言和 Java 平台，这些内容一定要仔细阅读。本书偏向 Oracle/OpenJDK（Open Java Development Kit）对 Java 的实现，但又不局限于此，使用其他 Java 环境的开发者仍然能看到很多对其他环境的介绍。第一部分包括如下内容：

- 第 1 章

  这一章概述 Java 语言和 Java 平台，说明 Java 的重要特性和优势，包括 Java 程序的生命周期。最后会介绍 Java 的安全性，并回应一些针对 Java 的批评。

- 第 2 章

  这一章详细介绍 Java 编程语言，包括 Java 8 的改动。这一章内容很多，也很详细，不过阅读前不需要读者有大量编程经验。有经验的 Java 程序员可以把这一章当成语言参考。有大量 C 和 C++ 开发经验的程序员阅读这一章之后，也能快速了解 Java 的句法。只有少量编程经验的初学者经过认真阅读，应该也能学会 Java 编程，不过最好再结合其他资料一起学习（例如 Bert Bates 和 Kathy Sierra 合著的 *Head First Java*，O'Reilly 出版）。

- 第 3 章

  这一章介绍如何利用第 2 章介绍的 Java 基本句法，使用 Java 中的类和对象编写简单的面向对象程序。这一章不要求读者有面向对象编程经验。新手程序员可以将其当成教程，有经验的 Java 程序员则可以将其当作参考。

- 第 4 章

  这一章以前面对 Java 面向对象编程的说明为基础，介绍 Java 类型系统的其他方面，例如泛型、枚举类型和注解。全面了解类型系统之后，我们就可以讨论 Java 8 最大的变化——lambda 表达式了。

- 第 5 章

  这一章概述设计可靠的面向对象程序所需的一些基本技术，还会简单介绍一些设计模式及其在软件工程中的用处。

- 第 6 章

  这一章讨论 Java 虚拟机代替程序员管理内存的方式，以及内存、可见性与 Java 并发编程和线程之间错综复杂的关系。

前 6 章主要介绍如何使用 Java 语言，也介绍了 Java 平台最重要的一些概念。本书第二部分则告诉读者如何在 Java 环境中完成实际的编程任务。这部分包含大量示例，以攻略方式撰写。第二部分包括如下内容：

- 第 7 章

  这一章介绍 Java 编程中重要且运用广泛的重要约定，还会介绍如何使用特定格式的文档注释来让 Java 代码进行自我文档化。

- 第 8 章

  这一章介绍 Java 的标准集合库,包含几乎对每个 Java 程序都很重要的数据结构,例如 List、Map 和 Set。此外,还会详细介绍新引入的 Stream 抽象,以及 lambda 表达式和集合之间的关系。

- 第 9 章

  这一章说明如何有效地使用 Java 处理常见的数据类型,例如文本、数字和时间相关的信息(日期和时间)。

- 第 10 章

  这一章涵盖几种不同的文件访问方式,包括 Java 旧版本中的经典方式和现代的异步方式。这一章最后还会简单介绍如何使用 Java 平台的核心 API 进行网络连接。

- 第 11 章

  这一章介绍 Java 隐含的元编程功能——首先介绍 Java 类型元数据的概念,然后介绍类加载,以及 Java 的安全模型和动态类型加载之间的关系。这一章还会介绍几个类加载程序和相对较新的方法句柄特性。

- 第 12 章

  这一章介绍 Java 平台模块化(JPMS),它是 Java 9 引入的主要特性,还将介绍它带来的广泛变化。

- 第 13 章

  Oracle 提供的 JDK(和 OpenJDK)包含很多有用的 Java 开发工具,其中最重要的是 Java 解释器和编译器。这一章会介绍这些工具,以及 jshell 交互环境,还有使用模块化 Java 的新工具。

- 附录 A

  本附录介绍了 Nashorn,它是一个运行在 Java 虚拟机上的 JavaScript 实现。Nashorn 随 Java 8 发布,并提供了其他 JavaScript 实现的替代方案。

相关书籍

O'Reilly 出版了一系列 Java 编程书籍,其中有几本与本书配套。如下所示:

- Patrick Niemeyer 和 Daniel Leuck 合著的 *Learning Java*

  这是一本全面的 Java 教程,包含 XML 和客户端 Java 编程。

- Richard Warburton 编写的 *Java 8 Lambdas*

  这本书详细介绍了 Java 8 引入的 lambda 表达式,而且介绍了使用 Java 早期版本的程序员可能不熟悉的函数式编程。

- Bert Bates 和 Kathy Sierra 合著的 *Head First Java*

  这本书使用独特的方式介绍 Java。习惯形象化思维的开发者往往觉得这本书是对传统 Java 书籍的补充。

O'Reilly 出版的所有 Java 书籍都可以在 *http://java.oreilly.com/* 找到。

排版约定

本书使用了下述排版约定。

- 斜体（*Italic*）

  表示命令、电子邮箱地址、网址、FTP 站点、文件及目录名。

- 等宽字体（`Constant width`）

  表示 Java 代码，也表示编程时输入的字面量，例如关键字、数据类型、常量、方法名、变量、类名和接口名。

- 等宽斜体（`Constant width italic`）

  表示函数的参数名称，一般还表示占位符，表明要换成程序中真正使用的值。有时还用来指代概念区域或代码行，例如 *statement*。

这个图标表示提示或建议。

这个图标表示一般性说明。

这个图标表示警告或提醒。

O'Reilly 在线学习平台（O'Reilly Online Learning）

O'REILLY® 近 40 年来，O'Reilly Media 致力于提供技术和商业培训、知识和卓越见解，来帮助众多公司取得成功。

我们拥有独一无二的专家和创新者组成的庞大网络，他们通过图书、文章、会议和我们的在线学习平台分享他们的知识和经验。O'Reilly 的在线学习平台允许你按需访问在线培训课程、深入的学习路径、交互式编程环境，以及 O'Reilly 和 200 多家其他出版商提供的大量教材和视频资源。有关的更多信息，请访问 *http://oreilly.com*。

如何联系我们

对于本书，如果有任何意见或疑问，请按照以下地址联系本书出版商。

美国：

O'Reilly Media，Inc.
1005 Gravenstein Highway North
Sebastopol，CA 95472

中国：

北京市西城区西直门南大街 2 号成铭大厦 C 座 807 室（100035）
奥莱利技术咨询（北京）有限公司

要询问技术问题或对本书提出建议，请发送电子邮件至 *bookquestions@oreilly.com*。

本书英文版配套网站 *https://bit.ly/java_nutshell_7e* 列出了勘误表、示例以及其他信息。

关于书籍、课程、会议和新闻的更多信息，请访问我们的网站 *http://www.oreilly.com*。

我们在 Facebook 上的地址：*http://facebook.com/oreilly*

我们在 Twitter 上的地址：*http://twitter.com/oreillymedia*

我们在 YouTube 上的地址：*http://www.youtube.com/oreillymedia*

致谢

Meghan Blanchette 是本书第 6 版的编辑，她十分注重细节、性格开朗、专业扎实，在撰写本书过程中的每个重要时刻都为我们提供了额外的动力。

特别感谢 Jim Gough、Richard Warburton、John Oliver、Trisha Gee 和 Stephen Colebourne。

Martijn Verburg 始终是我们的好朋友和商业伙伴，我们经常征求他的意见，他为我们提供了很多有用的建议。

Benjamin 要特别感谢每一个给他反馈和帮助他提升写作能力的人。特别感谢 Caroline Kvitka、Victor Grazi、Tori Weildt 和 Simon Ritter 提出的有用建议。如果他没有采纳他们的出色建议，当然应该责怪他自己。

第一部分

Java 介绍

第一部分介绍 Java 语言和 Java 平台，其中各章提供了足够的信息，以便你立即开始使用 Java。

第 1 章

Java 环境介绍

欢迎学习 Java 11。

Java 版本号变化之快可能会震惊广大从业者，笔者自然也不例外。Java 5 的面世还宛如昨日，然而时光飞逝，转眼间 14 年过去了，Java 主版本又迭代了 6 次（截至 2018 年）。

你很可能是从其他编程语言转向 Java 的，也可能这是你接触的第一门编程语言。不管你是如何到达这里的，都要欢迎你。很高兴你选择了 Java。

Java 是一个强大而通用的编程环境，也是当今世界使用范围最广的编程语言之一，在商业和企业计算领域都取得了极大的成功。

本章将介绍 Java 语言（程序员利用它编写应用程序）、Java 虚拟机（应用程序运行宿主）和 Java 生态系统（为开发者提供编程环境的价值）。

我们会从介绍 Java 编程语言和虚拟机发展简史说起，然后介绍 Java 程序的生命周期，最后厘清 Java 与其他编程环境之间一些常见的疑问。

本章最后将介绍 Java 的安全性，此外还将讨论一些与安全编程相关的话题。

1.1 Java 语言、JVM 和生态系统

Java 编程环境诞生于 20 世纪 90 年代末，它由 Java 语言和运行时组成。运行时通常也被称为 Java 虚拟机（Java Virtual Machine，JVM）。

Java 刚出现时，这种分离式的设计方式很新潮，但最近的趋势表明，这已经变成了通用范式。值得一提的是微软的 .NET，它比 Java 晚几年出现，但采用了非常类似的平台架构方式。

与 Java 相比，微软的 .NET 平台有个重要的区别，人们潜意识中都觉得 Java 是相对开放的生态系统，有多个贡献者。在 Java 的演进过程中，这些贡献者既合作又竞争，这种态势不断推进了 Java 技术的发展。

Java 整个生态系统是个标准的环境，这是其取得成功的关键因素。这意味着组成 Java 环境的各种技术都有严格的规范。这些标准为开发者和客户树立了信心，坚信自己所用的技术能与其他组件兼容，即便它们来自不同的技术提供方也丝毫不会受影响。

Java 目前的拥有者为甲骨文公司（甲骨文收购了发明 Java 的太阳计算机系统公司，简称 Sun）。红帽、IBM、亚马逊、阿里巴巴、SAP、Azul System、富士通等公司也积极参与了 Java 标准技术的实现。

从 Java 11 开始，Java 的主要参考实现是开放源码的 OpenJDK，这些公司中的许多都在 OpenJDK 上进行协作，并将其作为发布产品的基础。

事实上，Java 由多个不同但相互关联的环境和规范组成，它们分别是 Java 移动版（Java ME）[注1]、Java 标准版（Java SE）和 Java 企业版（Java EE）[注2]。本书只涵盖 Java SE 版本 11，以及在介绍某些平台特性时引入的历史注释。

后面会对 Java SE 标准做详细介绍，现在先介绍 Java 语言和 JVM。这是两个不同但又相互关联的概念。

1.1.1 Java 语言是什么

Java 程序由 Java 语言编写。Java 是一种人类可读的编程语言，它基于类，同时也是面向对象的。Java 的句法部分借鉴了 C 和 C++ 等语言，便于有此类语言背景的开发人员迁移至 Java 环境。

尽管源码风格与 C++ 很类似，但是在实践上，由于 Java 的语言特性及托管运行时的存在，它更像 Smalltalk 这样的动态语言。

Java 代码易于阅读和编写（虽然有时会觉得它有点啰唆）。Java 句法简洁，程序结构简洁，有意识地降低了学习曲线的陡峭性。同时也汲取了 C++ 等编程语言的经验，删除了华而不实的特性，保留了这些编程语言的精粹。

注1： Java ME 是针对智能手机和功能手机的较旧的标准。Android 和 iOS 在今天的手机上更为常见，但 Java ME 在嵌入式设备领域仍然占据了巨大市场。

注2： Java EE 现在已经转移到 Eclipse 基金会，在那里它将继续作为 Jakarta EE 项目存在。

总而言之，Java 旨在为公司开发业务关键型应用程序提供稳定、可靠的基础。作为一种编程语言，它具有相对保守的设计和缓慢的变化率。这些特性旨在有意识地保护对组织在 Java 技术方面的投入。

Java 语言从发布之日起，一直在不断地修订（但又没有彻底重构）。这也意味着，最初为 Java 选择的设计方式，即 20 世纪 90 年代末采用的那些权宜之计，仍在深刻地影响着这门语言。详情参考第 2 章和第 3 章。

Java 8 的改动幅度非常大，为近十年来所罕见的（甚至有人认为是 Java 问世以来最大的改动）。lambda 表达式的引入和核心集合代码的大规模改写等，彻底改变了多数 Java 开发者的编码方式。从那以后，Java 平台又发布了另一个版本（Java 9），添加了一个重要特性（尽管延期了很久）：Java 平台模块系统（Java Platform Modules System，JPMS）。

有了这个版本，Java 已经过渡到一个新的、更快的版本模型，在这个模型中，每六个月就会发布一个新的 Java 版本，从 Java 9 到最新的 Java 11 都遵循了这种发布方式。Java 语言由 Java 语言规范（JLS）控制，JLS 定义了符合规范的实现必须遵循的标准。

1.1.2 JVM 是什么

JVM 本质上是一个程序，它为 Java 程序运行提供必需的运行时环境。如果某个硬件或操作系统平台缺少对应的 JVM，就不能运行 Java 程序。

幸运的是，JVM 被移植到了大多数设备中，如机顶盒、蓝光播放器、大型机等都有适配的 JVM。

Java 程序通常在命令行中启动，如下所示：

```
java <arguments> <program name>
```

该命令将在操作系统的一个进程中启动 JVM，提供 Java 运行时环境，然后在刚启动的（空的）虚拟机中按用户指定的方式运行指定的程序。

这很重要，读者不难理解：提供给 JVM 运行的并不是 Java 源码，源码必须转换（或编译）成一种被称为 Java 字节码的格式。提供给 JVM 的 Java 字节码必须符合类文件格式，其扩展名为 .class。

JVM 为程序提供了一个执行环境。它为程序启动字节码解释器，每次执行一条字节码指令。此外，在生产环境中 JVM 还提供了一个运行时编译器，它将会用等效的编译产生的机器码替换程序中重要代码对应的字节码，从而加速程序的运行。

另外，你还应该知道，JVM 和用户提供的程序都能产生额外的线程，因此用户提供的程序中可能同时运行着多个不同的函数。

JVM 的设计并非灵光一现，而是建立在几个早期编程语言的发展经验之上，尤其是 C 和 C++，因此包含了多个设计目的，这些目的（如下所示）都是为了减轻开发者的负担。

- 提供一个容器，让应用程序代码在其中运行。

- 与 C/C++ 相比，提供了一个安全、可靠的执行环境。

- 为开发者管理内存。

- 提供一个跨平台的执行环境。

介绍 JVM 时通常都会提到这些目的。

前面在介绍 JVM 和字节码解释器时已经提到了第一个目的，即 JVM 是应用程序的容器。

第 6 章在介绍 Java 如何管理内存时会讨论第二个和第三个目的。

第四个目的简而言之就是"一次编写，到处运行"，意思是 Java 类文件可轻松地从一个平台迁移到另一个平台，只要有可用的 JVM，就能正常运行。

也就是说，Java 程序可以在运行 macOS 的苹果电脑中开发（并转换成相应的类文件），然后把类文件迁移到 Linux 或微软 Windows（或其他平台）中，无须做任何改动，Java 程序依然能正常运行。

 Java 被移植到了多个平台中，除了 Linux、macOS 和 Windows 等主流平台外，还支持大量其他平台。本书使用"大多数实现"来涵盖普通开发者能接触到的平台。macOS、Windows、Linux、BSD Unix 等被视为"主流平台"，都包含在"大多数实现"的范畴之内。

除了前面提及的四个主要目的，JVM 还有一个设计考量很少被提及和讨论，即 JVM 使用运行时信息进行自我管理和优化。

20 世纪 70 年代和 80 年代软件界的研究表明，程序运行时的行为蕴含了很多有趣且有用的模式，但是它们无法在编译时被发觉。JVM 是真正意义上第一个利用该项研究结果的主流平台。

JVM 会收集运行时信息，借此挖掘针对如何执行代码的更好的决策。也就是说，JVM 能监控并优化其托管的应用程序，而没有收集运行时信息能力的平台则做不到这一点。

一个典型的例子是，在 Java 程序的运行生命周期中，各模块被调用的次数并不都是相同的，有些模块被调用的次数远超其他模块。Java 使用一种名为即时编译 /JIT 编译（just-in-time compilation）的技术解决这个问题。

在 HotSpot JVM（Sun 为 Java 1.3 开发的 JVM，仍在使用）中，首先，JVM 识别程序的哪一部分被调用得最频繁（这一部分被称为"热点方法"），然后跳过 JVM 解释器，直接将这一部分编译成机器码。

JVM 利用运行时信息，使得程序的性能比纯粹经解释器执行时更高。事实上，在很多场景中，JVM 使用的优化措施带来了大幅的性能提升，甚至已经超过了 C 和 C++ 代码（预先编译）。

描述 JVM 必须遵循的行为标准叫作 JVM 规范。

1.1.3 Java 生态系统是什么

Java 语言易于掌握，而且与其他编程语言相比，使用的抽象更少。JVM 为 Java 语言（或其他语言）的运行提供了坚实的基石，各种可移植的高性能程序都能在 JVM 中运行。这两种相互联系的技术结合在一起，可以让企业放心选择 Java 平台作为基础技术栈。

当然，Java 的优势远不止于此。自 Java 问世之初，就形成了包罗万象的生态系统，其中有大量的第三方库和组件。也就是说，开发团队可以直接使用现有的连接器和驱动器，避免重复造轮子，甚至可以从生态系统中获得几乎任何能想到的技术，只不过有些是收费的，有些则是开源的。

在当今的技术生态系统中，鲜有某种技术组件不提供 Java 连接器的情况。不管是传统的关系型数据库，还是 NoSQL 数据库，抑或各种企业级监控系统和消息系统，乃至物联网（IoT），都能集成到 Java 平台中。

这些正是企业和大型公司采用 Java 技术的主要驱动力。使用现有的库和组件能让开发团队轻装前行，提升生产力，这激励着开发者做出更好的选择，利用 Java 核心技术实现最佳的开放式架构。

Google 的 Android 环境有时被认为是"基于 Java 的"。然而，实际情况更复杂。虽然 Android 代码是用 Java 编写的，但用的却是一个不同的 Java 类实现库，并且拥有一个跨平台的编译器，可以将 Java 代码转化为不同于以往的适用于非 Java 虚拟机的文件格式。

丰富的生态系统和一流的虚拟机，再加上对程序二进制文件的开放标准，使得 Java 平台成为一个非常有吸引力的执行目标。事实上，有大量的非 Java 语言以 JVM 为目标，并且还可以与 Java 互操作（这允许它们利用平台的成功）。这些语言包括 Kotlin、Scala、Groovy 和许多其他语言。虽然它们都比 Java 轻量级，但它们在 Java 世界中分别占领了适合自己的利基市场，为 Java 提供了创新和健康竞争的源泉。

1.2 Java 和 JVM 简史

Java 1.0（1996 年）

Java 的第一个公开发行版，只包含了 212 个类，分布在 8 个包中。Java 平台始终关注向后兼容，因此使用 Java 1.0 编写的代码，无须修改或者重新编译，仍然能在 Java 11 中运行。

Java 1.1（1997 年）

该版本的大小膨胀到原 Java 平台的两倍多，并且引入了"内部类"和第 1 版反射 API。

Java 1.2（1998 年）

这是一个非常重要的 Java 版本。该版本比最初版本大了三倍，并且首次出现了集合 API（如集、映射和列表）。1.2 版本增加的新特性过多，Sun 不得不将平台重命名为"Java 2 Platform"。这里的"Java 2"是商标，而不是真实的版本号。

Java 1.3（2000 年）

这其实是个维护性版本，主要用于修复 bug，解决稳定性，提升性能。这一版本还引入了 HotSpot Java 虚拟机，这个虚拟机现在仍在使用（虽然进行过大量的修改和改进）。

Java 1.4（2002 年）

这也是一个重要的版本，增加了一些重要的功能，如高性能底层 I/O API、用于处理文本的正则表达式、XML 和 XSLT 库、SSL 支持、日志 API 及加密支持。

Java 5（2004 年）

该 Java 版本更新幅度很大，对语言核心做了很多改动，引入了泛型、枚举（enum）、注解、变长参数方法、自动装箱和新版 for 循环。因为改动量非常大，所以不得不修改主版本号，以新的主版本号发布。该版本包含 3562 个类和接口，分布在 166 个包中。在增加的内容中，值得一提的是并发编程实用工具、远程管理框架和类，以及 Java 虚拟机自身的监测程序。

Java 6（2006 年）

这一版本的主要目标也是维护和提升性能，引入了编译器 API，扩展了注解的用法和适用范围，还提供了绑定，允许脚本语言与 Java 交互。这一版本还对 JVM 和 Swing GUI 技术进行了 bug 修复和改进。

Java 7（2011 年）

这是甲骨文公司接管 Java 后发布的第一个版本，涉及对语言和平台的多项重要升级。这一版本引入了处理资源的 try 语句和 NIO.2 API，令开发者编写的资源和 I/O 处理代码更安全且不易出错。方法句柄 API 是反射 API 的替代，更简单也更安全，为实现动态调用（invokedynamic）（Java 1.0 之后第一种新字节码）提供了可能。

Java 8（2014 年）(LTS)

该版本也非常庞大，变动的幅度是自 Java 5（甚至可能是自 Java 出现）以来最大的。该版本引入的 lambda 表达式可以显著提升开发者的效率；集合 API 也进行了升级，基于 lambda 表达式实现，为此 Java 的面向对象实现方式也发生了根本性变化。其他重要更新包括：新的日期和时间 API，以及对并发库做的一些重要更新。

Java 9（2017 年）

发布严重推迟，此版本引入了新的平台模块化特性，该特性允许将 Java 应用程序打包到部署单元中并模块化平台运行时。其他更改包括新的默认垃圾收集算法、新的进程处理 API 以及对框架访问内部方式的一些更改。

Java 10（2018 年 3 月）

新发布周期下的第一个版本。该版本包含了相对较少的新特性（由于其 6 个月的开发生命周期）。引入了用于类型推导的新句法，以及一些内部更改（包括 GC 调整和一个实验性的新编译器）。

Java 11（2018 年 9 月）(LTS)

该版本也是在短短 6 个月的时间内开发出来的，它是第一个被认为是模块化的 LTS (Long-Term Sport) Java 版本。它增加了相对较少的新特性，这些特性是开发人员直接可见的，主要是 Flight Recorder 和新的 HTTP/2 API。还有一些额外的内部更改，但是这次发布的主要考虑是版本稳定性。

截至 2018 年，LTS 版本仅有 Java 8 和 Java 11。由于模块引入了非常重要的更改，Java 8 作为 LTS 发行版被保留下来，为团队和应用程序迁移到受支持的模块化 Java 平台赢得了额外的时间。

1.3 Java 程序的生命周期

为了更好地理解 Java 代码是如何编译和执行的，以及 Java 和其他编程环境的区别，请参考图 1-1 中的流程图。

处理流程从 Java 源码开始，通过 javac 程序处理后得到类文件，该文件中保存的是编译源码后得到的 Java 字节码。类文件是 Java 平台可以处理的最小功能单位，也是把新代码加载到已运行程序中的唯一方式。

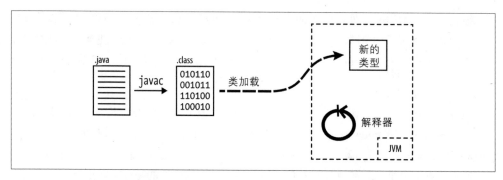

图 1-1：Java 代码是如何编译和加载的

新的类文件通过类加载机制装载到虚拟机中（类加载机制详见第 10 章），从而将新类型提供给解释器执行。

常见问题解答

本节解答一些关于 Java 和 Java 程序生命周期的最常见问题。

1. 字节码是什么

首次接触 JVM 时，可能会认为它是"计算机中的计算机"，然后想当然地将字节码理解为"内部计算机中 CPU 执行的机器码"或"虚拟处理器执行的机器码"。

其实，字节码与运行于硬件处理器中的机器码相去甚远。计算机科学家将字节码视为一种"中间表现形式"，是介于源码和机器码之间的一种中间形态。

使用字节码的目的是提供一种能让 JVM 解释器高效执行的格式。

2. javac 是编译器吗

编译器一般会生成机器码，而 javac 生成的是字节码，它跟机器码不太一样。不过，类文件与目标文件（例如 Windows 中的 *.dll* 文件，或 Unix 中的 *.so* 文件）有点像，对人类来说是不可读的。

在计算机科学术语中，javac 非常像编译器前端，它生成的中间表现形式，可以进一步处理以生成机器码。

不过，因为类文件的生成在构建过程中是独立进行的，类似于 C/C++ 中的编译，所以很多人都把运行 javac 的操作称为编译。在本书里，我们使用术语"源码编译器"或"javac 编译器"来表示生成类文件的 javac。

在这里，"编译"特指 JIT 编译，因为只有 JIT 编译才会生成机器码。

3. 为什么叫"字节码"

指令码（操作码）只占据一个字节（有些操作还有参数，即跟随其后的字节流），所以只有 256 个可用的指令。实际上，并不是所有指令都会用到，大概只会用到指令集中的 200 个左右，而且新版本 javac 并不支持其中一些指令。

4. 字节码是优化过的吗

早期的 Java 平台中，javac 会对生成的字节码进行大量优化。实践证明这么做是徒劳无益的。JIT 编译出现后，重要的方法会被编译成运行速度极快的机器码。优化重点转向 JIT 编译，是因为 JIT 编译获得的效果比字节码优化更优越，而且字节码还要经过解释器处理。

5. 字节码真的与设备无关吗？那字节序呢

不管在何种设备中生成，字节码的格式都是相同的，其中也包括设备使用的字节序。答案呼之欲出，字节码始终使用大字节序（big-endian）。

6. Java 是解释性语言吗

JVM 基本上算是解释器（尽管它通过 JIT 编译大幅提升了性能）。不过，大多数解释性语言（例如 PHP、Perl、Ruby 和 Python）都直接从源码解释程序（通常都会基于输入的源码文件构建一个抽象句法树）。而 JVM 解释器需要的是类文件，因此需要一步额外操作，即使用 javac 编译源码。

7. 其他语言可以在 JVM 中运行吗

可以。JVM 可以运行任何符合规范的类文件，因此，Java 之外的语言可以通过两种方式在 JVM 中运行。第一种方法是提供源码编译器（类似 javac），用于生成类文件，以与 Java 代码类似的方式在 JVM 中运行（Scala 等编程语言采用的就是这种方式）。

第二种方法是其他语言使用 Java 实现解释器和运行时，然后直接对该语言源码进行解释。JRuby 等语言采用的就是这种方式（不过 JRuby 的运行时很复杂，某些情况下能进行辅助 JIT 编译）。

1.4 Java 的安全性

Java 设计之初就考虑了安全性，因此相较于其他现有系统和平台有很大的优势。Java 的安全架构由优秀的安全专家设计，而且发布之后，还有很多其他的安全专家仍在对它进行持续的研究和完善。专家们早已达成共识，Java 的安全架构坚如磐石，在设计层面不存在任何安全漏洞（至少目前还没有发现）。

严格限制字节码能表述的操作，这是 Java 安全模型的基础，例如，不能直接访问内存，这避免了困扰 C 和 C++ 等语言的一系列安全问题。此外，只要 JVM 加载了不受信任的类，就会执行字节码校验操作，从而避免了大量问题（关于字节码校验的更多信息见第 10 章）。

尽管如此，没有任何系统能保证万无一失，Java 也不例外。

理论上，Java 安全设计是非常牢固的，但安全架构的实现则是另外一回事，在某些 Java 实现中，一直都在发现和修补安全缺陷。

事实上，Java 8 的延期发布，至少有一部分是因为发现了一些安全问题，必须要投入时间进行修复。

一般来说，在 Java VM 实现中会继续发现（并修补）安全缺陷。对于实际的服务器端开发，Java 可能仍然是当前可用的最安全的通用平台，特别是在打上最新的补丁之后。

1.5 Java 和其他语言的比较

本节简要列出 Java 平台和读者可能熟悉的其他编程环境之间的重要差异点。

1.5.1 Java 和 C 语言比较

- Java 面向对象，C 语言面向过程。
- Java 通过类文件实现可移植性，C 语言需要重新编译。
- Java 为运行时提供了多种监测工具。
- Java 没有指针，也没有与指针等同的运算。
- Java 利用垃圾回收技术实现自动内存管理。
- Java 无法在底层控制内存布局（对比 C 语言中的结构体）。
- Java 中没有预处理器。

1.5.2 Java 和 C++ 比较

- Java 的对象模型相对于 C++ 的对象模型更简单。
- Java 中默认使用虚分派（virtual dispatch）。
- Java 始终使用按值传递（不过 Java 中的值也能作为对象引用）。
- Java 部分支持多重继承。

- Java 的泛型远没有 C++ 的模板强大（不过危害性较小）。

- Java 无法重载运算符。

1.5.3 Java 和 Python 比较

- Java 是静态类型语言，Python 是动态类型语言。

- Java 真正支持多线程，而在 Python 中，一次只能执行一个线程。

- Java 有 JIT，而 Python 的主流实现中并没有提供类似技术。

- Java 字节码有大量的静态检验，Python 字节码没有静态检验。

1.5.4 Java 和 JavaScript 比较

- Java 是静态类型语言，JavaScript 是动态类型语言。

- Java 使用基于类的对象，JavaScript 使用基于原型的对象。

- Java 提供了良好的对象封装，JavaScript 没有提供。

- Java 有命名空间，JavaScript 没有。

- Java 支持多线程，JavaScript 不支持。

1.6 回应对 Java 的一些批评

Java 占据编程语言主流地位已有很长一段时间了，因此，在这些年里受到的批评也相当多。这些批评可以归咎于它的某些技术缺点，以及刚面世时过度的市场推广。

不过，有些批评只是技术圈里的传言，不是非常准确。本节将展示一些常见的抱怨，以及它们在新版本 Java 平台中的状况。

1.6.1 过度复杂

人们经常批评 Java 核心句法过度复杂。即便是 `Object o = new Object();` 这样简单的语句，也被认为是重复冗余的，因为赋值符号左右两边都出现了类型 `Object`。批评人士认为这么做完全是多余的，其他编程语言都不需要重复声明类型，而且很多辅助功能都抛弃了这种用法（例如类型推导）。

对于这样的说法笔者不敢苟同，最初，Java 的设计目标就是易于阅读（读代码比写代码更频繁），许多开发者，尤其是新手，都觉得额外的类型信息有助于阅读代码。

Java 广泛用于企业环境，企业的运维团队通常独立于研发团队。看似冗余的 Java 句法通常能在处理停机，或者维护和修复早就投身其他事务的开发者编写的代码的 bug 时提供重大帮助。

在最近几个 Java 版本中，Java 的设计者已经在尝试回应这些批评，他们寻找可以简化句法复杂度的地方，同时也更充分地利用类型信息。例如：

```
// Files helper methods
byte[] contents =
  Files.readAllBytes(Paths.get("/home/ben/myFile.bin"));

// Diamond syntax for repeated type information
List<String> l = new ArrayList<>();

// Local variables can be type inferred
var threadPool = Executors.newScheduledThreadPool(2);
// Lambda expressions simplify Runnables
threadPool.submit(() -> { System.out.println("On Threadpool"); });
```

然而，Java 的设计理念是缓慢且谨慎地修改语言，所以这些变化可能无法完全让批评者满意。

1.6.2 变化缓慢

Java 的最初版本发布距今已逾 20 载，而且期间也没有完整地修订过。在这段时间里，很多其他编程语言（如微软的 C#）都发布了不向后兼容的版本，而 Java 并没有这么做，因此受到了很多开发者的批评。

而且，最近几年，Java 因为没有及时接纳其他编程语言中常见的特性而受到严厉抨击。

Sun（现在是甲骨文公司）在语言设计上相对保守，这是为了尽量避免把成本和不合理特性的外部效应强加给大量的用户。很多公司在 Java 技术方面投入了大量资金，语言设计者必须要谨慎负责，不能影响现有的用户和应用。

任意新的语言特性的添加都需要审慎考虑，不仅仅是新特性本身，还要考虑它会如何影响现有特性。有些时候，新特性可能会牵一发而动全身，而 Java 又如此流行，因此可能有很多地方会产生意料之外的影响。

特性发布后，如果有缺陷几乎无法将其删除。Java 有一些不合理的特性（例如终结机制），在不影响已安装用户的情况下，根本无法安全地删除。语言设计者认为，在语言演进的过程中必须极为谨慎。

话虽如此，Java 最近在引入新语言特性方面向前迈出了一大步，回应了那些对最常见特性缺失的批评，应该能为开发者提供他们长期期盼的语言特性。

1.6.3 性能问题

现在仍然有人在批评 Java 处理速度慢，而且所有批评都针对 Java 平台本身，这或许是最不合理的批评了。对语言平台的迷信是一个老生常谈的话题。

Java 1.3 中引入了 HotSpot 虚拟机和 JIT 编译器，而且在之后的 15 年里，一直在开拓进取，致力于改进虚拟机及提升其性能。现在，Java 的执行速度非常快，经常会在主流语言的性能评测中取胜，甚至有时能超过能够编译成本地机器码的 C 语言和 C++ 语言。

针对 Java 性能的批评大多是历史性的偏见，因为以前的某段时间 Java 的执行速度确实很慢。Java 的重量级、容易蔓延的架构方式可能也加剧和固化了人们对其性能低下的印象。

事实上，任何大型架构都需要进行评测、分析和性能调优，才能呈现出最佳性能，Java 也不例外。

Java 平台的核心（Java 语言及 JVM）不仅现在是，以后也仍将是开发者可以信赖的速度最快的通用开发环境之一。

1.6.4 不够安全

2013 年，Java 平台出现了若干安全漏洞，导致 Java 8 的发布延期。事实上，在此之前就有人批评 Java 的安全漏洞数量过多。

在这些漏洞中，很多涉及 Java 中的桌面和 GUI 组件，但不会影响使用 Java 编写的网站或其他服务器端代码。

所有编程平台都会时不时地出现安全漏洞，而且很多其他编程语言的安全漏洞并不比 Java 少，只不过 Java "树大招风" 罢了。

1.6.5 过于侧重企业

公司和企业的开发者广泛采用 Java 平台，因此觉得 Java 太注重企业不足为奇。人们通常认为 Java 缺少面向社区的语言所具备的自由风格。

其实，Java 一直都是，而且以后仍将是社区、免费或开源软件开发广泛使用的语言。在 GitHub 和其他项目托管网站中，Java 也是最受欢迎的。

再者，使用范围最广的 Java 平台是基于 OpenJDK 实现的。而 OpenJDK 本身就是开源项目，其社区充满活力，并且一直在不断快速增长。

第 2 章

Java 的基本句法

本章将对 Java 句法做简洁又全面的介绍，主要针对刚接触这门语言但是有一定编程经验的读者，对完全没有编程经验的新手也有所裨益。如果已经了解了 Java，可以将这一章当成参考。为了方便学习过其他编程语言的读者，本章还将 Java 与 C 和 C++ 进行了对比。

本章先介绍比较底层的 Java 句法，然后在此基础上进一步介绍高级语言构件。本章包含以下内容：

- 构成 Java 程序的字符，以及这些字符的编码。

- 组成 Java 程序的字面量、标识符和其他标记。

- Java 可处理的数据类型。

- 将单独的标记组合成复杂表达式的运算符。

- 语句：由表达式和其他语句组成的 Java 代码逻辑块。

- 方法：一系列 Java 语句，有名称，可被其他 Java 代码调用。

- 类：由一系列方法和字段组成。类是 Java 程序的核心元素，也是面向对象编程的基础。第 3 章将专门介绍类与对象。

- 包：由一系列相关的类组成。

- Java 程序：由一个或多个交互的类组成，这些类可能来自一个或多个包。

很多编程语言的句法都很复杂，Java 当然也不例外。通常，在介绍一门语言的某些句法元素时，难免会提到一些尚未接触的元素。例如，在介绍 Java 运算符和语句时，不可避免地要提及对象；类似地，介绍对象时也不能不提到 Java 运算符和语句。在学习 Java 或任何其他语言时，都要这样迭代地学习。

2.1 Java 程序概览

在详细介绍 Java 句法之前，不妨先花点儿时间了解一下 Java 程序。Java 程序由一个或多个 Java 源码文件（或称为编译单元）组成。本章末尾将介绍 Java 文件的结构，并且会详细描述如何编译和运行 Java 程序。每个编译单元都以可选的 package 声明开始，后面紧跟着零个或多个 import 声明。这些声明用于指定一个命名空间，编译单元中定义的名称都被声明在这个命名空间里，同时还指定了编译单元从哪些命名空间中导入其他名称。2.10 节将介绍 package 和 import 声明。

在可选的 package 和 import 声明后面，是零个或多个引用类型的定义。第 3 章与第 4 章将介绍各种可用的引用类型，读者现在只需知道，它们通常都是 class 或 interface 定义。

引用类型的定义体中包含了一些成员，它们是字段、方法和构造方法。其中方法是最重要的成员类型。方法是一些由语句组成的 Java 代码。

在了解这些基本术语之后，下面开始对 Java 程序的基本句法单元进行详细介绍。句法单元经常被称为词法标记（lexical token）。

2.2 词法结构

本节介绍 Java 程序的词法结构，首先介绍表示 Java 程序文本的 Unicode 字符集，然后介绍构成 Java 程序的标记，包括注释、标识符、保留字和字面量等。

2.2.1 Unicode 字符集

Java 程序文本使用 Unicode 字符编写。在 Java 程序中，所有地方都可使用 Unicode 字符，包括注释和标识符，如变量名。7 位 ASCII 字符集只适用于英语，8 位 ISO Latin-1 字符集适用于大多数西欧语言，而 Unicode 字符集能表示世界上绝大多数常用的书面语言。

如果使用不支持 Unicode 的文本编辑器，或者不想强制其他程序员在查看或编辑自己代码时使用支持 Unicode 的编辑器，读者可以使用特殊的 Unicode 转义序列 \uxxxx，这样可以将 Unicode 字符嵌入 Java 程序中。Unicode 转义序列由反斜线、小写字母 u 及四个十六进制字符组成。例如，\u0020 代表空格，\u03c0 代表字符 π。

Java 投入了大量时间和工程方面的努力，以确保能最大限度地支持 Unicode。如果业务应用面向全球用户，特别是西方国家之外的市场，Java 平台是一个很好的选择。Java 同时也支持多种编码和字符集，因此在跟那些由非 Java 语言开发的不支持 Unicode 的应用程序交互时就不会捉襟见肘了。

2.2.2 区分大小写与空白

Java 语言区分大小写，关键字使用小写，而且必须这样做；也就是说，While 与 WHILE
或 while 关键字不是一回事。类似地，如果在程序中将变量命名为 i，就不能使用 I 引
用该变量。

 一般来说，通过大小写来区分标识符是非常糟糕的方法。在代码中千万不要
这么做，尤其是不要使用与关键字同名但大小写不同的标识符。

Java 会自动忽略空格、制表符、换行符或其他空白，除非这些符号出现在引号或字符串
字面量中。考虑到易读性，程序员一般会使用空白来格式化和缩进代码。本书中的示例
代码将会使用一些常用的缩进约定。

2.2.3 注释

注释是用自然语言编写的文本，旨在帮助人类读者阅读程序。Java 编译器会自动忽略注
释。Java 支持三种注释。第一种是单行注释，以 // 字符开头，直至行尾结束。例如：

```
int i = 0;    // Initialize the loop variable
```

第二种是多行注释，以 /* 字符开始，不管有多少行，直至 */ 字符结束。javac 会自动
忽略 /* 和 */ 之间的所有文本。虽然这种形式一般用于多行注释，但也可以用于单行注
释。这种注释不能嵌套，即 /* */ 中间不能再包含 /* */。编写多行注释时，程序员经
常使用额外的 * 字符来突出注释的内容。下面是一个典型的多行注释：

```
/*
 * First, establish a connection to the server.
 * If the connection attempt fails, quit right away.
 */
```

第三种注释是第二种的一个特例。如果注释以 /** 开头，会被当成特殊的文档注释来处
理。跟普通的多行注释一样，文档注释也以 */ 结尾，而且不能嵌套。如果编写了一个
Java 类，希望让其他开发者使用，可以直接在源码中嵌入关于该类和其中每个方法的文
档。名为 javadoc 的实用程序会提取所有这些文档，经过处理后生成该类的在线文档。
文档注释中可以包含 HTML 标签和 javadoc 能理解的其他句法。可参考下面的例子：

```
/**
 * Upload a file to a web server.
 *
```

```
 * @param file The file to upload.
 * @return <tt>true</tt> on success,
 *         <tt>false</tt> on failure.
 * @author David Flanagan
 */
```

第 7 章会详细介绍文档注释的句法，第 13 章会详细介绍 javadoc 程序。

注释可以出现在 Java 程序的任何标记之间，但不能出现在标记中。注释尤其不能出现在双引号字符串字面量中。字符串字面量中的注释会成为这个字符串的一部分。

2.2.4 保留字

以下是 Java 的保留字（它们是 Java 语言句法的一部分，不能用来命名变量和类等）：

abstract	const	final	int	public	throw
assert	continue	finally	interface	return	throws
boolean	default	float	long	short	transient
break	do	for	native	static	true
byte	double	goto	new	strictfp	try
case	else	if	null	super	void
catch	enum	implements	package	switch	volatile
char	extends	import	private	synchronized	while
class	false	instanceof	protected	this	

其中，true、false 和 null 在技术上都是字面量。字符序列 var 不是关键字，而是指示应该对局部变量的类型进行推断。由单个下划线组成的字符序列也不允许作为标识符。还有 10 个受限制的关键字，它们只在声明 Java 平台模块的上下文中被认为是关键字。

后面还会见到这些保留字，其中有些是基本类型的名称，有些是 Java 语句的名称，这两种保留字稍后都会进行介绍。还有一些用于定义类和成员的保留字，第 3 章将会介绍。

请注意，虽然 Java 语言不使用 const 和 goto，但它们也被保留为关键字；interface 还有另外一种形式——@interface，用来定义注解类型。某些保留字（尤其是 final 和 default）根据不同的上下文有不同的含义。

2.2.5 标识符

简单来说，标识符就是 Java 程序中某个构件（例如类、类中的方法和方法中声明的变量）的名称。标识符的长度不限，可以包含 Unicode 字符集中的任意字母和数字，但不能以数字开头。

一般来说，标识符不能包含标点符号，但是可以包含美元符号（$），以及 Unicode 字符集中的其他货币符号，例如 £ 和 ¥。

ASCII 下划线（_）值得特别提及。最初，下划线可以作为标识符，或者标识符的一部分。然而，在 Java 的新版本中（包括 Java 11），下划线不能用作标识符。

下划线字符仍然可以出现在 Java 标识符中，但它本身不再是一个合法的完整标识符。这是为了支持一个预期中即将到来的语言特性，其中下划线将被赋予一个特殊的新句法意义。

 货币符号主要用在自动生成的源码中，如 javac 生成的代码。不在标识符中使用货币符号，可以避免自己的标识符和自动生成的标识符产生冲突。

在 Java 中，通常 Java 约定使用驼峰式规范命名变量。这意味着变量的第一个字母应该是小写，但是标识符中任意其他单词的第一个字母应该是大写。

按照规定，可以出现在标识符开头和中间的字符由 java.lang.Character 类中的 isJava-IdentifierStart() 和 isJavaIdentifierPart() 方法定义。

以下是合法标识符示例：

    i   x1   theCurrentTime   current   獺

上面的示例有点特殊，其中有个 UTF-8 标识符——獺。这是一个汉字，英文中对应的是"otter"，它是个完全合法的 Java 标识符。在主要由西方人编写的程序中使用非 ASCII 字符的标识符并不常见，但偶尔也会出现。

2.2.6 字面量

字面量是直接出现在 Java 源码中的值，包括整数、浮点数、单引号中的单个字符、双引号中的字符串，以及保留字 true、false 和 null。例如，以下都是字面量：

    1   1.0   '1'   1L   "one"   true   false   null

2.3 节会详细介绍表示数字、字符和字符串字面量的句法。

2.2.7 标点符号

Java 也将一些标点符号用作标记。Java 语言规范将这些字符分成两类（看起来有点随意）：分隔符和运算符。分隔符有 12 个：

    (   )   {   }   [   ]

    ... @ ::

    ;   ,   .

运算符有以下这些：

```
+    -    *    /    %    &    |    ^    <<    >>    >>>
+=   -=   *=   /=   %=   &=   |=   ^=   <<=   >>=   >>>=
=    ==   !=   <    <=   >    >=
!    ~    &&   ||   ++   --   ?    :    ->
```

分隔符的使用会贯穿本书，2.4 节将分别介绍每个运算符。

2.3 基本数据类型

Java 支持八种基本数据类型，包括一种布尔类型、一种字符类型、四种整数类型和两种浮点数类型，如表 2-1 所示。四种整数类型和两种浮点数类型的区别在于二进制位数的不同，因此能表示的数字范围也不同。

表 2-1：Java 的基本数据类型

类型	取值	默认值	大小	取值范围
boolean	true 或 false	false	1 位	NA
char	Unicode 字符	\u0000	16 位	\u0000~\uFFFF
byte	有符号的整数	0	8 位	-128~127
short	有符号的整数	0	16 位	-32768~32767
int	有符号的整数	0	32 位	-2147483648~2147483647
long	有符号的整数	0	64 位	-9223372036854775808~ 9223372036854775807
float	IEEE 754 浮点数	0.0	32 位	1.4E-45~3.4028235E+38
double	IEEE 754 浮点数	0.0	64 位	4.9E-324~1.7976931348623157E+308

下面几节简要介绍这些基本数据类型。除了基本数据类型之外，Java 还支持所谓的引用类型的非基本数据类型，2.9 节中将对其进行介绍。

2.3.1 布尔类型

布尔（boolean）类型表示真值，只有两个可选值，表示两种布尔状态：开或关，是或否，真或假。Java 使用保留字 true 和 false 表示这两个布尔值。

从其他编程语言（尤其是 JavaScript 和 C）转到 Java 的程序员要注意，Java 比其他编程语言对布尔值的要求严格得多。其特殊之处在于，Java 中 boolean 类型既不是整数类型也不是对象类型，而且不能使用不兼容的值代替 boolean 类型。也就是说，在 Java 中不能使用下面的简写形式：

```
Object o = new Object();
int i = 1;
```

```
if (o) {
  while(i) {
    //...
  }
}
```

相反，Java 强制要求编写简洁的代码，明确表明想要进行何种比较：

```
if (o != null) {
  while(i != 0) {
    // ...
  }
}
```

2.3.2 字符类型

字符（char）类型用来表示 Unicode 字符。Java 使用一种稍微独特的方式表示字符：在传递给 javac 的输入中，标识符和字面量使用 UTF-8 编码（一种宽度可变编码方式），但在内部使用固定宽度编码（16 位）字符，可以是 16 位编码（Java 9 之前的版本），也可以是 ISO-8859-1（8 位编码，用于西欧语言，也称为 Latin-1）（Java 9 及之后的版本）。

不过，开发者一般无须担心这个区别。大多数情况下，只需记住，如果想在 Java 程序中使用字符字面量，只需将字符放在单引号中即可：

```
char c = 'A';
```

当然，字符字面量可以使用任意 Unicode 字符，也可以使用 Unicode 转义序列 \u。同时，Java 还支持一些其他转义序列，使得表示常用的非打印 ASCII 字符（例如 newLine）以及转义 Java 中某些有特殊意义的标点符号非常容易。例如：

```
char tab = '\t', nul = '\000', aleph = '\u05D0', slash = '\\';
```

表 2-2 列出了可在 char 字面量中使用的转义序列。这些字符也可以在字符串字面量中使用，下一节会介绍。

表 2-2：Java 转义序列

转义序列	字符值
\b	退格键
\t	制表位
\n	换行符
\f	换页符
\r	回车符
\"	双引号
\'	单引号

表 2-2：Java 转义序列（续）

转义序列	字符值
\\	反斜线
\xxx	xxx 编码的 Latin-1 字符，其中 xxx 是八进制数，介于 000 到 377 之间。x 和 \xx 两种形式也是合法的，例如 \0，但不推荐这么用，因为转义序列只有一个数字，在字符串常量中会导致歧义。这种用法在 \uxxxx 中也不鼓励使用
\uxxxx	xxxx 编码的 Unicode 字符，其中 xxxx 是四个十六进制数。Unicode 转义序列可以出现在 Java 程序的任意位置，而不只局限于字符和字符串字面量

字符可以转换成整数类型，也可以由整数类型转换而来。字符类型对应的是 16 位整数类型。字符类型与 byte、short、int 及 long 不同，它没有符号。Character 类定义了一些有用的静态方法（static method），用于处理字符，常见的有 isDigit()、isJavaLetter()、isLowerCase() 和 toUpperCase()。

设计 Java 语言和字符类型时考虑到了 Unicode。Unicode 标准一直在演化发展中，每一个 Java 新版本都会使用最新版 Unicode。Java 7 使用的是 Unicode 6.0，Java 8 使用的是 Unicode 6.2。

最近的几版 Unicode 收录了 16 位编码（或叫码位，codepoint）无法表示的字符。这些补充的字符是十分少见的汉字象形文字，占用了 21 个位，无法使用单个字符表示，必须使用 int 类型表示，或者必须使用"代理对"(surrogate pair) 通过两个字符表示。

除非经常使用亚洲语言编写程序，否则很少会遇到这些字符。如果预计要处理无法使用单个字符类型表示的字符，就可以使用 Character 和 String 等相关类中提供的方法，使用 int 类型表示码位，然后再处理文本。

字符串字面量

除了字符类型之外，Java 还有一种用于处理文本字符串（通常简称为字符串）的数据类型。不过，String 类型是类，不是基本类型。因为字符串很常用，所以 Java 提供了一种句法，可以直接在程序中插入字符串。字符串字面量是包含在双引号中的任意文本（字符字面量使用单引号）。例如：

```
"Hello World"
"'This' is a string!"
```

字符串字面量中可以包含能在字符字面量中出现的任何一个转义序列（见表 2-2）。如果想在字符串字面量中插入双引号，可以使用 \" 转义序列。String 是引用类型，本章之后的 2.7.4 节还会深入介绍字符串字面量。第 9 章将更详细地介绍在 Java 中处理 String 对象的一些方式。

2.3.3 整数类型

Java 中有 byte、short、int 和 long 这四种整数类型。如表 2-1 所示，这四种类型之间唯一的区别是位数，即能表示的数字范围有所不同。所有整数类型都表示有符号的数字，Java 没有类似 C 和 C++ 中的 unsigned 那样的关键字。

这四种类型的字面量形式正如你设想的那样，使用十进制数字，前面还可以加上负号[注1]。下面是一些合法的整数字面量：

```
0
1
123
-42000
```

整数字面量是 32 位的 int 类型，如果以 L 或 l 结尾，就表示 64 位的 long 类型：

```
1234        // An int value
1234L       // A long value
0xffL       // Another long value
```

整数字面量还有十六进制、二进制和八进制等表示形式。以 0x 或 0X 开头的字面量是十六进制数，使用字母 A 到 F（或 a 到 f）表示数字的十六进制形式。

整数字面量的二进制形式以 0b 开头，当然，只能使用数字 1 或 0。字面量的二进制形式可能很长，所以经常在字面量中使用下划线。在任何数字字面量中，下划线都会被忽略。下划线纯粹是为了提升字面量的可读性。

Java 还支持使用八进制表示整数字面量，以 0 开头，而且不能使用数字 8 或 9。这种字面量不常用，除非有必要，否则应该避免使用。下面是一些合法的十六进制、二进制和八进制字面量：

```
0xff            // Decimal 255, expressed in hexadecimal
0377            // The same number, expressed in octal (base 8)
0b0010_1111     // Decimal 47, expressed in binary
0xCAFEBABE      // A magic number used to identify Java class files
```

在 Java 中，如果整数运算超出了指定整数类型的范围，不会上溢或下溢，而是直接回绕。下面是一个上溢的例子：

```
byte b1 = 127, b2 = 1;       // Largest byte is 127
byte sum = (byte)(b1 + b2);  // Sum wraps to -128, the smallest byte
```

相应的下溢行为如下：

```
byte b3 = -128, b4 = 5;      // Smallest byte is -128
byte sum2 = (byte)(b3 - b4); // Sum wraps to a large byte value, 123
```

注1：　严格来说，负号是作用在字面量上的运算符，而不是字面量的一部分。

这种情况下，Java 编译器和解释器都不会发出任何形式的警告。进行整数运算时，必须确保使用的类型取值范围能满足计算需要。整数除以零，或者计算除以零后得到的余数，都是非法操作，会抛出 ArithmeticException 异常。

每一种整数类型都有对应的包装类：Byte、Short、Integer 和 Long。这些类都定义了 MIN_VALUE 和 MAX_VALUE 常量，表示相应的取值范围。而且还定义了一些有用的静态方法，例如 Byte.parseByte() 和 Integer.parseInt()，作用是将字符串转换成整数。

2.3.4 浮点数类型

在 Java 中，实数使用 float 和 double 数据类型表示。如表 2-1 所示，float 类型是 32 位单精度浮点数，double 是 64 位双精度浮点数。这两种类型都符合 IEEE 754-1985 标准。该标准规定了浮点数的格式和运算方式。

浮点数可以以字面量形式插入 Java 程序，其格式为一些可选的数字，后跟一个小数点和一些数字。下面是几个示例：

```
123.45
0.0
.01
```

浮点数字面量还可以使用指数形式表示，这种方式也叫科学记数法，其格式为一个数后面跟着字母 e 或 E（e 代表指数）和另一个数。第二个数表示 10 的次方，是第一个数的乘数。如下所示：

```
1.2345E02    // 1.2345 * 10^2 or 123.45
1e-6         // 1 * 10^-6 or 0.000001
6.02e23      // Avogadro's Number: 6.02 * 10^23
```

默认情况下，浮点数是 double 类型。如果想在程序中插入 float 类型的字面量，则需要在数字后面加上 f 或 F：

```
double d = 6.02E23;
float f = 6.02e23f;
```

浮点数字面量不能使用十六进制、二进制或八进制表示。

浮点数表示的值

由于本质上的限制，大多数实数都不能使用有限的位数进行精确表示。因此，要记住，float 和 double 类型都只能表示实际值的近似值。float 类型是 32 位近似值，至少有 6 个有效数字；double 是 64 位近似值，至少有 15 个有效数字。第 9 章会更详细地对浮点数进行说明。

除了表示普通的数字之外，float 和 double 类型还能表示四个特殊的值：正无穷大、负无穷大、零和 NaN。如果浮点数运算的结果超出了 float 或 double 能表示的范围上限，得到的是无穷大。

如果浮点数的运算结果超出了 float 或 double 能表示的范围下限，得到的是零。

 想象一下，我们重复地将双精度值 1.0 除以 2.0（例如使用 while 循环）。在数学上，不管我们怎样重复地做除法，结果永远不会变成零。但是，在浮点表示中，经过足够轮次的重复，最终的结果会小到无法与零区分开。

Java 的浮点类型区分正零和负零，具体是哪个值取决于下溢的方向。在实际使用中，正零和负零的基本是一样的。最后一种特殊的浮点数 NaN，是 "Not-a-Number" 的简称，表示 "不是数字"。如果浮点数运算不合法，例如 0.0/0.0，得到的就是 NaN。以下几个例子得到的结果就是这些特殊的值：

```java
double inf = 1.0/0.0;        // Infinity
double neginf = -1.0/0.0;    // Negative infinity
double negzero = -1.0/inf;   // Negative zero
double NaN = 0.0/0.0;        // Not a Number
```

float 和 double 基本类型都有对应的类，分别是 Float 和 Double。这两个类都定义了一些有用的常量：MIN_VALUE、MAX_VALUE、NEGATIVE_INFINITY、POSITIVE_INFINITY 和 NaN。

 Java 浮点类型可以处理到无限大的上溢以及到零的下溢并具有特殊的 NaN 值。这意味着浮点运算从不抛出异常，即使在执行非法操作，如零除以零或对负数取平方根。

无穷大浮点数的表现和预期的一样，例如，任何有限值与无穷大之间的加减运算得到的还是无穷大。负零的表现几乎和正零一样，而且事实上，相等运算符 == 会告诉你负零和正零是相等的。有一种方法可以区分负零、正零和普通的零——将它作为被除数：1.0/0.0 得到的是正无穷大，但是 1.0 除以负零得到的是负无穷大。因为 NaN 不是数值，所以 == 运算符会告诉我们它不等于任何其他数值，甚至包括它自己。

```java
double NaN = 0.0/0.0;        // Not a Number
NaN == NaN;                  // false
Double.isNaN(NaN);           // true
```

如果想检查某个 float 或 double 值是否为 NaN，必须使用 Float.isNaN() 或 Double.isNaN() 方法。

2.3.5 基本类型之间的转换

Java 允许整数和浮点数之间互相转换。并且，由于每个字符都对应 Unicode 编码中的一个数字，所以 char 与整数和浮点数之间也可以相互转换。事实上，在 Java 中，boolean 类型是唯一一种不能跟其他基本类型相互转换的基本类型。

类型转换有两种基本方式。将某种类型的值转换成取值范围更广的类型，此时执行的是放大转换（widening conversion）。例如，将 int 字面量赋值给 double 类型的变量或把字符字面量赋值给 int 类型的变量时，Java 会执行放大转换。

另一种方式是缩小转换（narrowing conversion）。将一个值转换成取值范围更小的类型时执行的就是缩小转换。缩小转换并不总是安全的，例如将整数 13 转换成 byte 类型是合理的，但是将 13 000 转换成 byte 类型就有问题，因为 byte 类型的值只能介于 −128 和 127 之间。缩小转换可能丢失数据，所以进行缩小转换时 Java 编译器会发出警告，就算转换后的值在合理取值范围内也会警告：

```
int i = 13;
// byte b = i;    // Incompatible types: possible lossy conversion
                  // from int to byte
```

不过有个例外，如果整数字面量（int 类型）的值落在 byte 和 short 类型的变量的取值范围内，就能将这个字面量赋值给 byte 或 short 类型的变量。

```
byte b = 13;
```

如果需要执行缩小转换，并且确信这么做不会丢失数据或影响精度，可以使用一种称为 cast 的机制强制转换。若想执行强制类型转换，可以在目标值前面加一个括号，在括号里写上希望转换成何种类型。例如：

```
int i = 13;
byte b = (byte) i;    // Force the int to be converted to a byte
i = (int) 13.456;     // Force this double literal to the int 13
```

基本类型的强制转换最常用于将浮点数转换成整数。执行这种转换时，浮点数的小数部分会被直接截断，即浮点数向零而不是临近的整数舍入。静态方法 Math.round()、Math.floor() 和 Math.ceil() 执行的是另一些舍入方式。

大多数情况下，字符类型的表现跟整数类型类似，因此在需要 int 或 long 类型的地方实际上都可以使用字符。读者一定还记得，字符类型没有符号，所以即便字符和 short 类型都是 16 位，表现上也有差异：

```
short s = (short) 0xffff; // These bits represent the number -1
char c = '\uffff';        // The same bits, as a Unicode character
int i1 = s;               // Converting the short to an int yields -1
int i2 = c;               // Converting the char to an int yields 65535
```

表 2-3 列出了各种基本类型能转换成何种其他类型，以及转换的方式。其中，字母 N 表示无法转换；字母 Y 表示放大转换，由 Java 自动隐式转换；字母 C 表示缩小转换，需

要显式执行强制转换。

最后，Y* 表示的是自动执行放大转换，但在转换过程中最低有效位可能会丢失。将 int 或 long 类型转换成浮点类型时可能会出现这种情况，详情请参考下表。浮点类型的表示范围比整数类型广，所以 int 或 long 类型都可用 float 或 double 类型来表示。然而，浮点类型是近似值，所以有效数字不一定总与整数类型一样多（浮点数的详细介绍见第 9 章）。

表 2-3：Java 基本类型转换

基本类型	转换为							
	boolean	byte	short	char	int	long	float	double
boolean	-	N	N	N	N	N	N	N
byte	N	-	Y	C	Y	Y	Y	Y
short	N	C	-	C	Y	Y	Y	Y
char	N	C	C	-	Y	Y	Y	Y
int	N	C	C	C	-	Y	Y*	Y
long	N	C	C	C	C	-	Y*	Y*
float	N	C	C	C	C	C	-	Y
double	N	C	C	C	C	C	C	-

2.4 表达式和运算符

到目前为止，我们学习了 Java 程序可以处理的基本类型，以及如何在 Java 程序中使用基本类型的字面量。还使用了变量作为符号名称，用来存储各种值。字面量和变量都是组成 Java 程序的标记。

表达式是 Java 中更高级的结构。Java 解释器会对表达式求值。最简单的表达式叫基本表达式，由字面量和变量组成。例如，下面几个例子都是表达式：

```
1.7      // A floating-point literal
true     // A Boolean literal
sum      // A variable
```

Java 解释器计算字面量表达式得到的结果是字面量本身；计算变量表达式得到的结果是存储在变量中的值。

基本表达式看起来没什么意思。使用运算符将基本表达式连在一起可以组成复杂的表达式。例如，下面的表达式使用赋值运算符将两个基本表达式（一个变量，一个浮点数字面量）连在一起，组成赋值表达式：

```
sum = 1.7
```

不过，运算符不仅能连接基本表达式，也能在任意复杂度的表达式中使用。以下都是合法的表达式：

```
sum = 1 + 2 + 3 * 1.2 + (4 + 8)/3.0
sum/Math.sqrt(3.0 * 1.234)
(int)(sum + 33)
```

2.4.1 运算符概述

一门编程语言能编写什么样的表达式，完全取决于可用的运算符。Java 提供了丰富的运算符，但在有效使用它们之前，要厘清两个重要的概念：优先级和结合性。运算符及这两个概念将在后续几节中进行详细说明。

1. 优先级

在表 2-4 中，P 列是运算符的优先级。优先级指定运算符执行的顺序。优先级高的运算符在优先级低的运算符之前执行运算。例如，下面这个表达式：

```
a + b * c
```

因为乘号的优先级比加号的优先级高，所以 a 与 b 乘以 c 的结果相加，这与小学数学课本上学到的是一样的。运算符的优先级可以理解为运算符和操作数之间绑定的紧密程度，优先级越高，绑定得越紧密。

运算符默认的优先级可以通过使用括号来改变，括号能明确指定运算顺序。前面那个表达式可以写成下面这样，先相加再相乘：

```
(a + b) * c
```

Java 采用的默认运算符优先级跟 C 语言兼容，C 语言的设计者选定的优先级无须使用括号就能流畅地撰写大多数表达式。只有少量的 Java 需要使用括号，例如：

```
// Class cast combined with member access
((Integer) o).intValue();

// Assignment combined with comparison
while((line = in.readLine()) != null) { ... }

// Bitwise operators combined with comparison
if ((flags & (PUBLIC | PROTECTED)) != 0) { ... }
```

2. 结合性

结合性是运算符的一个属性，定义如何计算有歧义的表达式。如果表达式中有多个优先级相同的运算符，结合性的重要性就凸显出来了。

大多数运算符从左向右结合，即从左向右计算。不过，赋值和一元运算符从右向左结合。在表 2-4 中，A 列是运算符或运算符组的结合性，L 表示从左向右，R 表示从右向左。

加号和减号的结合性都是从左向右，所以表达式 a+b-c 从左向右计算，即 (a+b)-c。一元运算符和赋值运算符从右向左计算。例如下面这个复杂的表达式：

    a = b += c = -~d

其计算顺序如下：

    a = (b += (c = -(~d)))

跟运算符的优先级一样，运算符的结合性也建立了计算表达式的默认顺序。这个默认的顺序可以通过使用括号来改变。然而，Java 确定的默认运算符结合性是为了使用流畅的句法编写表达式，几乎不需要改变。

3. 运算符总结表

表 2-4 总结了 Java 支持的运算符。P 列和 A 列分支表示每类相关运算符的优先级和结合性。这张表可以作为运算符（特别是优先级）的快速参考。

表 2-4：Java 运算符

P	A	运算符	操作数类型	执行的运算
16	L	.	对象，成员	访问对象成员
		[ ]	数组，int	获取数组中的元素
		(args)	方法，参数列表	调用方法
		++,--	变量	后递增，后递减
15	R	++,--	变量	前递增，前递减
		+,-	数字	正号，负号
		~	整数	按位补码
		!	布尔值	逻辑求反
14	R	new	类，参数列表	创建对象
		(type)	类型，任何类型	校正（类型转换）
13	L	*,/,%	数字，数字	乘法，除法，求余数
12	L	+,-	数字，数字	加法，减法
		+	字符串，任何类型	字符串连接
11	L	<<	整数，整数	左移
		>>	整数，整数	右移，高位补符号
		>>>	整数，整数	右移，高位补零
10	L	<, <=	数字，数字	小于，小于或等于

表 2-4：Java 运算符（续）

P	A	运算符	操作数类型	执行的运算
		>,>=	数字，数字	大于，大于或等于
		instanceof	引用类型，类型	类型比较
9	L	==	基本类型，基本类型	等于（值相同）
		!=	基本类型，基本类型	不等于（值不同）
		==	引用类型，引用类型	等于（指向同一个对象）
		!=	引用类型，引用类型	不等于（指向不同的对象）
8	L	&	整数，整数	位与
		&	布尔值，布尔值	逻辑与
7	L	^	整数，整数	位异或
		^	布尔值，布尔值	逻辑异或
6	L	|	整数，整数	位或
		|	布尔值，布尔值	逻辑或
5	L	&&	布尔值，布尔值	条件与
4	L	||	布尔值，布尔值	条件或
3	R	?:	布尔值，任何类型	条件（三元）运算符
2	R	=	变量，任何类型	赋值
		*=,/=,%=, +=,-=,<<=, >>=,>>>=, &=,^=,.=	变量，任何类型	计算后赋值
1	R	→	参数列表，方法体	lambda 表达式

4. 操作数的数量和类型

在表 2-4 中，第 4 列是每种运算符可以处理的操作数数量和类型。有些运算符只有一个操作数，这种运算符叫一元运算符。例如，一元减号的作用是改变单个数值的符号：

```
-n          // The unary minus operator
```

不过，大多数运算符都是二元运算符，有两个操作数。- 运算符其实还有一种用法：

```
a - b       // The subtraction operator is a binary operator
```

Java 还定义了一个三元运算符，经常被称作条件运算符，就像是表达式中的 if 语句。它的三个操作数由问号和冒号分开，第二个和第三个操作数必须能被转换成同一种类型：

```
x > y ? x : y // Ternary expression; evaluates to larger of x and y
```

除了需要特定数量的操作数之外，每个运算符还需要特定类型的操作数。表 2-4 中的第 4 列是操作数的类型，其中某些需要进一步说明。

数字

整数、浮点数或字符（即除了布尔类型之外的任何一种基本类型）。因为这些类型对应的包装类如 Character、Integer 和 Double 能自动拆包（见 2.9.4 节），所以在这些地方也能使用相应的包装类。

整数

byte、short、int、long 或 char 类型的值（获取数组元素的运算符 [] 不能使用 long 类型的值）。因为能自动拆包，所以也能使用 Byte、Short、Integer、Long 和 Character 类型的值。

引用类型

对象或数组。

变量

变量或其他符号名称（例如数组中的元素），只要能赋值就行。

5. 返回类型

就像运算符只能处理特定类型的操作数一样，运算得到的结果也是特定类型的值。对算术运算符、递增和递减、位运算符和位移运算符来说，只要有一个操作数是 double 类型，返回值就是 double 类型；如果至少有一个操作数是 float 类型，则返回值是 float 类型；如果至少有一个操作数是 long 类型，则返回值是 long 类型；除此之外，都返回 int 类型的值，就算两个操作数都是 byte、short 或 char 类型，也会被放大转换成 int 类型。

比较、相等性和逻辑运算符始终返回布尔值。各种赋值运算符都返回被赋予的值，类型和表达式左边的变量兼容。条件运算符返回第二个或第三个操作数（它们的类型必须相同）。

6. 副作用

每个运算符都会计算一个或多个操作数，然后得到一个结果。值得注意的是，某些运算符除了基本的计算之外还有副作用。如果表达式有副作用，计算时会改变 Java 程序的状态，即再次执行时会得到不同的结果。

例如，++ 递增运算符的副作用是递增变量中保存的值。表达式 ++a 会对变量 a 中的值进行递增，返回递增后的值。如果再次计算这个表达式，会得到不同的值。各种赋值运算符也有副作用。例如，表达式 a*=2 也可以写成 a=a*2，这个表达式的结果是乘以 2 后得到的值，但是有副作用——它将计算结果重新赋值给 a。

如果调用的方法有副作用，方法调用运算符 () 也有副作用。某些方法如 Math.sqrt()，只是计算后返回一个值，没有任何副作用。不过，在一般情况下，方法都有副作用。最后，new 运算符有重大的副作用，它会创建一个新对象。

7. 计算的顺序

Java 解释器计算表达式时，会按照表达式中的括号、运算符的优先级和结合性确定的顺序执行运算。不过，在任何运算之前，解释器会先计算运算符的操作数（&&、|| 和 ?: 例外，不会总是计算这些运算符的全部操作数）。解释器始终使用从左向右的顺序计算操作数。如果操作数是有副作用的表达式，那么这种顺序就很重要了。考虑下面的代码：

```java
int a = 2;
int v = ++a + ++a * ++a;
```

虽然乘法的优先级比加法高，但是会先计算 + 运算符左右的两个操作数。因为这两个操作数都是 ++a，所以得到的计算的结果分别是 3 和 4，因此这个表达式计算的是 3 + 4 * 5，结果为 23。

2.4.2 算术运算符

算术运算符可用于整数、浮点数和字符（即除了布尔类型之外的所有基本类型）。如果其中有个操作数是浮点数，就按浮点算术运算；否则，按整数算术运算。这个规则很重要，因为整数算术和浮点算术是有区别的，例如除法的运算方式，以及上溢和下溢的处理方式。算术运算符如下：

加法（+）

+ 号计算两个数之和。稍后会看到，+ 号还能连接字符串。如果 + 号的操作数中有一个是字符串，另一个也会被转换成字符串。如果想将加法和连接组合使用，一定要使用括号。例如：

```java
System.out.println("Total: " + 3 + 4);    // Prints "Total: 34", not 7!
```

减法（-）

- 号当成二元运算符使用时，计算第一个操作数减去第二个操作数得到的结果。例如，7-3 的结果是 4。- 号也可执行一元取负操作。

乘法（）*

* 号计算两个操作数的乘积。例如，7*3 的结果是 21。

除法（/）

/ 号用第一个操作数除以第二个操作数。如果两个操作数都是整数，结果也是整数，
会抛弃余数。如果有一个操作数是浮点数，结果就是浮点数。两个整数相除时，如
果除数是零，则抛出 ArithmeticException 异常。不过，对浮点数计算来说，如果
除以零，得到的是无穷大或 NaN：

```
7/3          // Evaluates to 2
7/3.0f       // Evaluates to 2.333333f
7/0          // Throws an ArithmeticException
7/0.0        // Evaluates to positive infinity
0.0/0.0      // Evaluates to NaN
```

取模（%）

% 运算符计算第一个操作数和第二个操作数的模数，即返回第一个操作数除去第
二个操作数的整倍数之后剩下的余数。例如，7%3 的结果是 1。结果的符号和第
一个操作数的符号一样。虽然求模运算符的操作数一般是整数，但也可以使用浮
点数。例如，4.3%2.1 的结果是 0.1。如果操作数是整数，计算零的模数会抛出
ArithmeticException 异常。如果操作数是浮点数，计算 0.0 的模数得到的结果是
NaN；计算无穷大和任何数的模数得到的结果也是 NaN。

负号（-）

如果将 - 号当成一元运算符使用，即放在单个操作数之前，执行的是一元取负运算。
也就是说，会将正数转换成对应的负数，或将负数转换成对应的正数。

2.4.3 字符串连接运算符

+ 号（以及对应的 += 运算符）除了能计算数字之和以外，还能连接字符串。如果 + 号的
两个操作数中有一个是字符串，另一个操作数也会被转换成字符串。例如：

```
// Prints "Quotient: 2.3333333"
System.out.println("Quotient: " + 7/3.0f);
```

因此，如果加法和字符串连接组合在一起使用，要将加法表达式放在括号中。倘若不这
样做，加号会被理解成连接运算符。

Java 解释器原生支持将所有基本类型转换成字符串。对象被转换成字符串时，调用的是
对象的 toString() 方法。有些类自定义了 toString() 方法，所以这些类的对象可以使
用这种方式轻易地转换成字符串。数组转换成字符串时会调用原生的 toString() 方法，
不过遗憾的是，这个方法没有为数组的内容提供有用的字符串形式。

2.4.4 递增和递减运算符

++ 运算符将它唯一的操作数增加 1，这个操作数必须是变量、数组中的元素或对象的

字段。该运算符的行为取决于它相对于操作数的位置。放在操作数之前，是前递增运算符，递增操作数的值，并返回递增后的值。放在操作数之后，是后递增运算符，递增操作数的值，但返回的是递增前的值。

例如，下面的代码将 i 和 j 的值都设置为 2：

```
i = 1;
j = ++i;
```

但是，下面的代码将变量 i 的值设置为 2，j 的值设置为 1：

```
i = 1;
j = i++;
```

类似地，-- 运算符将它的单个数字操作数减 1，它的操作数必须是变量、数组中的元素或对象的字段。与 ++ 运算符一样，-- 的行为也取决于它相对于操作数的位置。放在操作数之前，递减操作数的值，并返回递减后的值。放在操作数之后，递减操作数的值，但返回递减前的值。

表达式 x++ 和 x-- 分别等价于 x=x+1 和 x=x-1，不过使用递增和递减运算符时，只会计算一次 x 的值。如果表达式 x 有副作用，情况将有所不同。例如，下面两个表达式不等价：

```
a[i++]++;              // Increments an element of an array

// Adds 1 to an array element and stores new value in another element
a[i++] = a[i++] + 1;
```

这些运算符，不管放在变量前面还是后面，最常用来递增或递减控制循环的计数器。

2.4.5 比较运算符

比较运算符包括测试两个值是否相等的相等运算符和测试有序类型（数字和字符）数据之间大小关系的关系运算符。这两种运算符计算的结果都是布尔值，因此一般用于 if 语句、while 和 for 循环，作为分支和循环的判定条件。例如：

```
if (o != null) ...;        // The not equals operator
while(i < a.length) ...;   // The less than operator
```

Java 提供了下述相等运算符。

等于（==）

　　如果 == 运算符的两个操作数相等，计算结果为 true；否则计算结果为 false。如果操作数是基本类型，这个运算符测试两个操作数的值是否一样。如果操作数是引用类型，这个运算符测试两个操作数是否指向同一个对象或数组。换句话说，它不能测试两个不同对象或数组的相等性。尤其需注意，这个运算符不能测试两个字符串是否相等。

如果使用 == 比较两个数字或字符，而且两个操作数的类型不同，在比较之前会将取值范围较小的操作数转换成取值范围较宽的操作数类型。例如，比较 short 类型的值和 float 类型的值时，在比较之前会先将 short 类型的值转换成 float 类型。对浮点数来说，特殊的负零和普通的正零相等；特殊的 NaN 值和任何数，包括 NaN 自己，都不相等。如果想测试浮点数是否为 NaN，要使用 Float.isNan() 或 Double.isNan() 方法。

不等于（!=）

!= 运算符作用与 == 运算符相反。如果两个基本类型操作数的值不同，或者两个引用类型操作数指向不同的对象或数组，!= 运算符的计算结果为 true；否则，计算结果为 false。

关系运算符可用于数字和字符，但不能用于布尔值、对象和数组，因为这些类型无序。

Java 提供了下述关系运算符。

小于（<）

如果第一个操作数小于第二个操作数，计算结果为 true。

小于或等于（<=）

如果第一个操作数小于或等于第二个操作数，计算结果为 true。

大于（>）

如果第一个操作数大于第二个操作数，计算结果为 true。

大于或等于（>=）

如果第一个操作数大于或等于第二个操作数，计算结果为 true。

2.4.6 逻辑运算符

如前所示，比较运算符比较两个操作数，计算结果为布尔值，经常用在分支和循环语句中。为了让分支和循环的条件判断更有趣，可以使用布尔（或逻辑）运算符将多个比较表达式合并成一个更复杂的表达式。逻辑运算符的操作数必须是布尔值，而且计算结果也是布尔值。逻辑运算符如下。

条件与（&&）

这个运算符对操作数执行逻辑与运算。当且仅当两个操作数都是 true 时才返回 true；如果有一个或两个操作数都是 false，计算结果为 false。例如：

```
if (x < 10 && y > 3) ... // If both comparisons are true
```

该运算符（以及除了一元运算符！之外的所有逻辑运算符）的优先级没有比较运算符高，因此完全可以编写与上面类似的代码。不过，有些使用者倾向于使用括号，明确表明计算的顺序：

```
if ((x < 10) && (y > 3)) ...
```

具体的用法取决于读者觉得哪种写法更易读。

这个运算符之所以叫条件与，是因为它会视情况决定是否计算第二个操作数。如果第一个操作数的结算结果为 false，不管第二个操作数的计算结果是什么，计算结果都是 false。因此，为了提高效率，Java 解释器会很"机智"地跳过第二个操作数。因为不一定会计算第二个操作数，所以使用这个运算符时，如果表达式有副作用，一定要注意。不过，因为有这种特性，可以使用这个运算符编写如下的 Java 表达式：

```
if (data != null && i < data.length && data[i] != -1)
    ...
```

如果第一个和第二个比较表达式的计算结果为 false，第二个和第三个比较表达式会导致错误。幸运的是无须为此担心，因为 && 运算符会视情况决定是否执行后面的表达式。

条件或（||）

这个运算符在两个布尔值操作数上执行逻辑或运算。如果其中一个或两个都是 true，计算结果为 true；如果两个操作数都是 false，计算结果为 false。跟 && 运算符一样，|| 并不总会计算第二个操作数。如果第一个操作数的计算结果为 true，不管第二个操作数的计算结果是什么，表达式的计算结果都是 true。因此遇到这种情况时，|| 运算符会跳过第二个操作数。

逻辑非（!）

这个运算符改变操作数的布尔值。如果应用于 true，计算结果为 false；如果应用于 false，计算结果为 true。在下面这种表达式中很有用：

```
if (!found) ...          // found is a boolean declared somewhere
while (!c.isEmpty()) ... // The isEmpty() method returns a boolean
```

! 是一元运算符，优先级高，经常必须使用括号：

```
if (!(x > y && y > z))
```

逻辑与（&）

如果操作数是布尔值，& 运算符的行为跟 && 运算符类似，但是不管第一个操作数的计算结果是什么，总会计算第二个操作数。不过，这个运算符几乎都用作位运算符，处理整数操作数。很多 Java 程序员认为使用这个运算符处理布尔值操作数的代码是不合法的。

逻辑或（|）

这个运算符在两个布尔值操作数上执行逻辑或运算，跟 || 运算符类似，即便第一个操作数的计算结果为 true，也会计算第二个操作数。| 运算符几乎都用作位运算符，处理整数操作数，很少用于处理布尔值操作数。

逻辑异或（^）

如果操作数是布尔值，此运算符的计算结果是两个操作数的异或。如果两个操作数中只有一个是 true，计算结果才是 true。也就是说，如果两个操作数都是 true 或false，计算结果为 false。这个运算符与 && 和 || 不同，始终会计算两个操作数。^ 运算符更常用作位运算符，处理整数操作数。如果操作数是布尔值，这个运算符等效于 != 运算符。

2.4.7 位运算符和位移运算符

位运算符和位移运算符是底层运算符，处理整数中的单个位。现代 Java 程序很少使用位运算符，除非要执行底层操作（例如网络编程）。这两种运算符用于测试和设定一个值中的单个标志位。如果想理解这些运算符的行为，必须先理解二进制数以及用于表示负整数的二进制补码方式。

这些运算符的操作数不能是浮点数、布尔值、数组或对象。如果操作数是布尔值，&、|和 ^ 运算符执行的是其他运算，前面小节中已经介绍过了。

如果位运算符的操作数中有一个是 long 类型，结果就是 long 类型。除此之外，都为int 类型。如果位移运算符左边的操作数是 long 类型，结果为 long 类型；否则，结果是 int 类型。位运算符和位移运算符有下面这些：

按位补码（~）

一元运算符 ~ 是按位补码运算符，或者叫作位或运算符。它将单个操作数的每一位取反，即 1 变成 0，0 变成 1。如下例所示：

```
byte b = ~12;          // ~00001100 =  => 11110011 or -13 decimal
flags = flags & ~f;    // Clear flag f in a set of flags
```

位与（&）

该运算符在两个整数操作数的每一位上执行逻辑与运算，合并这两个操作数。只有两个操作数的同一位都为 1 时，结果中对应的位才是 1。例如：

```
10 & 7                 // 00001010 & 00000111 =  => 00000010 or 2
if ((flags & f) != 0)  // Test whether flag f is set
```

前面提到过，如果操作数是布尔值，& 是不常使用的逻辑与运算符。

位或 (|)

这个运算符在两个整数操作数的每一位上执行逻辑或运算，合并这两个操作数。如果两个操作数的同一位中有一个或两个都是 1，结果中对应的位是 1；如果两个操作数的同一位都是 0，结果中对应的位是 0。例如：

```
10 | 7                  // 00001010 | 00000111 =  => 00001111 or 15
flags = flags | f;      // Set flag f
```

前面已经提到过，当操作数是布尔值时，| 是不常使用的逻辑或运算符。

位异或 (^)

该运算符在两个整数操作数的每一位上执行逻辑异或运算，合并这两个操作数。如果两个操作数的同一位值不同，结果中对应的位是 1；如果两个操作数的同一位都是 1 或都是 0，结果中对应的位是 0。例如：

```
10 ^ 7                  // 00001010 ^ 00000111 =  => 00001101 or 13
```

当操作数为布尔值时，^ 是很少使用的逻辑异或运算符。

左移 (<<)

<< 运算符将左侧操作数的每一位向左移动由右侧操作数指定的位数。左侧操作数的高位被移除，右边缺少的位补零。整数向左移 n 位，相当于将其乘以 2^n。例如：如果左侧操作数是 long 类型，右侧操作数应该介于 0 和 63 之间。

```
10 << 1    // 0b00001010 << 1 = 00010100 = 20 = 10*2
7 << 3     // 0b00000111 << 3 = 00111000 = 56 = 7*8
-1 << 2    // 0xFFFFFFFF << 2 = 0xFFFFFFFC = -4 = -1*4
           // 0xFFFF_FFFC == 0b1111_1111_1111_1111_1111_1111_1111_1100
```

否则左侧操作数为 int 类型，右侧操作数应该介于 0 和 31 之间。

带符号右移 (>>)

>> 运算符将左侧操作数的每一位向右移动由右侧操作数指定的位数。左侧操作符的低位被移除，移入的高位与原来的最高位一样。也就是说，如果左侧操作数是正数，移入的高位是 0；如果左侧操作数是负数，移入的高位是 1。这种技术叫高位补符号，作用是保留左侧操作数的符号。如下例所示：

```
10 >> 1    // 00001010 >> 1 = 00000101 = 5 = 10/2
27 >> 3    // 00011011 >> 3 = 00000011 = 3 = 27/8
-50 >> 2   // 11001110 >> 2 = 11110011 = -13 != -50/4
```

如果左侧操作数是正数，右侧操作数是 n，>> 运算符的计算结果相当于整数除以 2^n。

不带符号右移（>>>）

这个运算符与 >> 类似，但是不管左侧操作数的符号是什么，高位总是移入 0。这种技术叫高位补零。左侧操作数是无符号的数值时才适合使用该运算符（可是 Java 的整数类型都带符号）。下面是一些例子：

```
0xff >>> 4      // 11111111 >>> 4 = 00001111 = 15  = 255/16
-50 >>> 2       // 0xFFFFFFCE >>> 2 = 0x3FFFFFF3 = 1073741811
```

2.4.8 赋值运算符

赋值运算符将值存储或赋值给某块内存，内存也被称为存储位置。左侧操作数必须是适当的局部变量、数组元素或对象字段。

 赋值表达式的左侧操作数有时称为左值（*lvalue*）。在 Java 中，它必须引用一些可分配的存储空间（即可以写入的内存）。

右侧操作数（*rvalue*，右值）可以是与变量兼容的任何类型的值。赋值表达式的计算结果是赋予变量的值。不过，更重要的是，赋值表达式的副作用是执行赋值操作，即将 rvalue 赋给 lvalue。

 与其他二元运算符不同的是，赋值运算符是右结合的，也就是说，赋值表达式 a=b=c 从右向左执行，即 a=(b=c)。

常规赋值运算符是 =。别将它与相等运算符 == 搞混了。为了区别这两个运算符，建议将 = 读作"被赋值为"。

除了这个简单的赋值运算符之外，Java 还定义了另外 11 个运算符，其中 5 个与算术运算符配套使用，6 个与位运算符和位移运算符配套使用。例如，+= 运算符先读取左侧变量的值，再和右侧操作数相加。这种表达式的副作用是将两数之和赋值给左侧变量，返回值也是两数之和。因此，表达式 x+=2 几乎跟 x=x+2 一样。这两种表达式之间的区别是，+= 运算符只计算一次左侧操作数。如果左侧操作数有副作用，这个区别就体现出来了。如下两个表达式并不等价：

```
a[i++] += 2;
a[i++] = a[i++] + 2;
```

组合赋值运算符的一般格式为：

```
lvalue op= rvalue
```

（如果 lvalue 没有副作用）等价于：

```
lvalue = lvalue op rvalue
```

可用的组合赋值运算符有：

```
+=    -=    *=    /=    %=      // Arithmetic operators plus assignment

&=    |=    ^=                  // Bitwise operators plus assignment

<<=   >>=   >>>=                // Shift operators plus assignment
```

其中，最常用的运算符是 += 跟 -=，不过处理布尔值标志时，&= 和 |= 也非常有用。例如：

```
i += 2;          // Increment a loop counter by 2
c -= 5;          // Decrement a counter by 5
flags |= f;      // Set a flag f in an integer set of flags
flags &= ~f;     // Clear a flag f in an integer set of flags
```

2.4.9 条件运算符

条件运算符 ?: 是一个三元运算符（有三个操作数），看起来有点晦涩，它是从 C 语言继承来的，可以在一个表达式中嵌入条件判断。这个运算符可以看成是 if/else 语句的运算符版。条件运算符的第一个和第二个操作数用问号（?）分开，第二个和第三个操作数使用冒号（:）分开。第一个操作数的计算结果必须是布尔值。第二个和第三个操作数可以是任意类型，但必须能被转换成同一类型。

条件运算符先计算第一个操作数，如果结果为 true，就计算第二个操作数，并将结果当成表达式的返回值；如果第一个操作数的计算结果为 false，条件运算符会计算并返回第三个操作数。条件运算符绝不会同时计算第二个和第三个操作数，所以使用有副作用的表达式时要小心。这个运算符的使用示例如下：

```
int max = (x > y) ? x : y;
String name = (name != null) ? name : "unknown";
```

注意，?: 运算符的优先级只比赋值运算符高，比其他运算符都低，因此一般不用将操作数放在括号里。不过有很多程序员觉得将第一个操作数放在括号里，条件表达式可读性更强。这么说不无道理，毕竟 if 语句的条件表达式都放在括号里。

2.4.10 instanceof 操作符

instanceof 操作符与对象及 Java 类型系统联系紧密。如果你是 Java 新手，建议跳过这一节，等对 Java 的对象有充足了解后再回过头来看看。

instanceof 操作符的左侧操作数是对象或数组，右侧操作数是引用类型的名称。如果对象或数组是指定类型的实例，计算结果为 true ；否则，计算结果为 false。如果左侧操作数是 null，instanceof 操作符的计算结果始终为 false。如果 instanceof 表达式的计算结果为 true，意味着可以放心进行强制转换并将左侧操作数赋值给类型为右侧操作数的变量。

instanceof 操作符只适用于引用类型和对象，而不能用于基本类型和值。instanceof 操作符的使用示例如下：

```
// True: all strings are instances of String
"string" instanceof String
// True: strings are also instances of Object
"" instanceof Object
// False: null is never an instance of anything
null instanceof String

Object o = new int[] {1,2,3};
o instanceof int[]    // True: the array value is an int array
o instanceof byte[]   // False: the array value is not a byte array
o instanceof Object   // True: all arrays are instances of Object

// Use instanceof to make sure that it is safe to cast an object
if (object instanceof Point) {
    Point p = (Point) object;
}
```

一般来说，不鼓励 Java 开发者使用 instanceof。这通常是程序设计存在缺陷的迹象。在正常情况下，应避免使用 instanceof ；只有在极少数情况下才需要使用 instanceof （但请注意，某些场景中 instanceof 不可或缺）。

2.4.11 特殊运算符

Java 有六种语言结构，有时被当成运算符使用，有时只是被当成基本句法的一部分。表 2-4 也列出了这些"运算符"，以便说明相对于其他真正运算符的优先级。本书其他地方会详细介绍这些语言结构的用法，不过这里需要简单介绍一下，以便读者更好理解它们在代码中的用途。

访问对象成员（.）

对象由一些数据字段和处理这些数据字段的方法组成。对象的数据字段和方法称为这个对象的成员。点号运算符（.）用来访问这些成员。如果 o 是一个表达式，而且计算结果为对象引用，f 是这个对象的字段名称，那么，o.f 的计算结果是字段 f 中的值。如果 m 是一个方法的名称，那么，o.m 指向这个方法，而且能使用后面介绍的 () 运算符调用这个方法。

访问数组中的元素（[]）

数组是一个由编过号的值组成的列表。数组中的每个元素都能使用各自的编号（或叫索引）来引用。[ ] 运算符能指向数组中的单个元素。如果 a 是一个数组，i 是计算结果为 int 类型的表达式，那么 a[i] 可指向 a 中的一个元素。这个运算符不像其他处理整数的运算符，它强制要求数组的索引必须是 int 类型或者取值范围更小的类型。

调用方法（()）

方法是一组有名称的 Java 代码，在方法名的后面加上括号，并在括号中放置零个或多个以逗号隔开的表达式，可以运行（或叫调用）方法。括号中的表达式计算得到的值是方法的参数。方法会处理这些参数，有时会返回一个值，返回的是方法调用表达式的返回值。如果 o.m 是一个没有参数的方法，那么这个方法可以使用 o.m() 调用。假设这个方法有三个参数，那么可以使用表达式 o.m(x,y,z) 调用。o 被称为方法的接收者，如果 o 是对象，那么它被称为接收者对象。Java 解释器调用方法之前，会先计算传入的参数。这些表达式始终从左向右计算（如果参数有副作用，就能体现顺序的重要性）。

lambda 表达式（->）

lambda 表达式是一些匿名的 Java 可执行代码，其实就是方法的主体，由方法的参数列表（括号中的零个或多个以逗号分隔的表达式）、lambda 箭头运算符和一段 Java 代码组成。如果代码段只有一个语句，可以省略标识块边界常用的花括号。如果 lambda 表达式只接受一个参数，则参数两边的括号可以省略。

创建数组（new）

数组是一种特殊的对象，它也是用 new 运算符来创建的，只不过句法略有不同。new 关键字后面跟着要创建的数组的类型和用中括号括起来的数组大小，例如 new int[5]。在某些情况下，也可以使用数组字面量（array literal）句法创建数组。

创建对象（new）

在 Java 中，创建对象和数组使用 new 运算符。运算符后面紧跟着要创建的对象类型，括号中还可以指定一些传给对象构造方法的参数。构造方法是一种特殊的代码块，用于实例化待创建的对象。创建对象的句法和调用方法的句法类似。如下所示：

```
new ArrayList<String>();
new Point(1,2)
```

类型转换或强制转换（()）

前面已经介绍过，括号还可以当成执行缩小类型转换（或强制转换）的运算符。这个运算符的第一个操作数是目标类型，放在括号里；第二个操作数是要转换的值，跟在括号后面。例如：

```
(byte) 28          // An integer literal cast to a byte type
(int) (x + 3.14f)  // A floating-point sum value cast to an integer
(String)h.get(k)   // A generic object cast to a string
```

2.5 语句

语句是 Java 语言中可执行代码的基本单位，表达设计者的某个意图。跟表达式不同，Java 语句没有返回值。语句一般包含表达式和运算符（尤其是赋值运算符），执行的目的往往是为了它们的副作用。

Java 定义的很多语句是流程控制语句，例如条件语句和循环语句，它们通过合理的方式改变默认的线性执行顺序。表 2-5 总结了 Java 定义的各种语句。

表 2-5：Java 语句

语句	作用	句法
表达式	副作用	*variable = expr; expr++; method(); new Type();*
复合语句	语句组	*{ statements }*
空语句	无作用	*;*
标签	为语句命名	*label: statement*
变量	声明变量	*[final] type name[=value][,name[=value]] ...;*
if	条件判断	if *(expr) statement*[else statement]
switch	条件判断	switch(*expr*) {[*case expr:statement*] ... [default: *statements*] }
while	循环	while *(expr) statement*
do	循环	do *statement* while *(expr);*
for	简单循环	for *(init; test; increment) statement*
遍历	迭代集合	for *(variable : iterable) statement*
break	退出块	break *[label];*
continue	重新开始循环	continue *[label];*
return	结束方法	return *[expr];*
synchronized	临界区	synchronized *(expr) {statements}*
throw	抛出异常	throw *expr;*
try	处理异常	try *{statements}*[catch *(type name)* { *statements* }] ... [finally *{statements}*]
assert	验证不变式	assert *invariant[error];*

2.5.1 表达式语句

本章前面提到过，某些 Java 表达式有副作用。也就是说，这些表达式不仅能计算得到的一个值，还能以某种方式改变程序的状态。只要表达式有副作用，在表达式后面加上分号就能当作语句使用。合法的表达式语句有赋值、递增和递减、方法调用以及对象创建。例如：

```
a = 1;                            // Assignment
x *= 2;                           // Assignment with operation
i++;                             // Post-increment
--c;                            // Pre-decrement
System.out.println("statement"); // Method invocation
```

2.5.2 复合语句

复合语句是一些由花括号括起来的语句，语句的数量和类型没有限制。Java 句法规定可以使用语句的地方都可以使用复合语句：

```
for(int i = 0; i < 10; i++) {
  a[i]++;          // Body of this loop is a compound statement.
  b[i]--;          // It consists of two expression statements
}                  // within curly braces.
```

2.5.3 空语句

在 Java 中，空语句使用一个分号表示。空语句不执行任何操作，不过这种句法偶尔会有用。例如，在 for 循环中可以使用空语句表明循环体为空：

```
for(int i = 0; i < 10; a[i++]++)  // Increment array elements
    /* empty */;                  // Loop body is empty statement
```

2.5.4 标签语句

标签语句就是有名称的语句。在语句前加上一个标识符和一个冒号可命名一个标签。break 和 continue 语句会用到标签。例如：

```
rowLoop: for(int r = 0; r < rows.length; r++) {      // Labeled loop
    colLoop: for(int c = 0; c < columns.length; c++) {  // Another one
      break rowLoop;                                  // Use a label
    }
}
```

2.5.5 局部变量声明语句

局部变量通常被称为变量，是存储值的位置的符号名称，在方法和复合语句中定义。所有变量在使用之前必须先声明，变量通过声明语句来声明。Java 是静态类型语言，声明变量时要指定变量的类型，而且只有适配类型的值才能存储在这个变量中。

变量声明语句最简单的形式只需指定变量的类型和名称：

```
int counter;
String s;
```

声明变量时还可以包含一个初始化表达式，用于指定变量的初始值。例如：

```
int i = 0;
String s = readLine();
int[] data = {x+1, x+2, x+3}; // Array initializers are discussed later
```

Java 编译器不允许使用未经初始化的局部变量，因此，为方便起见，通常会在一个语句中同时声明和初始化变量。初始化表达式不强制是编译器能计算得到结果的字面量或常量表达式，也可以是程序运行时能计算出结果的任意复杂表达式。

如果一个变量有一个初始化式，那么程序员可以使用一种特殊的句法要求编译器自动计算它的类型：

```java
var i = 0; // type of i inferred as int
var s = readLine(); // type of s inferred as String
```

这可能是一种有用的句法，但在学习 Java 语言时，最好在熟悉 Java 类型系统前避免使用它。

一个变量声明语句可以声明和初始化多个变量，但是所有变量必须为同一类型。变量名称和可选的初始化表达式使用逗号分隔：

```java
int i, j, k;
float x = 1.0f, y = 1.0f;
String question = "Really Quit?", response;
```

变量声明语句可以以 final 关键字开头。这个修饰符用来指示，为变量赋初始值之后，其值就不能改变了：

```java
final String greeting = getLocalLanguageGreeting();
```

本章稍后部分，尤其是讨论不可变编程风格时，还会进一步说明 final 关键字。

在 Java 程序的任何地方都能使用变量声明语句，而不局限于只能在方法和代码块的开头使用。稍后会介绍，局部变量声明还可以集成到 for 循环的初始化部分中。

局部变量只能在其定义所在的方法和代码块中使用，这通常被称为变量的作用域或词法作用域。

```java
void method() {                 // A method definition
  int i = 0;                    // Declare variable i
  while (i < 10) {              // i is in scope here
    int j = 0;                  // Declare j; the scope of j begins here
    i++;                        // i is in scope here; increment it
  }                             // j is no longer in scope;
  System.out.println(i);        // i is still in scope here
}                               // The scope of i ends here
```

2.5.6 if/else 语句

if 语句是基本的控制语句，它允许 Java 程序作出判断，或者更准确地说，根据条件决定执行哪些语句。if 语句有与之关联的表达式和语句，如果表达式的计算结果为 true，解释器会执行其关联的语句；如果表达式的计算结果为 false，解释器会跳过相应语句。

Java 允许在关联的表达式中使用包装类型 Boolean 代替基本类型 boolean。此时，包装对象会被自动拆包。

下面是一个 if 语句示例：

```
if (username == null)        // If username is null,
    username = "John Doe";   // use a default value
```

虽然括号看起来不重要，但却是 if 语句不可缺少的一部分。前面说过，花括号中的语句块本身也是语句，所以 if 语句还可以写成下面这样：

```
if ((address == null) || (address.equals(""))) {
    address = "[undefined]";
    System.out.println("WARNING: no address specified.");
}
```

if 语句可以包含一个可选的 else 关键字，并在后面紧跟着另一个语句。在这种形式中，如果表达式的计算结果为 true，会执行第一个语句，否则将执行第二个语句。例如：

```
if (username != null)
    System.out.println("Hello " + username);
else {
    username = askQuestion("What is your name?");
    System.out.println("Hello " + username + ". Welcome!");
}
```

嵌套使用 if/else 语句时需注意，必须确保 else 子句与正确的 if 语句匹配。如下面的代码：

```
if (i == j)
    if (j == k)
        System.out.println("i equals k");
else
    System.out.println("i doesn't equal j");    // WRONG!!
```

在这个例子中，根据句法内层 if 语句是外层 if 语句的单个语句。但是，(除了缩进给出了提示) else 子句和哪个 if 语句匹配并不明确。并且这个例子的缩进提示也是错的。Java 语言规范规定了 else 子句和最近的 if 语句关联。正确缩进后的代码如下：

```
if (i == j)
    if (j == k)
        System.out.println("i equals k");
    else
        System.out.println("i doesn't equal j");    // WRONG!!
```

这是合法的代码，但显然没有清楚表明设计者的意图。使用嵌套 if 语句时，应该使用花括号，让代码更易读。下面是该范例更好的编码方式：

```
if (i == j) {
    if (j == k)
        System.out.println("i equals k");
}
else {
```

```
        System.out.println("i doesn't equal j");
    }
```

else if 子句

if/else 语句适用于测试一个条件，并在两个语句或代码块中选择一个执行。那么需要在多个代码块中选择时怎么办呢？这种情况一般使用 else if 子句。这其实不是新句法，而是标准 if/else 语句的惯用句法。具体用法如下：

```
if (n == 1) {
    // Execute code block #1
}
else if (n == 2) {
    // Execute code block #2
}
else if (n == 3) {
    // Execute code block #3
}
else {
    // If all else fails, execute block #4
}
```

这段代码没有什么特别之处。它只是一系列 if 语句，其中每个 if 都是前一个语句的 else 子句的一部分。使用 else if 习语比以完全嵌套的形式写出这些语句更好，而且更易读：

```
if (n == 1) {
    // Execute code block #1
}
else {
    if (n == 2) {
        // Execute code block #2
    }
    else {
        if (n == 3) {
            // Execute code block #3
        }
        else {
            // If all else fails, execute block #4
        }
    }
}
```

2.5.7 switch 语句

if 语句在程序的执行过程中创建一个分支。如前一节中介绍的那样，可以使用多个 if 语句创建多个分支。但这么做并不总是最好的方式，尤其是所有分支都基于同一个变量的值进行判断时，在多个 if 语句中重复检查这个变量的值效率不高。

在这种情况下，重复的 if 语句可能会严重影响可读性，特别是当代码经过一段时间的重构或具有多层嵌套 if 的特性时。

更好的方式是使用源自 C 语言的 switch 语句。虽然这种语句的句法没有 Java 其他语句优雅，但是考虑到它的实用性，仍值得推荐。

switch 语句以一个表达式开始，这个表达式的返回值是 int、short、char、byte（或这四个类型的包装类型）、String 或枚举类型（详细介绍见第 4 章）中的一种。

这个表达式后面紧随着一段由花括号括起来的代码，这段代码中有多个入口，对应表达式各个可能的返回值。例如，下面的 switch 语句等效于前一节的多个 if 和 else/if 语句：

```
switch(n) {
  case 1:                        // Start here if n == 1
    // Execute code block #1
    break;                       // Stop here
  case 2:                        // Start here if n == 2
    // Execute code block #2
    break;                       // Stop here
  case 3:                        // Start here if n == 3
    // Execute code block #3
    break;                       // Stop here
  default:                       // If all else fails...
    // Execute code block #4
    break;                       // Stop here
}
```

从这个示例不难看出，switch 语句中的各入口有两种形式：一种使用关键字 case 标签，后面跟着一个整数和一个冒号；另一种使用特殊的关键字 default 标签，后面跟着一个冒号。解释器执行 switch 语句时，先计算括号中表达式的值，然后查找是否有匹配这个值的 case 标签。如果有，解释器就从这个 case 标签后的代码块中第一个语句开始执行；如果没有，解释器从特殊的 default 标签后的代码块中第一个语句开始执行；如果没有 default 标签，解释器会跳过整个 switch 语句主体。

注意，在前面的代码中每个 case 子句末尾都有 break 关键字。本章后面会介绍 break 语句，在这里，它的作用是让解释器退出 switch 语句的主体。switch 语句中的 case 子句只用来指定需要执行的代码的起始点，各 case 子句后的代码块不是相互独立的，没有任何隐式的结束点。

必须使用 break 或相关的语句显式指定各 case 子句在何处结束。如果没有 break 语句，switch 语句会从匹配的 case 标签后第一个语句开始执行，一直到代码块结束为止。控制流将进入下一个 case 标签并继续执行，而不是退出代码块。

极少数的情况下会这样编写代码，从一个 case 标签执行到下一个 case 标签；99% 的情况下都要在每个 case 和 default 子句中加上一个语句，结束执行 switch 语句。一般情况下使用 break 语句，不过 return 和 throw 语句也可以。

当这种默认情况落空时，switch 语句可以使用多个 case 子句关联同一个希望执行的语句。例如下面这个方法中的 switch 语句：

```java
boolean parseYesOrNoResponse(char response) {
    switch(response) {
      case 'y':
      case 'Y': return true;
      case 'n':
      case 'N': return false;
      default:
        throw new IllegalArgumentException("Response must be Y or N");
    }
}
```

switch 语句和 case 标签有些重要的限制。首先，与 switch 语句关联的表达式必须是适当的类型，它可以是 byte、char、short、int（及这四种类型的包装类型）、枚举类型或 String 类型之一，它不支持浮点数和布尔类型，虽然 long 也是整数类型，但也不能使用。其次，与各 case 标签关联的值必须是编译器能计算的常量或常量表达式。case 标签不能包含运行时表达式，例如变量或方法调用。再者，case 标签中的值必须在 switch 表达式返回值对应的数据类型的取值范围内。最后，不能有两个或多个 case 标签使用同一个值，而且 default 标签数不能超过一个。

2.5.8 while 语句

while 语句是一种基本语句，目的是让 Java 执行重复的操作。换言之，while 语句是 Java 的主要循环结构之一。句法如下：

```
while (expression)
    statement
```

while 语句先计算表达式 expression 的值，计算结果必须是布尔值。如果计算结果为 false，解释器跳过循环中的 statement，执行程序中的下一个语句。如果计算结果为 true，解释器执行组成循环主体的 statement，然后再次计算 expression 的值。如果计算结果为 false，解释器执行程序中的下一个语句；否则，再次执行 statement。只要 expression 的计算结果为 true，就会一直循环下去，while 语句结束后（即 expression 的计算结果为 false）解释器才会执行下一个语句。可以使用 while(true) 创建一个无限循环。

下面是一个 while 循环示例，打印数字 0 到 9：

```java
int count = 0;
while (count < 10) {
    System.out.println(count);
    count++;
}
```

可以看出，在这个示例中，变量 count 的起始值是 0，循环主体每执行一次，count 的值就会递增 1。循环执行 10 次后，表达式的计算结果变成 false（即 count 的值大于等于 10），此时 while 语句结束，Java 解释器继续执行程序中的下一个语句。大多数循环都有一个计数器变量，例如这个例子中的 count。循环计数器变量的名称经常使用 i、j 和 k，不过你应该使用意义更明确的名字，以提高代码的可读性。

2.5.9 do 语句

do 循环和 while 循环很像，只不过循环表达式的测试不是在循环开头，而在循环末尾。也就是说，至少能保证循环主体会执行一次。do 循环的句法如下：

```
do
    statement
while (expression);
```

注意，do 循环与更普通的 while 循环有几点不同之处。首先，do 循环既需要使用关键字 do 标记循环的开头，也要使用关键字 while 标记循环的结尾，以及引入循环条件。其次，与 while 循环不同的是，do 循环的结尾要使用分号。这是因为 do 循环以循环条件结尾，而不是标记循环主体结束的花括号。下面的 do 循环和前面的 while 循环输出结果相同：

```
int count = 0;
do {
    System.out.println(count);
    count++;
} while(count < 10);
```

do 循环比类似的 while 循环罕见，因为在实际使用中很少遇到一定会至少先执行一次循环的情况。

2.5.10 for 语句

for 语句提供的循环结构往往比 while 和 do 循环更实用。for 语句吸取了常见循环模式的优点。大多数循环都有一个计数器，或者某种形式的状态变量（在循环开始前初始化），然后测试这个变量的值以决定是否执行循环主体，再次计算表达式的值之前，在循环主体末尾递增或者以某种方式更新这个变量的值。*initialize*（初始化）、*test*（测试）和 *update*（更新），这三步是循环变量的重要操作，for 语句将这三步作为循环句法的明确组成部分：

```
for(initialize; test; update) {
    statement
}
```

for 循环基本等同于下面的 while 循环：

```
initialize;
while (test) {
    statement;
    update;
}
```

将 *initialize*、*test* 和 *update* 三个表达式放在 for 循环的开头，特别有助于理解循环的作用，还能避免一些常见错误，例如忘记初始化或更新循环变量。解释器会丢掉 *initialize* 和 *update* 两个表达式的返回值，所以它们必须要有副作用。*initialize* 一般是赋值表达式，*update* 一般是递增、递减或其他赋值表达式。

下面的 for 循环与前面的 while 和 do 循环一样，打印数字 0 到 9：

```
int count;
for(count = 0 ; count < 10 ; count++)
    System.out.println(count);
```

注意，这种句法将循环变量相关操作放在一行中，更能帮助开发者看清循环的执行方式。而且，将更新循环变量的表达式放在 for 语句中，还简化了循环主体，只需一个语句，甚至不需要使用花括号将代码块括起来。

for 循环还支持一种句法，可以让循环更便于使用。很多循环都只在循环内部使用循环变量，因此 for 循环允许 *initialize* 是一个完整的变量声明表达式，这样循环变量的作用域是循环主体，在循环外部不可见。例如：

```
for(int count = 0 ; count < 10 ; count++)
    System.out.println(count);
```

并且，for 循环的句法不限制只能使用一个变量，*initialize* 和 *update* 表达式都能使用逗号分隔多个初始化和更新表达式。例如：

```
for(int i = 0, j = 10 ; i < 10 ; i++, j--)
    sum += i * j;
```

在目前所举的例子中，计数器都是数值，但 for 循环并不限制计数器只能使用数值。例如，可以使用 for 循环遍历链表中的元素：

```
for(Node n = listHead; n != null; n = n.nextNode())
    process(n);
```

for 循环中的 *initialize*、*test* 和 *update* 表达式均为可选的，只有分隔这些表达式的分号是必需的。如果没有 *test* 表达式，其值假定为 true。因此，可以使用 for(;;) 编写一个无限循环。

2.5.11 for each 语句

for 循环能很好地处理基本类型，但处理对象为集合时就很吃力了，而且笨拙。不过，有种叫作"遍历循环"(foreach loop)的句法可以处理需要循环的对象集合。

遍历循环以关键字 for 开头，后面跟着一对括号，括号里是变量声明（不初始化）、冒号和表达式，括号后面是组成循环主体的语句（或语句块）：

```
for( declaration : expression )
    statement
```

别被它的名字迷惑了，它并不使用关键字 foreach。冒号一般读作"……中"，例如"studentNames 中的每个名字"。

前面在介绍 while、do 和 for 循环时，都举了一个例子，打印 10 个数字。遍历循环也能做到，但需要迭代一个集合。为了循环 10 次（打印 10 个数字），需要一个有 10 个元素的数组或集合。我们可以使用类似下面的代码：

```
// These are the numbers we want to print
int[] primes = new int[] { 2, 3, 5, 7, 11, 13, 17, 19, 23, 29 };
// This is the loop that prints them
for(int n : primes)
    System.out.println(n);
```

遍历不能做的事

遍历和 while、for 或 do 循环不同，因为它隐藏了循环计数器或 Iterator 对象。后面介绍 lambda 表达式时将会看出来，这种想法非常棒，不过有些算法不能使用遍历循环自然地表达出来。

假如你想将数组中的元素打印出来，各元素使用逗号分隔。为此，需要在数组的每个元素后面打印一个逗号，但最后一个元素后面没有逗号；换句话说，数组的每个元素前面都要打印一个逗号，但第一个元素前面没有逗号。使用传统的 for 循环，实现方式如下：

```
for(int i = 0; i < words.length; i++) {
    if (i > 0) System.out.print(", ");
    System.out.print(words[i]);
}
```

这是一个非常简单的任务，但遍历无法胜任，因为遍历循环中没有循环计数器，也没有其他能识别第一次、最后一次或其他某次迭代的方式。

使用遍历循环遍历集合中的元素也有类似的问题。使用遍历循环遍历数组时无法获取当前元素的索引，同样，使用遍历循环遍历集合也无法获取列举集合元素的 Iterator 对象。

还有一些事情遍历循环做不到：

- 反向遍历数组或 List 对象中的元素；

- 使用同一个循环计数器获取两个不同数组同一索引位的元素；

- 调用 List 对象的 get() 方法无法遍历 List 中的元素，而不调用 List 对象的迭代器。

2.5.12 break 语句

break 语句可以让 Java 解释器立即跳出所在语句。我们之前已经见过 break 语句在 switch 语句中的用法。break 语句最常写法是在关键字 break 后跟一个分号：

```
break;
```

这种形式让 Java 解释器立即退出所在的最内层 while、do、for 或 switch 语句。例如：

```java
for(int i = 0; i < data.length; i++) {
    if (data[i] == target) {  // When we find what we're looking for,
        index = i;            // remember where we found it
        break;                // and stop looking!
    }
}   // The Java interpreter goes here after executing break
```

break 语句后面也可以跟着标签语句的名称。此时，break 语句让 Java 解释器立即退出指定的语句。退出的语句可以是任何类型，不只局限于循环或 switch 语句。例如：

```java
TESTFORNULL: if (data != null) {
  for(int row = 0; row < numrows; row++) {
    for(int col = 0; col < numcols; col++) {
      if (data[row][col] == null)
        break TESTFORNULL;              // treat the array as undefined.
    }
  }
} // Java interpreter goes here after executing break TESTFORNULL
```

2.5.13 continue 语句

break 语句的作用是退出循环，而 continue 语句的作用则是中止本次循环，开始下一轮循环。continue 语句不管是无标签还是有标签形式，只能在 while、do 或 for 循环中使用。如果没指定标签，continue 语句让最内层循环开始下一次循环；如果指定了标签，continue 语句让对应的循环开始下一次循环。例如：

```java
for(int i = 0; i < data.length; i++) { // Loop through data.
   if (data[i] == -1)                   // If a data value is missing,
     continue;                          // skip to the next iteration.
   process(data[i]);                    // Process the data value.
}
```

在 while、do 和 for 循环中，continue 语句开始下一次循环的方式稍有不同。

- 在 while 循环中，Java 解释器直接返回循环开始处，再次测试循环条件，如果计算结果为 true，再次执行循环主体。

- 在 do 循环中，解释器跳到循环的末尾处，测试循环条件，决定是否要执行下一次循环。

- 在 for 循环中，解释器跳到循环的开头，先计算 *update* 表达式，然后计算 *test* 表达式，根据计算结果决定是否继续循环。由示例可以看出，有 continue 语句的 for 循环和基本等价的 while 循环行为不同：在 for 循环中会计算 *update* 表达式，而在等价的 while 循环中不会计算。

2.5.14 return 语句

return 语句告诉 Java 解释器，终止执行当前方法。如果声明方法时指明了有返回值，return 语句后面必须跟着一个表达式。这个表达式的返回值就是这个方法的返回值。例如，下述方法计算并返回一个数字的平方：

```
double square(double x) {        // A method to compute x squared
    return x * x;                // Compute and return a value
}
```

有些方法声明时使用了 void，指明不返回任何值。Java 解释器运行这种方法时，会依次执行其中的语句，直到方法结束为止。执行完最后一个语句时，解释器隐式返回。然而，有时没有返回值的方法要在到达最后一个语句之前显式返回。此时，可以使用后面没有任何表达式的 return 语句。例如，下述方法只打印不返回参数的平方根。如果参数是负数，直接返回，不打印任何内容：

```
// A method to print square root of x
void printSquareRoot(double x) {
    if (x < 0) return;                     // If x is negative, return
    System.out.println(Math.sqrt(x)); // Print the square root of x
}                                          // Method end: return implicitly
```

2.5.15 synchronized 语句

Java 一直支持多线程编程，后面将详细介绍这个话题（尤其是 6.5 节）。不过读者需注意，并发编程不容易，有很多晦涩的地方。

具体来说，处理多线程时，必须避免多个线程同时修改同一个对象，以防对象的状态有冲突。Java 提供的 synchronized 语句可以帮助开发者，避免发生冲突。synchronized 语句的句法为：

```
synchronized ( expression ) {
    statements
}
```

expression 表达式的计算对象是一个对象（也包括数组）。*statements* 是能导致破坏的

代码块，必须放在花括号里面。

 在 Java 中，对象状态（即数据）的保护是并发原语的主要关注点。这与其他一些语言不同，在这些语言中，将线程从关键部分（即代码）中排除是最主要的关注点。

执行代码块之前，Java 解释器先为 *expression* 目标对象或数组获取一个排他锁（exclusive lock），直到代码块执行完毕后再释放。只要某个线程拥有对象的排他锁，其他线程就不能再获取这个锁。

在 Java 中，除了代码块形式，synchronized 还可以作为 Java 中的方法修饰符使用。当应用到方法时，该关键字表示整个方法被视为同步。

对于一个 synchronized 实例方法，Java 获得类实例的排他锁。（类和实例方法将在第 3 章中讨论）它可以被认为是一个 synchronized(this){...} 代码块，包含整个方法。

static synchronized 方法（类方法）使 Java 在执行该方法之前获得对类（技术上是与类型对应的类对象）的排他锁。

2.5.16 throw 语句

异常是一种信号，表明发生了某种异常状况或错误。抛出异常的目的是发出信号，提示有异常状况发生。捕获异常的目的是处理异常，使用必要的操作修复。

在 Java 中，throw 语句用于抛出异常：

```
throw expression;
```

expression 的计算结果必须是一个异常对象，说明发生了什么异常或错误。稍后会详细介绍异常的种类，现在读者只需知道，异常有以下特性：

- 异常由一个对象来表示。
- 异常是 Exception 的子类。
- 异常在 Java 句法中有点另类。
- 异常存在两种类型：已检异常与未检异常。

下面是抛出异常的示例代码：

```java
public static double factorial(int x) {
    if (x < 0)
        throw new IllegalArgumentException("x must be >= 0");
    double fact;
```

```
    for(fact=1.0; x > 1; fact *= x, x--)
        /* empty */ ;               // Note use of the empty statement
    return fact;
}
```

Java 解释器执行 throw 语句时，会立即停止常规的程序执行，开始寻找能捕获或处理异
常的异常处理程序。异常处理程序使用 try/catch/finally 语句编写，下一节将会介
绍。 Java 解释器首先在当前代码块中查找异常处理程序，如果有，解释器会退出这个代
码块，开始执行异常处理代码。异常处理程序执行完毕后，解释器会继续执行处理程序
之后的语句。

如果当前代码块中没有适当的异常处理程序，解释器会在外层代码块中寻找，直到找到
为止。如果方法中没有能处理 throw 语句抛出的异常的异常处理程序，解释器会停止
运行当前方法，返回调用这个方法的地方，开始在调用方法的代码块中寻找异常处理程
序。Java 通过这种方式，通过方法的调用链不断向上冒泡，顺着解释器的调用栈一直向
上寻找。如果一直没有捕获异常，就会冒泡到 main() 方法。如果在 main() 方法中也没
有处理异常，Java 解释器会打印一个错误消息，还会打印一个栈跟踪，指明这个异常在
哪里发生，然后程序退出。

2.5.17 try/catch/finally 语句

Java 有两种不太一样的异常处理机制。经典方式是使用 try/catch/finally 语句。这个
语句的 try 子句是可能抛出异常的代码块。try 代码块后面紧跟着零个或多个 catch 子
句，每个子句用于处理特定类型的异常，并且能处理多个不同类型的异常。如果 catch
块打算处理多个异常，可使用 | 符号分隔多个不同的异常。catch 子句后面是一个可选
的 finally 块，这里包含了清理代码，不管 try 块中发生了什么，它始终都会被执行。

---

try 块的句法

catch 和 finally 子句均为可选的，但每个 try 块要么声明一些自动管理的资
源（例如处理资源的 try 语句），要么有这两个子句之一（或两个子句都有）。try、
catch 和 finally 块都包含在花括号里。花括号是句法必需的一部分，不能省略，
即使子句只包含一个语句也不能省略。

下述代码演示了 try/catch/finally 语句的句法和作用：

```
try {
    // Normally this code runs from the top of the block to the bottom
    // without problems. But it can sometimes throw an exception,
    // either directly with a throw statement or indirectly by calling
    // a method that throws an exception.
}
```

```
catch (SomeException e1) {
    // This block contains statements that handle an exception object
    // of type SomeException or a subclass of that type. Statements in
    // this block can refer to that exception object by the name e1.
}
catch (AnotherException | YetAnotherException e2) {
    // This block contains statements that handle an exception of
    // type AnotherException or YetAnotherException, or a subclass of
    // either of those types. Statements in this block refer to the
    // exception object they receive by the name e2.
}
finally {
    // This block contains statements that are always executed
    // after we leave the try clause, regardless of whether we leave it
    //    1) normally, after reaching the bottom of the block;
    //    2) because of a break, continue, or return statement;
    //    3) with an exception that is handled by a catch clause above;
    //    4) with an uncaught exception that has not been handled.
    // If the try clause calls System.exit(), however, the interpreter
    // exits before the finally clause can be run.
}
```

1. try 子句

try 子句的作用很简单，它确定了一个代码块，其中有异常需要处理，或者因某种原因终止执行后需要使用特殊的代码清理。try 子句本身没什么用，异常处理和清理操作在 catch 和 finally 子句中进行。

2. catch 子句

try 块后面可以跟着零个或多个 catch 子句，指定处理各种异常的代码。每个 catch 子句只有一个参数（可以使用特殊的 | 指明 catch 块能处理的多种异常类型），指定这个子句能处理的异常类型，以及一个名称，用来引用当前处理的异常对象。catch 块能处理的类型必须是 Throwable 的子类。

有异常抛出时，Java 解释器会搜索一个 catch 子句，它的参数要和异常对象的类型匹配，或者是这个类型的子类。解释器会调用它找到的第一个这种 catch 子句。catch 块中的代码应执行处理异常状况所需的任何操作。假设异常类型为 java.io.FileNotFound-Exception，此时也许要请求用户检查拼写，然后重试。

并不是所有可能抛出的异常都要有一个 catch 子句处理，某些情况下，正确的处理方式是让异常逐步向上冒泡，由外层方法捕获。还有些情况下，如表示程序错误的 NullPointerException 异常，正确的处理方式也许是完全不理会，让它不停地冒泡，直到 Java 解释器退出，打印栈跟踪和错误消息。

3. finally 子句

finnaly 子句出现在 try 子句后面，一般用来执行清理操作（例如关闭文件和网络连接）。finally 子句很有用，因为不管 try 块中的代码以何种方式结束执行，只要有代码执行，finally 子句中的代码就会执行。事实上，只有一种方法能让 try 子句退出而不执行 finally 子句——调用 System.exit() 方法，让 Java 解释器退出运行。

正常情况下，执行到 try 块的末尾后会继续执行 finally 块，做些必要的清理工作。如果因为 return、continue 或 break 语句而退出 try 块，会先执行 finally 块，然后再执行新的代码。

如果 try 块抛出了异常，而且有处理该异常的 catch 块，那么先执行 catch 块，然后再执行 finally 块。如果这里没有能处理该异常的 catch 块，先执行 finally 块，然后再向上冒泡直到有能处理该异常的最近的 catch 子句。

如果 finally 块使用 return、continue、break 或 throw 等语句，或者调用的方法抛出了异常，导致了控制转移，那么待转移的控制权中止，改为执行新的控制权转移。举个例子，如果 finally 子句抛出了异常，这个异常会取代任何正在抛出的异常。如果 finally 子句使用了 return 语句，就算抛出的异常还没处理，方法也会正常返回。

try 可以跟 finally 子句放在一起使用，不处理异常，也没有 catch 子句。此时，finally 块只是负责清理的代码，不管 try 子句中有没有 break、continue 或 return 等语句，都会执行清理。

2.5.18 处理资源的 try 语句

try 块的标准形式很通用，但有些常见的情况需要开发者谨慎处理 catch 和 finally 块。这些情况是清理或关闭不再需要使用的资源。

Java 提供了一种可以自动关闭需要清理的资源的非常有用的机制——处理资源的 try 语句（try-with-resources，TWR）。 10.1 节将详细介绍 TWR，考虑到本节内容的完整，先介绍它的句法。下面的示例展示了如何使用 FileInputStream 类打开文件（得到的对象需要清理）：

```
try (InputStream is = new FileInputStream("/Users/ben/details.txt")) {
  // ... process the file
}
```

这种新型 try 语句的参数是需要清理的对象[注2]。这些对象的作用域在 try 块中，不管 try 块以何种方式退出，都会自动清理。开发者无须编写任何 catch 或 finally 块，Java 编译器会自动插入正确的清理代码。

所有处理资源的新代码都应使用 TWR 形式编写，因为这种形式比动手编写 catch 块更不

注 2： 技术层面来说，这些对象必须实现 AutoCloseable 接口。

易出错，而且不会遇到麻烦的技术问题，例如终结（详情见 6.4 节）。

2.5.19 assert 语句

assert 语句用来验证 Java 代码的设计假设。断言（assertion）由 assert 关键字和布尔表达式组成，程序员认为布尔表达式的计算结果始终应该为 true。默认情况下断言未启用，assert 语句什么作用也没有。

不过，可以将断言作为一种调试工具启用。启用后，assert 语句会计算表达式。如果表达式的计算结果确是 true，assert 语句什么也不做；如果计算结果是 false，断言失败，assert 语句抛出 java.lang.AssertionError 异常。

 在核心 JDK 库之外，很少使用 assert 语句。事实证明，对于测试大多数应用程序来说，它太不灵活了，开发人员也不经常使用它。相反，开发人员使用普通的测试库，比如 JUnit。

assert 语句可以包含可选的第二个表达式（使用冒号和第一个表达式分开）。如果启用了断言，而且第一个表达式的计算结果为 false，那么第二个表达式的值会作为错误代码或错误消息传给 AssertionError() 构造方法。assert 语句的完整句法如下：

> assert *assertion*;

或者：

> assert *assertion* : *errorcode*;

为了有效使用断言，必须注意几个细节。首先，要记住，通常程序不会启用断言，只有少数情况才会启用。这意味着，编写断言表达式时要小心，不能有副作用。

 绝不要在自己编写的代码中抛出 AssertionError 异常，如果这么做，可能会在 Java 的未来版本中得到预期之外的结果。

如果抛出了 AssertionError 异常，表明设计者的某个假设没有实现。这也就是说，代码的行为偏离了预期，无法正常运行。简单来说，没有看似合理的方式能从 AssertionError 异常中恢复，因此不要尝试捕获这个异常（除非在顶层简单捕获，以对用户更友好的方式显示错误）。

启用断言

考虑到效率，不应在每次执行代码时都测试断言，这是因为 assert 语句认为假设始终成立。因此，默认情况下禁用了断言，assert 语句没有启用。不过，断言代码还是会被编译到类文件中，因此在需要诊断或调试时可以启用断言。断言可以全局启用，也可以将命令行参数传给 Java 解释器，有选择性地启用。

如果想为系统类之外的所有类启用断言，请使用 -ea 参数。如果想为系统类启用断言，请使用 -esa 参数。如果想为某个具体的类启用断言，在 -ea 参数后面加上冒号和类名：

```
java -ea:com.example.sorters.MergeSort com.example.sorters.Test
```

如果想为包中所有的类和子包启用断言，请在 -ea 参数后面加上冒号、包名和三个点号：

```
java -ea:com.example.sorters... com.example.sorters.Test
```

使用 -da 参数可以通过相同的方式禁用断言。例如，对整个包启用断言，但在某个类或子包中禁用，可以这么做：

```
java -ea:com.example.sorters... -da:com.example.sorters.QuickSort
java -ea:com.example.sorters... -da:com.example.sorters.plugins..
```

最后，类加载时可以控制是否启用断言。如果在程序中使用自定义的类加载程序（第 11 章中将详细介绍自定义类加载），并且想启用断言的开发者，可能会对这些方法感兴趣。

2.6 方法

方法是被命名的 Java 语句序列，可被其他 Java 代码调用。调用方法时，可以传入零个或多个值，这些值叫作参数。方法执行一些计算，还可以返回一个值。2.4 节中介绍过，方法调用是 Java 解释器可计算的一种表达式。不过，因为方法调用可以有副作用，因此，也可以作为表达式语句使用。本节不讨论方法调用，只说明如何定义方法。

2.6.1 定义方法

读者现在已经知道如何定义方法的主体了，方法主体就是被花括号包括的任意语句序列。更有意思的是方法的签名（signature）[注3]。签名确定以下内容：

- 方法的名称。

- 方法所用参数的数量、顺序、类型和名称。

- 方法的返回值类型。

- 方法能抛出的已检异常（签名还能列出未检异常，但不是必需的）。

- 提供方法额外信息的多个方法修饰符。

注 3： Java 语言规范中术语"signature"有技术层面的意义，跟这里使用的稍有出入。本书使用方法签名的非正式定义。

方法签名定义了调用方法之前需要的所有信息，即方法的规范，而且定义了方法的 API。如果想使用 Java 的在线 API 参考指南，那么需要知道如何阅读方法签名。若想编写 Java 程序，需要知道如何定义自己的方法，方法都以方法签名开头。

方法签名的格式如下：

> *modifiers type name* (*paramlist*) [**throws** exceptions]

签名（方法规范）后面是方法主体（方法的实现），即放被包含在花括号中的 Java 语句序列。抽象方法（参见第 3 章）没有实现部分，方法主体使用一个分号表示。

方法签名中可能包含类型变量声明，这种方法也被称为泛型方法（generic method）。泛型方法和类型变量将在第 4 章介绍。

下面是一些方法定义的例子，都以方法签名开头，后面紧跟着方法主体：

```java
// This method is passed an array of strings and has no return value.
// All Java programs have an entry point with this name and signature.
public static void main(String[] args) {
    if (args.length > 0) System.out.println("Hello " + args[0]);
    else System.out.println("Hello world");
}

// This method is passed two double arguments and returns a double.
static double distanceFromOrigin(double x, double y) {
    return Math.sqrt(x*x + y*y);
}

// This method is abstract which means it has no body.
// Note that it may throw exceptions when invoked.
protected abstract String readText(File f, String encoding)
    throws FileNotFoundException, UnsupportedEncodingException;
```

modifiers 就是零个或多个特殊的修饰符关键字，它们用空格分开。例如，声明方法时可以使用 public 和 static 修饰符。可用的修饰符及其意义将在下一节中介绍。

方法签名中的 *type* 指明方法返回值的类型。如果方法没有返回值，*type* 必须为 void。如果声明方法时指定了返回类型，就必须包含一个 return 语句，返回一个与所声明类型适配的值。

构造方法是一段类似方法的代码，用于初始化新建的对象。第 3 章中将会介绍，构造方法的定义方式和方法类似，只不过签名中没有 *type* 部分。

方法修饰符和返回值类型后面紧跟着 *name*，即方法名。方法名与变量名一样，也是 Java 标识符。跟所有 Java 标识符一样，方法名可以包含 Unicode 字符集能表示的任意语言的字母。定义多个同名方法是合法的，通常也很有用，只要各方法的形参列表不同就行。定义多个同名方法叫方法重载（method overloading）。

跟某些其他编程语言不同，Java 中并没有匿名方法。不过，Java 8 引入了 lambda 表达式，其作用类似于匿名方法，但是 Java 运行时会自动将 lambda 表达式转换成适当的命名方法，详情见 2.7.5 节。

System.out.println() 方法就是重载方法。具有这个名字的某个方法打印字符串，而具有这个名字的其他方法打印各种基本类型的值。 Java 编译器根据传入方法的参数类型判断具体调用哪个方法。

定义方法时，方法名后面紧跟着方法的形参列表（parameters list），而且形参列表必须放在括号里。形参列表定义零个或多个传入方法的实参（argument）。如果有形参的话，每个形参都包含类型和名称，（如果有多个形参）形参之间使用逗号分开。调用方法时，传入的实参值必须和该方法签名中定义的形参数量、类型和顺序匹配。传入的值不一定要和签名中指定的类型一模一样，但是必须能不经显式强制转换而转换为对应的类型。

如果 Java 方法没有实参，那么形参列表为 ()，而不是 (void)。C 和 C++ 使用者需要特别注意，Java 并不把 void 当作一种类型。

Java 允许程序员定义和调用参数数量不定的方法，对应的句法叫 *varargs*（变长参数），本章后面将会深入介绍。

方法签名的最后是 throws 子句，这里列出了方法可能抛出的已检异常（checked exception）。已检异常是一系列异常类，必须在能抛出它们的方法中使用 throws 子句列出。

如果方法使用 throw 语句抛出一个已检异常，或者调用的其他方法抛出一个没有捕获或处理的已检异常，声明这个方法时就必须指明能抛出这个异常。

如果方法能抛出一个或多个已检异常，要在参数列表后面使用 throws 关键字指明能抛出的异常类。如果方法不会抛出异常，无须使用 throws 关键字。如果方法抛出的异常类型不止一个，要使用逗号分隔异常类的名称。稍后还会进一步说明。

2.6.2 方法修饰符

方法的修饰符包含零个或多个修饰符关键字，如 public、static 或 abstract 等。下面列举了 Java 允许使用的方法修饰符及其含义。

abstract

　　使用 abstract 修饰的方法没有实现方法主体。组成普通方法主体的花括号及 Java 语句序列使用一个分号代替。如果类中有使用 abstract 修饰的方法，那么类本身也必须使用 abstract 声明。这种类不完整，不能被实例化（见第 3 章）。

final

使用 final 修饰的方法不能被子类覆盖或隐藏，能获得普通方法无法得到的编译器优化。所有使用 private 修饰的方法都隐式添加了 final 修饰符；使用 final 声明的任何类，其中的所有方法也都隐式添加 final 修饰符。

native

native 修饰符表明方法的实现使用某种"本地"语言编写，如 C 语言，并且开放给 Java 程序使用。native 修饰的方法跟 abstract 修饰的方法一样，没有主体：花括号使用一个分号代替。

实现 native 方法

Java 刚问世时，使用 native 修饰方法有时是为了提高效率。现在几乎不需要这么做了。现在，使用 native 修饰方法的目的是将现有的 C 或 C++ 库集成到 Java 代码中。native 修饰的方法与所在平台无关，它关注的是如何将实现和方法声明所在的 Java 类链接起来，取决于 Java 虚拟机的实现方式。本书没有涵盖使用 native 修饰的方法。

---

public、protected、private

这些访问修饰符指定方法是否能在定义它的类之外使用，或者能在何处使用。这些修饰符非常重要，将在第 3 章进行说明。

static

使用 static 声明的方法是类方法，它与类关联，而不是与类的实例关联（第 3 章将详细说明）。

strictfp

这是一个很少使用的修饰符，看起来也有点怪异，fp 的代表"浮点"（floating point）。一般情况下，Java 会利用运行时所在平台的浮点硬件提供的可用扩展精度。添加这个关键字后，运行 strictfp 修饰的方法时，Java 会严格遵守标准，即便结果不精确，也只使用 32 位或 64 位浮点数格式进行浮点运算。

synchronized

synchronized 修饰符的作用是保证方法的线程安全。线程调用 synchronized 修饰的方法之前，必须先为方法所在的类（针对 static 修饰的方法）或对应的类实例（针对没使用 static 修饰的方法）获取一个锁，避免两个线程同时执行该方法。

synchronized 修饰符是实现的细节（因为方法可以通过其他方式实现线程安全），而不是方法规范或 API 的正式组成部分。好的文档应该明确说明方法是否线程安全，使用多线程程序时不能依赖方法是否通过 synchronized 关键字修饰。

注解是一个特例（注解的详细介绍见第 4 章）——注解可以看作方法修饰符和附加类型信息之间的折中方案。

2.6.3 已检异常和未检异常

Java 异常处理机制可以处理两种不同的异常：已检异常和未检异常。

已检异常与未检异常之间的区别在于什么情况下抛出异常。已检异常在明确的特定情况下抛出，通常对应的是应用能部分或完全恢复的情况。

例如，某段代码想在多个可能的目录中寻找配置文件。如果目标文件不在某个目录中，就会抛出 FileNotFoundException 异常。在这个例子中，我们肯定想捕获这个异常，然后在可能出现的下一个位置继续尝试。也就是说，虽然文件不存在是异常状况，但可以补救，这是意料之中的失败。

然而，某些失败是无法预料的，这些失败可能是由运行时条件或滥用库代码导致的。例如，可能无法正确预测 OutOfMemoryError 异常；又例如，将无效的 null 传递给本应接收对象或数组的方法，会抛出 NullPointerException 异常。

这些是未检异常。原则上，任何方法在任何时刻都可能会抛出未检异常。Java 环境中，墨菲定律依然成立："会出错的事总会出错"。从未检异常中恢复，虽说不是不可能，但往往很困难，因为完全不可预知。

区分已检异常和未检异常时，请牢记两点：异常是 Throwable 对象，而且异常主要分为两类，通过 Error 和 Exception 子类标识。只要异常对象是 Error 类，就是未检异常。Exception 类还有一个子类 RuntimeException，RuntimeException 类的所有子类都属于未检异常。除此之外，都是已检异常。

处理已检异常

Java 为已检异常和未检异常制定了不同的处理规则。如果定义的方法会抛出已检异常，就必须在方法签名的 throws 子句中声明该异常。 Java 编译器会检查方法签名，确保已明确声明；如果没声明，会导致编译出错（所以才叫"已检异常"）。

就算从不主动抛出已检异常，有时也必须使用 throws 子句声明已检异常。如果方法中调用了会抛出已检异常的方法，要么加入异常处理代码处理这个异常，要么使用 throws 子句声明这个方法抛出这个异常。

例如，下面的方法使用标准库中的 java.net 及 URL 类（第 10 章会介绍）下载网页，尝试估算网页的大小。所用的方法和构造方法会抛出各种 java.io.IOException 异常对象，所以在 throws 子句中进行声明：

```
public static estimateHomepageSize(String host) throws IOException {
    URL url = new URL("htp://"+ host +"/");
    try (InputStream in = url.openStream()) {
        return in.available();
    }
}
```

其实，上面的代码存在一个 bug：协议名拼写错了——没有名为 *htp://* 的网络协议。因此，调用 estimateHomepageSize() 方法会一直失败，导致抛出 MalformedURLException 异常。

怎么知道要调用的方法会抛出已检异常呢？可以查看方法的签名。如果签名中没有，但又必须处理或声明调用的方法抛出的异常时，Java 编译器会（通过编译错误消息）告诉你。

2.6.4 变长参数列表

方法可以声明为接受数量不定的参数，调用时也可以传入数量不定的参数。这种方法一般叫作变长参数方法。格式化打印方法 System.out.printf() 和与 String 类相关的 format() 方法，以及 java.lang.reflect 中反射 API 的一些重要方法，都使用了变长参数。

变长参数列表这样声明：在方法最后一个参数的类型后面加上省略号（...），指明调用方法时最后一个形参可以由零个或多个实参替换。例如：

```
public static int max(int first, int... rest) {
    /* body omitted for now */
}
```

变长参数方法实际上由编译器处理，将数量不定的参数转换为一个数组。对 Java 运行时来说，上面的 max() 方法与下面这个同名方法并没有区别：

```
public static int max(int first, int[] rest) {
    /* body omitted for now */
}
```

将变长参数方法的签名转换为真正的签名，只需把 ... 替换成 []。请记住，参数列表中只能有一个省略号，而且只能出现在最后一个参数中。

下面填充 max() 方法的主体：

```
public static int max(int first, int... rest) {
    int max = first;
    for(int i : rest) { // legal because rest is actually an array
        if (i > max) max = i;
    }
    return max;
}
```

声明这个 max() 方法时指定了两个参数，第一个是普通的 int 类型，但是第二个参数可以重复零次或多次。下面对 max() 方法的调用都是合法的：

```
max(0)
max(1, 2)
max(16, 8, 4, 2, 1)
```

因为变长参数方法被编译成接受数组参数的方法，所以此类方法的调用编译后得到的代码中，包含创建和初始化这个数组的代码。事实上，调用 max(1,2,3) 被编译成：

```
max(1, new int[] { 2, 3 })
```

其实，如果方法的参数已经存储在数组中，完全可以直接将数组传给变长参数方法，而不用把数组中的元素取出来逐个传入。... 参数可以看成一个数组。不过，反之则不行：只有使用省略号声明为变长参数方法时，才能使用变长参数方法调用的句法。

2.7 类和对象

前面已经介绍了运算符、表达式、语句和方法，现在终于可以介绍类了。类是一组代码的名称，其中包含很多用于保存数据值的字段及操作这些字段的方法。类是 Java 支持的五种引用类型之一，并且是最重要的一种。本书将用单独的一章（第 3 章）对类做全面的介绍。这里之所以要介绍，是因为类是继方法之后的另一种高级句法，而且为理解本章所剩内容需要对类的概念有基本的认识，要知道定义类、实例化类和使用所得对象的基本句法。

关于类，读者需要理解的最关键的一点，就是它们定义了一种新的数据类型。例如，可以定义一个名为 Point 的类，它用来表示笛卡尔二维坐标系中的点。这个类可能会定义两个字段，用来保存点的 x 和 y 坐标，还可能会定义处理和操作点的方法。Point 类就是一个新的数据类型。

谈论数据类型时，要将数据类型与数据类型表示的值区分开来，这一点很重要。char 是一种数据类型，用于表示 Unicode 字符。但是一个 char 类型的值表示某个具体的字符。类是一种数据类型，而类表示的值是对象。使用"类"这个名称的原因是每个类定义了一类对象。Point 类是一种数据类型，用于表示 (x, y) 点，而 Point 对象表示某个具体的 (x, y) 点。正如你想的那样，类与类的对象联系紧密。在接下来的几节中，会深入介绍这两个概念。

2.7.1 定义类

前面讨论的 Point 类可以依照下面的方式定义：

```
/** Represents a Cartesian (x,y) point */
public class Point {
    // The coordinates of the point
    public double x, y;
    public Point(double x, double y) {    // A constructor that
        this.x = x; this.y = y;           // initializes the fields
    }

    public double distanceFromOrigin() {  // A method that operates
        return Math.sqrt(x*x + y*y);       // on the x and y fields
    }
}
```

该类的定义保存在一个名为 *Point.java* 的文件中，然后被编译成一个名为 *Point.class* 的文件，供 Java 程序和其他类使用。现在定义这个类只是考虑到设计完整性，并提供一个示例的上下文，不要奢望读者能完全理解所有细节。第 3 章的大部分内容会专门介绍如何定义类。

请记住，无须定义 Java 程序中使用的每个类。Java 平台包含上千个预先定义好的类，在每台可运行 Java 的电脑中都可以使用它们。

2.7.2 创建对象

前面已经定义了 Point 类，现在 Point 是一种新数据类型，可以使用下面的代码声明一个变量，存储一个 Point 对象：

```
Point p;
```

不过，声明一个存储 Point 对象的变量并没有立即创建这个对象。要想创建对象，必须使用 new 运算符。这个关键字后面跟着对象所属的类（即对象的类型）和括号中可选的参数列表。这些参数会传递类的构造方法，用于初始化新对象的内部字段：

```
// Create a Point object representing (2,-3.5).
// Declare a variable p and store a reference to the new Point object
Point p = new Point(2.0, -3.5);

// Create some other objects as well
// An object that represents the current time
LocalDateTime d = new LocalDateTime();
// A HashSet object to hold a set of strings
Set<String> words = new HashSet<>();
```

new 关键字是目前为止在 Java 中创建对象最常用的方式。其他方式也有必要提一下。首先，有些符合特定条件的类很重要，Java 为这些类定义了专用的字面量句法，用于创建这些类型的对象（本节后面将进行介绍）。其次，Java 支持动态加载机制，允许程序动态加载类和创建类的实例，详情请参考第 11 章。最后，对象还可以通过反序列化来创建。对象的状态可以保存或序列化到一个文件中，然后使用 **java.io.ObjectInputStream** 类重新创建这个对象。

2.7.3 使用对象

我们已经知道如何定义类，如何通过创建对象实例化类，现在来介绍 Java 中使用对象的句法。前面介绍过，类定义了一些字段和方法。每个对象都有自己的字段副本，而且可以访问类中的方法。可使用点号（.）访问对象的具名字段和方法。例如：

```
Point p = new Point(2, 3);         // Create an object
double x = p.x;                    // Read a field of the object
p.y = p.x * p.x;                   // Set the value of a field
double d = p.distanceFromOrigin(); // Access a method of the object
```

这种句法在面向对象语言中很常见，Java 当然也不例外，因此会经常见到这种写法。请特别留意 p.distanceFromOrigin()。这个表达式告诉 Java 编译器，查找一个名为 distanceFromOrigin() 的方法（在 Point 类中定义），然后调用这个方法对 p 对象的字段进行计算。第 3 章将详细介绍这种操作。

2.7.4 对象字面量

介绍基本类型时已经了解过，每种基本类型都有字面量句法，可以直接在程序的代码中插入各种类型的值。Java 还为一些特殊的引用类型定义了字面量句法，具体如下。

1. 字符串字面量

String 类用一串字符来表示文本。因为程序通常需要通过文字与用户沟通，所以在任何编程语言中处理文本字符串的能力都非常重要。在 Java 中，字符串是对象，表示文本的数据类型为 String 类。现代 Java 程序使用的字符串数据通常是所有编程语言中最多的。

因为字符串是基础的数据类型，所以 Java 允许在程序中插入文本字面量，方法是将字符放在双引号（"）中。例如：

```
String name = "David";
System.out.println("Hello, " + name);
```

别把字符串字面量两侧的双引号跟字符字面量两侧的单引号混淆了。字符串字面量可以包含字符字面量中能使用的任何一个转义序列（见表 2-2）。在双引号包围的字符串字面量中嵌入双引号时，转义序列特别有用。例如：

```
String story = "\t\"How can you stand it?\" he asked sarcastically.\n";
```

字符串字面量中不能包含注释，而且字符串只能有一行。Java 不支持将两行当成一行的任何接续字符。如果需要表示一串长文本，一行容纳不下，可以将文本分拆为多个单独的字符串字面量，再使用 + 运算符将它们连接起来。例如：

```
// This is illegal; string  literals cannot be broken across lines.
String x = "This is a test of the
            emergency broadcast system";

String s = "This is a test of the " +    // Do this instead
           "emergency broadcast system";
```

字面量连接在编译时确定，而不是运行时完成，所以无须担心性能会降低。

2. 类型字面量

第二种支持专用对象字面量句法的类型是 Class 类。Class 类的实例表示一种 Java 数据类型，而且它包含了所表示类型的元数据。如果想在 Java 程序中使用 Class 对象字面量，那么需要在数据类型的名称后面加上 .class。例如：

```
Class<?> typeInt = int.class;
Class<?> typeIntArray = int[].class;
Class<?> typePoint = Point.class;
```

3. null 引用

null 是一种特殊的字面量，引用不存在的值，或者不引用任何值。null 是独一无二的，因为它是任何一种引用类型的成员。null 可以赋值给属于任何引用类型的变量。例如：

```
String s = null;
Point p = null;
```

2.7.5 lambda 表达式

Java 8 引入了一个重要的新特性——lambda 表达式。这是十分常见的编程语言结构，在函数式编程语言（functional programming language，如 Lisp、Haskell 和 OCaml 等）中使用极为广泛。lambda 表达式的功能和灵活性并不局限于函数式语言，几乎所有的现代编程语言中都能看到它的身影。

定义 lambda 表达式

lambda 表达式其实就是没有名称的函数，在 Java 中可以将它当成一个值。Java 不允许脱离类运行方法，因此 lambda 表达式是在某个类中定义的匿名方法（开发者可能不知道具体是哪个类）。

---

lambda 表达式的句法如下：

```
( paramlist ) -> { statements }
```

下面是一个十分传统的简单范例：

```
Runnable r = () -> System.out.println("Hello World");
```

当 lambda 表达式被当成值使用时，会根据要存储的变量类型，自动转换为合适的对象。自动转换和类型推导是 Java 实现 lambda 表达式的基础。但是，这要求对 Java 类型系统有正确的认识。4.5 节将详细说明 lambda 表达式，现在只需了解基本句法。

下面是一个稍微复杂的示例：

```
ActionListener listener = (e) -> {
  System.out.println("Event fired at: "+ e.getWhen());
  System.out.println("Event command: "+ e.getActionCommand());
};
```

2.8 数组

数组是一种特殊的对象，用来保存零个或多个基本类型或引用类型的值。这些值是数组的元素，是可通过所在位置或索引引用的无名变量。数组的类型通过元素的类型表示，数组中的所有元素必须同属于这一类型。

数组元素的索引从零开始，有效的索引范围是零到数组长度减一。例如，索引为 1 的元素，是数组中的第二个元素。数组中的元素数量是数组的长度。数组长度在创建时指定，之后不能改变。

数组中元素的类型可以是任意有效的 Java 类型，甚至包括数组类型。这意味着，Java 支持由数组构成的数组，间接实现多维数组。Java 不支持其他语言中的矩阵式多维数组。

2.8.1 数组的类型

数组的类型跟类一样，也是引用类型。数组的实例跟类的实例一样，也是对象[注4]。跟类不同的地方是数组的类型无须预先定义，在元素类型后面加上一对中括号即可。例如，下述代码声明了三种不同类型的数组：

```
byte b;                        // byte is a primitive type
byte[] arrayOfBytes;           // byte[] is an array of byte values
byte[][] arrayOfArrayOfBytes;  // byte[][] is an array of byte[]
String[] points;               // String[] is an array of strings
```

数组的长度不是数组类型的一部分。举个例子，声明了一个方法，并且期望传入恰好由四个 int 类型的元素组成的数组，这是不可能的。如果方法的参数类型是 int[]，调用时传入的数组可以包含任意多个元素（也包括零个）。

注 4：在讨论数组时，有个术语上的难题。与类和类的实例不同，数组的类型和数组实例都使用"数组"这个术语来表示。在实际使用时，一般通过上下文来区分表达的是数组的类型还是值。

Java 的基本句法 | 79

数组类型不是类，但数组实例是对象。这意味着数组从 java.lang.Object 类继承了方法。数组实现了 Cloneable 接口，而且覆盖了 clone() 方法，确保数组始终能被复制，而且 clone() 方法从不抛出 CloneNotSupportedException 异常。数组还实现了 Serializable 接口，所以只要数组中元素的类型能被序列化，数组就可以被序列化。而且，所有数组都有一个名为 length 的字段，这个字段由 public final int 等关键字修饰，表示数组中元素的数量。

1. 数组类型放大转换

因为数组扩展了 Object 类，并且实现了 Cloneable 和 Serializable 接口，所以任何数组类型都可以放大转换为这三种类型中的任何一种。而且，特定的数组类型还能放大转换成其他数组类型。假如数组中的元素类型是引用类型 T，而且类型 T 变量可以赋值给类型 S 变量，那么数组类型 T[] 变量就能赋值给数组类型 S[] 变量。注意，基本类型的数组不能放大转换。例如，下述代码展示了合法的数组放大转换：

```
String[] arrayOfStrings;      // Created elsewhere
int[][] arrayOfArraysOfInt;   // Created elsewhere
// String is assignable to Object,
// so String[] is assignable to Object[]
Object[] oa = arrayOfStrings;
// String implements Comparable, so a String[] can
// be considered a Comparable[]
Comparable[] ca = arrayOfStrings;
// An int[] is an Object, so int[][] is assignable to Object[]
Object[] oa2 = arrayOfArraysOfInt;
// All arrays are cloneable, serializable Objects
Object o = arrayOfStrings;
Cloneable c = arrayOfArraysOfInt;
Serializable s = arrayOfArraysOfInt[0];
```

因为数组类型可以放大转换为另一种数组类型，所以编译时和运行时数组的类型并不总是一样。

 这种放大转换叫作"数组协变"（array covariance）。在 4.2.5 节可以看出，现代标准认为这是历史遗留的不合理的特性，因为编译时和运行时得出的类型不一致。

将引用类型的值存储到数组元素中之前，编译器通常必须要插入运行时检查，确保运行时值的类型与数组元素的类型匹配。如果运行时检查失败，将抛出 ArrayStoreException 异常。

2. 与 C 语言兼容的句法

就像前面提到的那样，指定数组类型的方法是在元素类型后加上一对中括号。考虑到与

C 和 C++ 的兼容，Java 还支持一种声明变量的句法：中括号放在变量名之后，元素类型后面可以放也可以不放中括号。这种句法可用于声明局部变量，字段或方法参数。例如：

```java
// This line declares local variables of type int, int[] and int[][]
int justOne, arrayOfThem[], arrayOfArrays[][];

// These three lines declare fields of the same array type:
public String[][] aas1;    // Preferred Java syntax
public String aas2[][];    // C syntax
public String[] aas3[];    // Confusing hybrid syntax

// This method signature includes two parameters with the same type
public static double dotProduct(double[] x, double y[]) { ... }
```

 这种兼容句法非常罕见，请不要使用。

2.8.2 创建和初始化数组

在 Java 中，使用 new 关键字创建数组，这跟创建对象如出一辙。数组类型没有构造方法，但创建数组时需要指定长度，在中括号里使用非负整数指定所需的数组大小：

```java
// Create a new array to hold 1024 bytes
byte[] buffer = new byte[1024];
// Create an array of 50 references to strings
String[] lines = new String[50];
```

使用这种句法创建的数组，每个元素都会自动初始化，初始值跟类中的字段默认值相同：boolean 类型元素的初始值是 false，char 类型元素的初始值是 \u0000，整数元素的初始值是 0，浮点数元素的初始值是 0.0，引用类型元素的初始值是 null。

创建数组的表达式也可以用来创建和初始化多维数组。这种句法稍微复杂一些，本节后面将介绍它。

数组初始化程序

如果想在一个表达式中创建数组并对其中元素进行初始化，无须指定数组长度，只要在方括号后面跟着一对花括号，并在花括号里包含一些逗号分隔的表达式即可。当然了，每个表达式的返回值类型必须与数组元素的类型适配。创建的数组长度和表达式的数量相等。这组表达式的最后一个后面可以加上逗号，但这不是强制的。例如：

```java
String[] greetings = new String[] { "Hello", "Hi", "Howdy" };
int[] smallPrimes = new int[] { 2, 3, 5, 7, 11, 13, 17, 19, };
```

请注意，这种句法无须将数组赋值给变量就能创建、初始化和使用数组。某种意义上来说，这种创建数组的表达式相当于匿名数组字面量。下面是几个示例：

```
// Call a method, passing an anonymous array literal that
// contains two strings
String response = askQuestion("Do you want to quit?",
                    new String[] {"Yes", "No"});

// Call another method with an anonymous array (of anonymous objects)
double d = computeAreaOfTriangle(new Point[] { new Point(1,2),
                                    new Point(3,4),
                                    new Point(3,2) });
```

如果数组初始化程序是变量声明的一部分，可以省略 new 关键字和元素类型，只需在花括号里列出所需的元素：

```
String[] greetings = { "Hello", "Hi", "Howdy" };
int[] powersOfTwo = {1, 2, 4, 8, 16, 32, 64, 128};
```

数组字面量在程序运行时，而不是程序编译时创建和初始化。例如以下字面量：

```
int[] perfectNumbers = {6, 28};
```

编译得到的 Java 字节码跟下面的代码相同：

```
int[] perfectNumbers = new int[2];
perfectNumbers[0] = 6;
perfectNumbers[1] = 28;
```

Java 在运行时初始化数组有个重要的推论：数组初始化程序中的表达式可能会在运行时计算，而且不一定非要使用编译时常量。例如：

```
Point[] points = { circle1.getCenterPoint(), circle2.getCenterPoint() };
```

2.8.3 使用数组

创建数组后就可以开始使用了。随后的几节将介绍访问元素的基本方法，以及常见的数组用法，例如遍历数组中的元素，复制数组或数组的某个子集。

1. 访问数组中的元素

数组中的元素是变量。如果元素出现在表达式中，其计算结果是这个元素中保存的值。如果元素出现在赋值运算符的左边，会用一个新值更新元素的值。不过，元素跟普通的变量不同，它没有名称，只有编号。数组中的元素使用方括号访问。假如 a 是一个表达式，其计算结果为一个数组下标，那么可以使用 a[i] 索引数组，并引用某个元素。其中，i 是整数字面量或计算结果为 int 类型值的表达式。例如：

```
// Create an array of two strings
String[] responses = new String[2];
```

```
responses[0] = "Yes";   // Set the first element of the array
responses[1] = "No";    // Set the second element of the array

// Now read these array elements
System.out.println(question + " (" + responses[0] + "/" +
                   responses[1] + " ): ");

// Both the array reference and the array index may be more complex
double datum = data.getMatrix()[data.row() * data.numColumns() +
                   data.column()];
```

数组的索引表达式必须是 int 类型，或者可以放大转换为 int 的类型，如 byte、short、甚至是 char。数组的索引显然不能是 boolean、float 或 double 类型。请回顾一下，数组的 length 字段是 int 类型，因此数组中的元素总数不能超过 Integer.MAX_VALUE。如果使用 long 类型的表达式索引数组，即便运行时表达式的返回值在 int 类型的取值范围内，也会导致编译出错。

2. 数组的边界

前面介绍过，数组 a 的第一个元素是 a[0]，第二个元素是 a[1]，最后一个元素是 a[a.length-1]。

使用数组时常见的错误是索引太小（负数）或太大（大于或等于数组的长度）。在 C 或 C++ 等语言中，如果访问起始索引之前或结尾索引之后的元素，会导致不可预知的行为，而且在不同的调用和不同的平台中有所不同。此类问题不能确保会被捕获，如果没捕获，可能过一段时间才会发现。因为在 Java 中容易编写错误的索引代码，所以运行时每次访问数组都会做检查，以确保得到能预料的结果。如果数组的索引太小或太大，Java 会立即抛出 ArrayIndexOutOfBoundsException 类型的异常。

3. 遍历数组

为了在数组上执行某种操作，经常要编写循环，遍历数组中的每个元素。这种操作通常使用 for 循环完成。例如，下述代码对整数数组中的元素求和：

```
int[] primes = { 2, 3, 5, 7, 11, 13, 17, 19, 23 };
int sumOfPrimes = 0;
for(int i = 0; i < primes.length; i++)
    sumOfPrimes += primes[i];
```

这种 for 循环结构很有特色，我们会经常见到。Java 还支持遍历句法，前面已经介绍过。上述求和代码可以改写成更简洁的形式，如下所示：

```
for(int p : primes) sumOfPrimes += p;
```

4. 复制数组

所有数组类型都实现了 Cloneable 接口，任何数组都能调用 clone() 方法复制自己。注意，返回值必须强制转换成适当的数组类型。不过，在数组上调用 clone() 方法不会抛出 CloneNotSupportedException 异常：

```
int[] data = { 1, 2, 3 };
int[] copy = (int[]) data.clone();
```

clone() 方法执行的是浅拷贝。如果数组的元素是引用类型，那么只复制引用，而不复制引用的对象。因为这种复制是浅拷贝，所以任何数组都能被复制，就算元素类型没有实现 Cloneable 接口也没问题。

然而，有时只想将一个数组中的元素复制到另一个数组中。System.arraycopy() 方法的目的就是高效完成这种操作。我们可以假设 Java 虚拟机会在底层硬件中使用高速块复制操作执行该方法。

arraycopy() 方法的作用简单明了，但使用起来有点困难，因为要熟知五个参数。第一个参数是供复制元素的源数组；第二个参数是源数组中起始元素的索引；第三个参数是目标数组；第四个参数是目标索引；第五个参数是要复制的元素数量。

就算从数组复制元素覆盖它自己，arraycopy() 方法也能正确运行。例如，将数组 a 中索引为 0 的元素删除后，然后将索引为 1 到 n 的元素向左移动，把索引变成 0 到 n-1，可以这么做：

```
System.arraycopy(a, 1, a, 0, n);
```

5. 数组的实用方法

java.util.Arrays 类中提供了很多处理数组的静态实用方法。这些方法中大多数都有多个重载版本，有针对各种基本类型数组的版本，也有针对对象数组的版本。对数组进行排序和搜索时，sort() 和 binarySearch() 方法特别管用。equals() 方法用于比较两个数组的内容。如果想将数组的内容输出为一个字符串，例如用于调试或记录日志，Arrays.toString() 方法是首选。

Arrays 类中还提供了可以正确处理多维数组的方法，例如 deepEquals()、deep-HashCode() 和 deepToString()。

2.8.4 多维数组

前面已经了解过，数组类型通过在元素类型后面加一对方括号来声明。char 类型元素组成的数组为 char[] 类型，由 char[] 类型元素组成的数组为 char[][] 类型。如果数组的元素也是数组，则称其为多维数组。如果想正确使用多维数组，那么需要了解更多细节。

下面的多维数组可用来表示乘法表：

```
int[][] products;        // A multiplication table
```

在这里，每对方括号表示一个维度，所以它是一个二维数组。若想访问该数组中的某个 int 元素，必须同时指定两个索引值，每个维度需要一个索引。假设这个数组最终被初始化为一个乘法表，那么元素中存储的 int 值就是两个索引的乘积。也就是说，products[2][4] 的值为 8，products[3][7] 的值为 21。

创建多维数组要使用 new 关键字，而且要指定每个维度中数组的大小。例如：

```
int[][] products = new int[10][10];
```

在某些编程语言中，会将这样的数组创建为包含 100 个 int 值的数组，但 Java 不会这么处理。下面这行代码会执行三种操作：

- 声明一个名为 products 的变量，用于存储一个由 int[] 类型数组构成的数组。

- 创建一个有 10 个元素的数组，它们用于存储 10 个 int[] 类型的数组。

- 再创建 10 个数组，每个都由 10 个 int 类型的元素组成。然后将这 10 个新数组指定为上一步创建的数组的元素。这 10 个新数组中的每一个 int 类型元素的默认值都是 0。

换句话说，上面的那行代码等价于下面这几行代码：

```
int[][] products = new int[10][]; // An array to hold 10 int[] values
for(int i = 0; i < 10; i++)       // Loop 10 times...
    products[i] = new int[10];    // ...and create 10 arrays
```

new 关键字会自动执行这些额外的初始化操作。两个以上维度的数组也是这样处理：

```
float[][][] globalTemperatureData = new float[360][180][100];
```

不过，使用 new 关键字创建多维数组时，不强制指定所有维度的大小，只需为最左边的几个维度指定大小就行。例如，下面的代码都是合法的：

```
float[][][] globalTemperatureData = new float[360][][];
float[][][] globalTemperatureData = new float[360][180][];
```

第一行代码创建了一个一维数组，其元素为 float[][] 类型。第二行代码创建了一个二维数组，其元素为 float[] 类型。不过，如果只为数组的部分维度指定大小，这些维度必须位于最左边。以下代码是不合法的：

```
float[][][] globalTemperatureData = new float[360][][100];  // Error!
float[][][] globalTemperatureData = new float[][180][100];  // Error!
```

与一维数组一样，多维数组也能使用数组初始化程序来初始化，使用嵌套的花括号将数组嵌套在数组中即可。例如，可以像下面这样声明、创建并初始化一个 5×5 乘法表：

```
int[][] products = { {0, 0, 0, 0, 0},
                     {0, 1, 2, 3, 4},
                     {0, 2, 4, 6, 8},
                     {0, 3, 6, 9, 12},
                     {0, 4, 8, 12, 16} };
```

如果不想声明变量就使用多维数组，可以使用匿名初始化程序句法：

```
boolean response = bilingualQuestion(question, new String[][] {
                                         { "Yes", "No" },
                                         { "Oui", "Non" }});
```

使用 new 关键字创建多维数组时，最好只使用矩形数组，即每个维度的数组大小相同。

2.9 引用类型

到现在为止，我们已经介绍了数组、类和对象，接下来将介绍更一般的引用类型。类和数组是 Java 的五种引用类型中的两种。前面已经介绍了类，第 3 章将全面深入地对类和接口进行介绍。枚举和注解这两种引用类型将在第 4 章中介绍。

本节不涉及任何引用类型的具体句法，而是说明引用类型的一般特性，还会说明引用类型与基本类型的区别。本节使用术语"对象"指代引用类型（包括数组）的值或实例。

2.9.1 引用类型与基本类型

引用类型和对象与基本类型和基本值有着本质上的区别。

* Java 语言定义了八种基本类型，开发者不能定义新基本类型。引用类型由用户定义，因此可以有无限多个自定义类型。例如，程序可以定义一个名为 Point 的类，然后使用这个新定义类型的对象存储和处理笛卡儿坐标系中的 (x, y) 二维点。

* 基本类型表示单个值。而引用类型是聚合类型（aggregate type），可以保存零个或多个基本值或对象。例如，假设 Point 类可能存储了两个 double 类型的值，用于表示二维点的 x 和 y 坐标。char[] 和 Point[] 数组类型是聚合类型，因为它们保存一些 char 类型的基本值或 Point 对象。

* 基本类型需要一到八个字节的内存空间。将基本类型值存储到对应变量中，或者传入方法时，计算机会复制表示该值的一个或多个字节。而对象通常需要更多的内存。创建对象时会在堆（heap）中动态分配内存，存储这个对象；如果不再需要使用此对象了，存储它的内存会被自动回收。

 将对象赋给变量或传入方法时，不会复制表示该对象的内存，而是将对象的引用存储在变量中或传给方法。

在 Java 中引用完全不透明，引用的表示方式由 Java 运行时的实现细节决定。如果你是 C 语言开发者，完全可以将引用理解为指针或内存地址。不过请记住，Java 程序无法使用任何方式处理引用。

与 C、C++ 中的指针不同的是，引用不能转换为整数，也不能将整数转换成引用，而且不能对引用执行递增或递减操作。C 和 C++ 程序员还应注意，Java 不支持求地址运算符（&），也不支持解除引用运算符（* 和 ->）。

2.9.2 处理对象和引用副本

下面的代码用于处理 int 类型基本值：

```
int x = 42;
int y = x;
```

执行这两行代码之后，变量 y 中保存了变量 x 的值的一个副本。在 JVM 内部，这个 32 位整数 42 有两个独立的副本。

现在，不妨想象一下将这段代码中的基本类型换成引用类型后再运行会发生什么：

```
Point p = new Point(1.0, 2.0);
Point q = p;
```

代码运行之后，变量 q 中保存了变量 p 中存储的对象引用的一个副本。在虚拟机中，仍然只有一个 Point 对象的副本，但是这个对象的引用有两个副本。这有重要的含义。假设上面两行代码的后面是下列代码：

```
System.out.println(p.x);  // Print out the x coordinate of p: 1.0
q.x = 13.0;               // Now change the X coordinate of q
System.out.println(p.x);  // Print out p.x again; this time it is 13.0
```

因为变量 p 和 q 保存的是指向同一个对象的引用，所以两个变量都可以用来修改这个对象，而且一个变量中的改动在另一个变量中立即可见。数组也是一种对象，所以对数组来说也会发生同样的事，如下面的代码所示：

```
// greet holds an array reference
char[] greet = { 'h','e','l','l','o' };
char[] cuss = greet;        // cuss holds the same reference
cuss[4] = '!';              // Use reference to change an element
System.out.println(greet);  // Prints "hell!"
```

将基本类型和引用类型的参数传入方法时也有类似的区别。假如有下面的方法：

```
void changePrimitive(int x) {
    while(x > 0) {
        System.out.println(x--);
    }
}
```

调用该方法时，会将实参的副本传递给形参 x。在这个方法的代码中，x 是循环计数器，逐次递减直至零。因为 x 是基本类型，所以该方法有这个值的私有副本——这么做非常合理。

可是，如果将这个方法的参数改为引用类型，会发生什么呢？

```
void changeReference(Point p) {
    while(p.x > 0) {
        System.out.println(p.x--);
    }
}
```

调用此方法时，传入的是一个 Point 对象引用的私有副本，然后用这个引用修改对应的 Point 对象。例如，有下面这些代码：

```
Point q = new Point(3.0, 4.5);    // A point with an x coordinate of 3
changeReference(q);               // Prints 3,2,1 and modifies the Point
System.out.println(q.x);          // The x coordinate of q is now 0!
```

调用 changeReference() 方法时，传递给方法的是变量 q 中保存引用的副本。现在，变量 q 和方法的形参 p 保存的引用指向同一个对象。这个方法可以使用它的引用修改对象的内容。但是需注意，这个方法不能修改变量 q 的内容。也就是说，该方法可以随意修改引用的 Point 对象，但不能修改变量 q 引用这个对象这一事实。

2.9.3 比较对象

到现在为止，我们已经介绍了基本类型和引用类型在赋值给变量、传入方法和复制方面的显著区别。这两种类型在相等性比较方面也有区别。相等运算符（==）比较基本值时，只测试两个值是否一样（即每一位的值都完全相同）。而 == 比较引用类型时，比较的是引用而不是真正的对象。也就是说，== 测试两个引用是否指向同一个对象，而不是测试两个对象的内容是否完全相同。例如：

```
String letter = "o";
String s = "hello";               // These two String objects
String t = "hell" + letter;       // contain exactly the same text.
if (s == t) System.out.println("equal"); // But they are not equal!

byte[] a = { 1, 2, 3 };
// A copy with identical content.
byte[] b = (byte[]) a.clone();
if (a == b) System.out.println("equal"); // But they are not equal!
```

对引用类型来说，有两种相等：引用相等和对象相等。一定要将这两者区分开来。其中一种方式是使用"相同"（identical）表示引用相等，而使用"相等"（equal）表示对象的内容完全一样。若想测试两个不同的对象是否相等，可以在一个对象上调用 equals() 方法，然后将另一个对象传递这个方法：

```
String letter = "o";
String s = "hello";              // These two String objects
String t = "hell" + letter;      // contain exactly the same text.
if (s.equals(t)) {               // And the equals() method
    System.out.println("equal"); // tells us so.
}
```

所有对象都（从 Object 类）继承了 equals() 方法，但是默认的实现方式是使用 == 测试引用是否相同，而不测试内容是否相等。想比较对象是否相等的类可自定义 equals() 方法。Point 类没有自定义 equals() 方法，但 String 类自定义了，如前面的例子所示。可以在数组上调用 equals() 方法，但作用和使用 == 运算符一样，因为数组始终继承默认的 equals() 方法，比较引用而不是数组的内容。比较数组是否相等可以使用 java.util.Arrays.equals() 实用方法。

2.9.4 装包和拆包转换

基本类型与引用类型的表现截然不同。有时需要将基本值当成对象来处理，为此，Java 平台为每一种基本类型都提供了包装类。Boolean、Byte、Short、Character、Integer、Long、Float 和 Double 是不可变的 final 类，每个实例只保存一个基本值。包装类一般在将基本值存储在集合中时才使用，例如 java.util.List：

```
// Create a List-of-Integer collection
List<Integer> numbers = new ArrayList<>();
// Store a wrapped primitive
numbers.add(new Integer(-1));
// Extract the primitive value
int i = numbers.get(0).intValue();
```

Java 支持装包和拆包转换。装包转换将一个基本值转换成对应的包装对象，而拆包转换与之相反。虽然可以通过强制转换显式指定装包和拆包转换，但没必要这么做，因为将值赋给变量或传给方法时会自动执行这种转换。此外，如果将包装对象传给需要基本值的 Java 运算符或语句，也会自动执行拆包转换。因为 Java 可以自动执行装包和拆包，所以这种语言特性一般叫作自动装包（autoboxing）。

下面是一些自动装包和拆包的示例：

```
Integer i = 0;    // int literal 0 boxed to an Integer object
Number n = 0.0f;  // float literal boxed to Float and widened to Number
Integer i = 1;    // this is a boxing conversion
int j = i;        // i is unboxed here
i++;              // i is unboxed, incremented, and then boxed up again
Integer k = i+2;  // i is unboxed and the sum is boxed up again
i = null;
j = i;            // unboxing here throws a NullPointerException
```

自动装包也让集合处理变得更简单了。下面这个示例，使用 Java 的泛型（4.2 节将专门介绍该语言特性）限制列表和其他集合中能存储何种类型的值：

```
List<Integer> numbers = new ArrayList<>(); // Create a List of Integer
numbers.add(-1);                           // Box int to Integer
int i = numbers.get(0);                    // Unbox Integer to int
```

2.10 包和 Java 命名空间

包由一些有名称的类、接口或其他引用类型组成，目的是将相关的类组织在一起，并为这些类定义命名空间。

Java 的核心类放在一些以"java"为名称前缀的包中。例如，Java 语言最基本的类在 java.lang 包中，各种实用类在 java.util 包中，I/O 相关类在 java.io 包中，网络类在 java.net 包中。有些包还包含子包，例如 java.lang.reflect 和 java.util.regex。甲骨文标准化的 Java 平台扩展一般在名称以"javax"为名称前缀的包中。有些扩展功能，例如 javax.swing 及其各种子包，后来被集成到了核心平台中。最后，Java 平台还包含几个被认可的标准，这些包以标准制定方命名，例如 org.w3c 和 org.omg。

每个类都有两个名称：一个是简称，在定义时指定；另一个是完全限定名称，其中包含所在包的名称。例如，String 类在 java.lang 包中定义，因此它的完全限定名称是 java.lang.String。

本节说明如何将自己开发的类和接口放到包里，以及如何选择包名，避免与其他人提供的包名起冲突。然后说明如何有选择性地将类型名称或静态成员导入命名空间，避免每次使用类或接口都要输入包名。

2.10.1 声明包

如果想指定类属于哪个包，则需使用 package 声明。如果 Java 文件中有 package 关键字，那么它必须是 Java 代码中的第一个标记（即除注释和空格之外的第一个标记）。package 关键字后面紧跟着包的名称和一个分号。例如，有个 Java 文件以下述指令开始：

```
package org.apache.commons.net;
```

那么，在该文件中定义的所有类都是 org.apache.commons.net 包的一部分。

如果 Java 文件中没有 package 指令，那么这个文件中定义的所有类都是一个默认的无名包的一部分。此时，类的限定名称和不限定名称相同。

 包的名称有可能冲突，所以不要使用默认包。项目在增长的过程中会变得越来越复杂，冲突几乎是不可避免的，所以最好从一开始就为包命名。

2.10.2 全局唯一的包名

包的主要功能之一就是划分 Java 命名空间，以避免类名冲突。例如，只能借助包名区分 `java.util.List` 和 `java.awt.List` 这两个类。因此包名本身就要独一无二。作为 Java 的提供者，甲骨文控制着所有以 `java`、`javax` 和 `sun` 开头的包名。

常用的命名方式之一是使用私有域名，对域名各部分倒序排序，作为包名的前缀。例如，Apache 项目开发了一个网络库，是 Apache Commons 项目的一部分。Commons 项目的网址为 *http://commons.apache.org/*，因此，这个网络库的包名为 `org.apache.commons.net`。

请注意，API 开发者也一直使用这种包命名规则。如果其他程序员要将你开发的类和其他未知类放在一起使用，你的包名就要具有全局唯一性。如果开发了一个 Java 程序，但是不会发布任何类供他人使用，开发者当然知道部署这个应用需要使用的所有类，因此无须担心无法预料的命名冲突。此时，可以选择一种便捷的命名方式，而不用考虑全局唯一性。常见的做法之一是，使用程序的名称作为主包的名称（主包里可能还有子包）。

2.10.3 导入类型

默认情况下，在 Java 代码中引用类或接口时，必须使用类型的完全限定名称，即包含包名。例如，当编写的代码需要使用 `java.io` 包中的 `File` 类处理文件时，必须将这个类写成 `java.io.File`。不过，这个规则有三个例外：

- `java.lang` 包中的类型很重要也很常用，因此始终可以使用简称引用。
- `p.T` 类型中的代码可以使用简称引用 p 包中定义的其他类型。
- 已经使用 `import` 声明导入命名空间里的类型，可以使用简称引用。

前两个例外叫作"自动导入"。`java.lang` 包和当前包中的类型已经导入到命名空间里了，因此可以不加包名。输入不在 `java.lang` 包或当前包中的常用类型的包名时，很快就会变得冗长费劲，因此要能显式地将其他包中的类型导入命名空间。这种操作通过 `import` 声明来实现。

`import` 声明必须出现在 Java 文件的开头，如果有 `package` 声明的话，要紧随 `import` 之后，并且出现在任何类型定义之前。一个文件中能使用的 `import` 声明数量不限。`import` 声明应用于文件中的所有类型定义（但不应用于任意后续 `import` 声明）。

`import` 声明有两种格式。如果想将单个类型导入命名空间，那么 `import` 关键字后面应紧跟着类型名称和一个分号：

```
import java.io.File;    // Now we can type File instead of java.io.File
```

这种格式叫"单个类型导入"声明。

import 声明的另一种格式是"按需类型导入"。在这种格式中，包名后面是 .* 字符，表示使用此包中的任何类型但不用输入包名。因此，如果除了 File 类之外，还要使用 java.io 包中的其他几个类，可以导入整个包：

```
import java.io.*;   // Use simple names for all classes in java.io
```

按需导入句法对子包无效。如果导入了 java.util 包，仍然必须使用完全限定名称 java.util.zip.ZipInputStream 引用这个类。

按需导入类型和逐个导入包中的所有类型的作用不一样。按需导入更像是使用单个类型导入句法将代码中真正用到的各种类型从包中导入命名空间，因此才叫"按需"导入——用到某个类型时才会将其导入。

命名冲突和遮盖

import 声明对 Java 编程极其重要。但是，它可能会导致命名冲突。比如说，java.util 和 java.awt 两个包中都定义了名为 List 的类型。

java.util.List 是很常用的重要接口。java.awt 包中有很多被频繁使用的重要客户端应用类型，但 java.awt.List 已经被废弃了，已从这些重要类型中剔除。在同一个 Java 文件中既导入 java.util.List 又导入 java.awt.List 是不合法的。下述单个类型导入声明会导致编译错误：

```
import java.util.List;
import java.awt.List;
```

使用按需类型导入句法导入这两个包是合法的：

```
import java.util.*;  // For collections and other utilities.
import java.awt.*;   // For fonts, colors, and graphics.
```

但是，如果试图使用 List 类型会遇到麻烦。这个类型可以从两个包中的任何一个"按需"导入，只要试图使用未限定的类型名引用 List 就会引发编译错误。解决此类问题的方法是明确指定所需的包名。

因为 java.util.List 比 java.awt.List 更常用，所以可以在两个按需类型导入声明后使用单个类型导入声明指明从哪个包中导入 List：

```
import java.util.*;  // For collections and other utilities.
import java.awt.*;   // For fonts, colors, and graphics.
import java.util.List; // To disambiguate from java.awt.List
```

这样的话，使用 List 时指的是 java.util.List 接口。如果确实需要使用 java.awt.List 类，只需加上包名。除此之外，java.util 与 java.awt 之间没有命名冲突了，在不指定包名的情况下使用这两个包中的其他类型时，会"按需"将其导入。

2.10.4 导入静态成员

除了类型之外，还可以使用关键字 import static 导入类型中的静态成员（静态成员将在第 3 章中进行说明。如果不熟悉这个概念，可以暂时跳过此节）。跟类型导入声明一样，静态成员导入声明也有两种格式：单个静态成员导入和按需静态成员导入。假设需要编写一个基于文本的程序，要向 System.out 输出大量内容，那么可以使用单个静态成员导入声明减少输入的代码量，如下所示：

```
import static java.lang.System.out;
```

加入这个导入声明后，可以用 out.println() 替代 System.out.println()。又例如，读者编写的一个程序要使用 Math 类中的多个三角函数和其他函数。在这种明显要大量使用数字处理方法的程序中，重复输入"Math"不仅不会让代码的思路更清晰，反而会起到反作用。当碰到这种情况时，或许应该按需导入静态成员：

```
import static java.lang.Math.*
```

加入这个导入声明后，可以编写如 sqrt(abs(sin(x))) 这么简洁的表达式，而不用在每个静态方法前都加上类名 Math。

import static 声明的另一个重要的作用是将常量导入到代码中，尤其适合导入枚举类型（见第 4 章）。假如想在自己编写的代码中使用下述枚举类型中的值：

```
package climate.temperate;
enum Seasons { WINTER, SPRING, SUMMER, AUTUMN };
```

那么，可导入 climate.temperate.Seasons，然后在常量前加上类型名，例如 Seasons.SPRING。如果想编写更简洁的代码，可以导入该枚举类型中的值：

```
import static climate.temperate.Seasons.*;
```

使用静态成员导入声明导入常量一般来说比实现定义常量的接口更好。

静态成员导入和重载的方法

静态成员导入声明导入的是"名称"，而不是以这个名称命名的某个具体成员。因为 Java 允许重载方法，此外，也允许类型中的字段和方法同名，所以单个静态成员导入声明可能会导入多个成员。例如下面这行代码：

```
import static java.util.Arrays.sort;
```

这个声明将名称"sort"导入命名空间，而没有导入 java.util.Arrays 中定义的 19 个

sort() 方法中的任何一个。如果使用导入的名称 sort 调用方法，编译器会根据方法的参数类型推断应调用哪个方法。

从两个或多个不同的类型中导入同名的静态方法也是合法的，只要方法的签名不同就行。请参考下面这个例子：

```
import static java.util.Arrays.sort;
import static java.util.Collections.sort;
```

读者可能觉得上述代码存在句法错误，其实不然，因为 Collections 类中定义的 sort() 方法跟 Arrays 类中定义的所有 sort() 方法签名都不一样。在代码中使用"sort"方法名时，编译器会根据参数的类型推断应使用这 21 个方法中的哪一个。

2.11 Java 源文件的结构

本章按从小到大的颗粒度说明了 Java 句法的元素，首先介绍了单个字符和标记，然后介绍了运算符、表达式、语句和方法，最后介绍了类和包。从实操的角度出发，最常使用的 Java 程序结构单元是 Java 文件。Java 文件是 Java 编译器能编译的最小单元的 Java 代码。一个 Java 文件中包含以下内容：

- 一个可选的 package 指令。

- 零个或多个 import 或 import static 指令。

- 一个或多个类型定义。

当然，这些元素之间可以穿插注释，但注释之外必须是这种顺序。这就是 Java 文件中的全部内容了。所有 Java 语句都必须被封装在方法中（不含 package 和 import 指令，它们不是真正的语句），而所有方法都被定义在类型中。

Java 文件还有一些其他重要的限制。首先，一个文件中最多只能有一个声明为 public 的顶层类。public 类存在的目的是供其他包中的类使用。但是，在一个类中，声明为 public 的嵌套类或内部类数量不限。第 3 章将详细介绍 public 修饰符和嵌套类。

第二个限制涉及 Java 文件的文件名。如果 Java 文件中有一个 public 类，那么这个文件的名称必须与这个类的名称相同，Java 文件的扩展名为 *.java*。因此，如果 Point 定义为 public 类，那么它的源码要保存在名为 *Point.java* 的文件中。而不管类是否为 public，一个文件中只定义一个类，并使用类名命名文件，是非常好的编程习惯。

在编译 Java 文件时，文件中定义的各个类会被编译到独自的类文件中；类文件中存储的是 Java 字节码，由 Java 虚拟机解释执行。类文件的名称和其中定义的类名相同，其扩展名为 *.class*。因此，如果 *Point.java* 文件中定义了一个名为 Point 的类，那么，

Java 编译器编译后得到的文件名为 *Point.class*。在大多数系统中，类文件都存储在跟包名对应的目录里。因此，com.davidflanagan.examples.Point 类通常被定义在 *com/davidflanagan/examples/Point.class* 文件中。

Java 解释器知道标准系统类的类文件存储的位置，需要时会加载这些类文件。解释器运行程序时，如果需要使用名为 com.davidflanagan.examples.Point 的类，它知道这个类的代码存储在名为 *com/davidflanagan/examples/* 的目录中；默认情况下，解释器会在当前目录中寻找这个子文件夹。如果想指示解释器在当前目录之外的位置寻找，调用解释器时必须使用 -classpath 选项，或者设置 CLASSPATH 环境变量。详情请参考第 13 章中的相关内容。

2.12 定义并运行 Java 程序

Java 程序包含了一系列相互作用的类定义，但不是所有 Java 类或 Java 文件都可作为程序运行。若想创建程序，必须在类中定义一个特殊的方法，签名如下：

```
public static void main(String[] args)
```

main() 方法是程序的主要入口，Java 解释器从这里开始执行应用程序。main() 方法的参数是一个字符串数组，没有返回值。main() 方法返回之后，Java 解释器也就退出了（除非 main() 方法创建了其他线程，此时，解释器会等到所有线程都结束后才会退出）。

Java 程序通过 Java 解释器（*java*）运行，并且要指定 main() 方法所在类的完全限定名称。注意，指定的是类名，而不是类文件名。命令行中指定的其他参数会被传递给 main() 方法的 String[] 参数。可能还要指定 -classpath（或 -cp）选项，告诉解释器在哪里寻找程序所需的类。例如，考虑如下命令：

```
java -classpath /opt/Jude com.davidflanagan.jude.Jude datafile.jude
```

java 是运行 Java 解释器的命令；-classpath/opt/Jude 指示解释器在何处寻找类文件；com.davidflanagan.jude.Jude 是将要运行的程序名（即定义 main() 方法的类名）；datafile.jude 是一个字符串，作为字符串数组中的一个元素，被传给 main() 方法。

运行程序有一种非常简单的方式。如果将程序及其所有辅助类都正确打包到一个 Java 档案（Java archive，JAR）文件中，那么只需指定 JAR 文件的名称就可以运行该程序。下面这个示例展示如何运行 Censum 垃圾回收日志分析程序：

```
java -jar /usr/local/Censum/censum.jar
```

在某些操作系统中，JAR 文件能自动执行。在这些系统中，可以直接运行：

```
% /usr/local/Censum/censum.jar
```

第 13 章会详细说明如何执行 Java 程序。

2.13 小结

本章介绍了 Java 的基本句法。编程语言的句法之间互相关联，如果现在没有完全理解 Java 语言的全部句法，也无须担忧，因为不管是人类还是计算机，都要通过实战才能精通任何一门语言。

还有一点要注意，并不是每种句法的使用频度都是一样的。例如，strictfp 和 assert 两个关键字几乎从不使用。不要试图掌握 Java 句法的所有细节，最好先熟悉 Java 的核心概念，然后再回过头学习较为晦涩的句法细节。了解这一点之后，请开始阅读下一章吧。下一章将介绍对 Java 来说非常重要的类和对象，以及 Java 实现面向对象编程的基本范式。

第 3 章

Java 面向对象编程

介绍完 Java 基本句法之后，现在可以开始介绍 Java 面向对象编程了。所有 Java 程序都会使用对象，对象类型由类或接口来定义。每个 Java 程序都定义成类，而复杂程序则涉及多个类和接口的定义。

本章将介绍如何定义一个新的类，以及如何使用类进行面向对象编程。本章还会介绍接口的概念，但关于接口及 Java 类型系统的详细介绍将在第 4 章中进行。

不过，如果读者有面向对象编程经验的话，需要小心。"面向对象"在不同的语言中有不同的含义。不能认为 Java 对面向对象的实现和读者最熟悉的面向对象语言一样（C++ 及 Python 程序员尤其需要注意）。

本章的内容很多，下面先简要介绍一些基本概念。

3.1 类简介

类是 Java 程序结构中最基本的元素。编写 Java 程序必须要定义类。所有 Java 语句都在类中，而且所有的方法都在类中实现。

3.1.1 面向对象的基本概念

下面介绍两个重要的概念。

类

类由一些存储值的数据字段及处理这些值的方法组成。类定义了一种新的引用类型，例如第 2 章中定义的 Point 类型。

Point 类定义了一种能表示所有二维点的类型。

对象

对象是类的实例。

Point 对象是该类型的一个值，它表示一个二维点。

对象一般通过实例化类来创建，方法是使用 new 关键字并调用构造方法，如下所示：

Point p = new Point(1.0, 2.0);

构造方法将在 3.3 节中介绍。

类的定义包含一个签名和一个主体。类签名定义了一个类的名称，还可能会指定其他重要信息。类主体是一些包括在花括号里的成员。类成员一般包含字段和方法，也可以包含构造方法、初始化器和嵌套类型。

成员可以是静态的，也可以是非静态的。静态成员属于类本身，而非静态成员与类实例关联（参见 3.2 节）。

 有四种常见的成员：类字段、类方法、实例字段和实例方法。Java 的主要工作就是与这些成员交互。

类签名可能会声明它扩展自其他类。被扩展的类叫作超类，扩展其他类的类叫作子类。子类继承超类的成员，而且可以声明新成员，或者使用新的实现覆盖继承的方法。

类成员可以使用 public、protected 或 private 等访问修饰符来修饰[注1]。这些修饰符指定成员在调用方或子类中是否可见或可访问。类通过这种方式控制对非公开 API 成员的访问。成员隐藏是一种典型的面向对象设计技术，也被称为数据封装（data encapsulation），3.5 节中将进行介绍。

3.1.2 其他引用类型

类签名中还可能会声明类实现了一个或多个接口。接口也是引用类型，它与类相似，接口中定义了方法签名，但一般没有实现方法主体。

不过，从 Java 8 开始，接口可使用 default 关键字来指明其中的方法是可选的。如果方法是可选的，那么接口文件中必须包含默认的实现（因此才使用了 default 关键词）。所有实现该接口的类，如果没有实现可选的方法，就使用默认的实现。

实现接口的类必须为接口的非默认方法实现方法主体。实现某个接口的类的实例，也是

注 1： 稍后将介绍默认可见性，即包中可见。

该接口类型的实例。

类和接口是 Java 定义的五种基本引用类型中最重要的两种。另外三种基本引用类型为数组、枚举类型和注解类型（通常直接叫作"注解"）。第 2 章中已经介绍了数组。枚举是一种特殊的类，而注解是一种特殊的接口——第 4 章会介绍这两种类型，还会对接口进行全面的介绍。

3.1.3 定义类的句法

最简单的定义类的方式是在 class 关键字后面紧随类的名称，然后在花括号里定义一些类成员。class 关键字前面可使用修饰符关键字或注解。如果类由其他类扩展而来，需要在类名后面加上 extends 关键字及被扩展的类名。如果类要实现一个或多个接口，类名或 extends 子句后面要加上 implements 关键字以及用逗号分隔的接口名。如下所示：

```java
public class Integer extends Number implements Serializable, Comparable {
    // class members go here
}
```

定义泛型类时还可以指定类型参数和通配符（见第 4 章）。

类声明可以包含修饰符关键字。除访问控制修饰符（如 public、protected 等）之外，还可以使用下列修饰符：

abstract
　　abstract 修饰的类未完全实现，因此不能被实例化。只要类中有 abstract 关键字修饰的方法，该类就必须使用 abstract 关键字来声明。抽象类将在 3.6 节中介绍。

final
　　final 修饰符指明该类无法被扩展。一个类不能同时用 abstract 和 final 关键字来修饰。

strictfp
　　如果一个类用 strictfp 关键字声明，那么它的所有方法的行为必须遵循 strictfp 语义，因此 strictfp 类完全遵循浮点数标准的语义。该修饰符很少使用。

3.2 字段和方法

类可以看成是由一个数据集（也称为状态集）和操作这些状态的代码组成的。数据存储在字段中，而操作数据的代码则封装在方法中。

本节将介绍两种最重要的类成员：字段和方法。字段和方法均有两种不同的类型：与类自身关联的类成员（也叫作静态成员），与类的单个实例（即对象）关联的实例成员。因此，类成员可分为四类：

- 类字段

- 类方法

- 实例字段

- 实例方法

示例 3-1 定义了一个简单的 Circle 类，其中包含了所有的这四种成员类型。

示例 3-1：一个简单的类及其成员

```java
public class Circle {
  // A class field
  public static final double PI= 3.14159;      // A useful constant

  // A class method: just compute a value based on the arguments
  public static double radiansToDegrees(double radians) {
    return radians * 180 / PI;
  }

  // An instance field
  public double r;                        // The radius of the circle

  // Two instance methods: they operate on the instance fields of an object

  public double area() {            // Compute the area of the circle
    return PI * r * r;
  }

  public double circumference() {    // Compute the circumference
                                     // of the circle

    return 2 * PI * r;
  }
}
```

 一般来说，对外暴露 r 字段并不是明智之选，最好将 r 声明为私有字段，然后提供 radius() 方法，通过它来获取 r 字段的值。原因会在 3.5 节中说明。现在，我们使用公开字段只是为了方便演示实例字段的使用。

随后的几节将会对这四种类型做详细介绍。首先介绍声明字段的句法。方法声明的句法将在 3.5 节中介绍。

3.2.1 声明字段的句法

声明字段的句法与声明局部变量的句法很相似（见第 2 章），只不过声明字段时还可以使用修饰符。最简单的字段声明只包含字段类型和字段名。

类型之前可以用零个或多个修饰符关键字、注解来修饰，名称后面可以紧跟着一个赋值符 (=) 和初始化表达式（提供字段的初始值）。如果存在两个或多个类型和修饰符都相同的字段，那么可以将一些用逗号分隔的字段名和初始化器放在类型后面。下面是一些有效的字段声明：

```
int x = 1;
private String name;
public static final int DAYS_PER_WEEK = 7;
String[] daynames = new String[DAYS_PER_WEEK];
private int a = 17, b = 37, c = 53;
```

字段修饰符由零个或多个下面的关键字组成。

public、protected、private

这些访问控制修饰符用于指示字段是否能在定义它的类之外使用，以及在何处可以使用。

static

如果使用该关键字，它用于指示字段仅与类关联，而不是与类的实例关联。

final

该修饰符指示，字段在初始化之后，其值就不能被更改。如果字段同时使用 static 和 final 修饰，那么该字段是编译时就确定好的常量，javac 会将其内联化。final 修饰的字段也可以用来创建其实例不可变的类。

transient

此修饰符指示字段不是对象持久状态的一部分，无须将其与对象的其他部分一起被序列化。

volatile

该修饰符指示字段有附加的语义，字段可被两个或多个线程同时使用。volatile 修饰符的语义如下：字段的值必须始终从主存储器中读取和释放，而不能被线程（即寄存器或 CPU 缓存）缓存。详情请参考第 6 章。

3.2.2 类字段

类字段与定义它的类关联，而不是与类实例关联。下面这行代码声明一个类字段：

```
public static final double PI = 3.14159;
```

这行代码声明了一个字段，类型为 double，字段名为 PI，其值被设为 3.14159。

static 修饰符表明该字段为类字段。因为使用了 static 修饰符，所以类字段有时也被称为静态字段。final 修饰符表明该字段的值不会被改变。因为字段 PI 表示一个常量，而且声明时使用了 final 关键字修饰，所以无法修改它的值。

在 Java（以及很多其他编程语言）中，习惯使用大写字母来命名常量，因此字段名为 PI，而不是 pi。通常使用类字段来定义常量，也就是说，static 和 final 修饰符经常配套使用。然而，并不是所有类字段都是常量，因此可以仅用 static（而不使用 final）来修饰类字段。

 公开的静态字段在声明时应尽量使用 final 修饰，因为多个线程可以修改字段的值，会导致极难调试的棘手局面。

公开的静态字段实际上是全局变量。比较庆幸的是，类字段的名称会被定义它的类名所限定，因此，如果不同的模块定义了同名的全局变量，Java 不会出现类似其他编程语言中的那些命名冲突问题。

为了理解静态字段，读者需要了解其本质，即静态字段的值只有一个副本。静态字段与类自身关联，而不是与类实例关联。请回顾一下 Circle 类中的各个方法，它们都使用了同一个字段。在 Circle 类内部，可以直接使用 PI 引用该字段。但是在类的外部，需要同时使用类名和静态字段名，这样才能引用该字段。Circle 类外部的方法要使用 Circle.PI 才能访问这个段。

3.2.3 类方法

与类字段一样，类方法也使用 static 关键字修饰：

```
public static double radiansToDegrees(double rads) {
  return rads * 180 / PI;
}
```

上面的代码声明了一个类方法，方法名为 radiansToDegrees()。该方法只有一个参数，参数类型为 double，而且会返回一个 double 类型的值。

和类字段一样，类方法与类本身关联，而不是与对象关联。在类的外部调用类方法时，需要同时指定类名和方法名。例如：

```
// How many degrees is 2.0 radians?
double d = Circle.radiansToDegrees(2.0);
```

在定义类方法的类中调用类方法时无须指定类名。另外，还可以使用静态成员导入声明，以减少代码量（详情可参考第 2 章）。

注意，Circle.radiansToDegrees() 方法的主体使用了类字段 PI。类方法可以使用所在类（或其他类）中的类字段和类方法。

类方法不能使用任何实例字段或实例方法，因为类方法无法与类实例关联。这意味着，虽然 radiansToDegrees() 方法在 Circle 类中定义，但它不能使用 Circle 类对象的任何实例成员。

 可以这么理解：在任何实例中，总是有一个 this 引用指向当前对象，它作为隐式参数被传递给实例方法。然而类方法不与任何类实例关联，因此没有与之关联的 this 引用，因而不能访问实例字段。

前面提到过，类字段其实就是全局变量。与此类似，类方法就是全局方法，或全局函数。虽然 radiansToDegrees() 方法不处理 Circle 对象，但还是定义在 Circle 类中，因为它是一个实用方法，处理与圆相关的各种计算时会用到，所以可以将它跟 Circle 类的其他功能封装在一起。

3.2.4 实例字段

没有使用 static 修饰符的字段为实例字段：

```java
public double r;     // The radius of the circle
```

实例字段与类的实例关联，因此每个 Circle 对象都有自己的 double 类型的 r 字段的副本。在这个例子中，r 表示某个圆的半径。每个 Circle 对象都有自己的半径，并且与其他所有 Circle 对象的半径无关。

在类定义内部，实例字段通过名称引用。读者可以在实例方法 circumference() 的主体中看到这种例子。在类外部，实例字段的名称前面必须加上包含该字段的对象的引用。例如，如果变量 c 保存的是一个 Circle 对象的引用，那么可以通过表达式 c.r 引用这个圆的半径：

```java
Circle c = new Circle(); // Create a Circle object; store a ref in c
c.r = 2.0;               // Assign a value to its instance field r
Circle d = new Circle(); // Create a different Circle object
d.r = c.r * 2;           // Make this one twice as big
```

实例字段是面向对象编程的关键。实例字段保存的是对象的状态，实例字段的值可以用来区分两个对象。

3.2.5 实例方法

实例方法操作的是类的具体实例（对象），只要方法没有用 static 关键字声明，该方法默认为实例方法。

实例方法的特性让面向对象编程开始变得有意思。示例 3-1 中定义的 Circle 类中声明了两个实例方法，它们分别是 area() 方法和 circumference() 方法，分别用于计算与指定 Circle 对象对应的面积和周长。

如果想在定义实例方法的类之外使用实例方法，必须在方法名前加上被引用的实例。

如下所示：

```
// Create a Circle object; store in variable c
Circle c = new Circle();
c.r = 2.0;                   // Set an instance field of the object
double a = c.area();         // Invoke an instance method of the object
```

 这就是面向对象编程的由来，其重点是对象，而不是函数调用。

在实例方法内部，可以毫无障碍地访问被调方法所属对象的实例字段。前面说过，可以将对象理解为包含状态（通过对象的实例字段表示）和行为（处理状态的方法）的处理单元。

所有实例方法在实现时都使用了一个隐式参数，方法签名里没有显示该参数。它就是前面提到过的 this，它的值就是调用当前方法的对象的引用。在我们的例子中，它是一个 Circle 对象。

 area() 和 circumference() 两个方法中都使用了类字段 PI。前面说过，类方法只能使用类字段和类方法，但不能使用实例字段或实例方法。而实例方法却没有这种限制，不管类成员有没有被声明为 static，实例方法都可以使用它们。

3.2.6 this 引用的工作方式

方法签名中不显示隐式参数 this，这是因为通常不会显式使用它。只要 Java 类中的方法访问实例字段，都会默认访问 this 参数所指对象中的字段。实例方法调用同一个类中其他实例方法时也遵循同样的原理，可以理解为"调用当前对象的实例方法"。

不过，在想明确表明方法访问的是对象自己的字段或方法时，可以显式使用 this 关键字。例如，可以改写 area() 方法，显式使用 this 引用对象的实例字段：

```
public double area() { return Circle.PI * this.r * this.r; }
```

上述代码还显式使用类名来引用类字段 PI。在如此简单的方法中，一般无须如此烦琐。然而，遇到复杂情况时，在不强制要求使用 this 引用的地方使用 this 引用，有时可以提高代码的可读性。

不过，某些情况下必须使用 this 关键字。例如，如果方法的参数或方法中的局部变量与类中的某个字段重名，那么就必须使用 this 引用这个字段来区分，因为只使用字段名的话，引用的是方法的参数或局部变量。

例如，可以将下述方法添加到 Circle 类中：

```
public void setRadius(double r) {
  this.r = r;        // Assign the argument (r) to the field (this.r)
                     // Note that we cannot just say r = r
}
```

面向对象编程

有些开发者会谨慎命名方法的参数，避免与字段名冲突，这样可以极大限度地减少使用 this。但是，任何主流 Java IDE 生成的访问器方法 (setter) 都会显式使用 this。即前面方法中的 this.x = x 范式。

最后请注意，实例方法可以使用 this 关键字，但类方法不能使用。这是因为类方法并不与类的具体对象关联。

3.3 创建和初始化对象

介绍了字段和方法之后，接下来将要介绍类的其他重要成员。尤其是构造方法。构造方法是类成员，其作用是对新实例中的字段初始化。

我们不妨再察看一下创建 Circle 对象的方式：

```
Circle c = new Circle();
```

这行代码的语义是，调用一个看起来有点儿像方法的东西来创建一个新的 Circle 对象。实际上，Circle() 是一种构造方法，是类中的成员，它与类同名，并且具有与方法类似的主体。

构造方法的工作流程如下：使用 new 运算符表明想为类构建一个新实例。首先，分配内存用于存储新建的对象实例；然后，调用构造方法的主体，并传入指定的参数；最后，构造方法利用这些参数执行初始化新对象所需的所有操作。

Java 中的每个类都至少拥有一个构造方法，其作用是执行初始化新对象所需的所有操作。如果程序员没有显式定义构造方法，那么 javac 编译器会自动提供一个构造方法（即默认构造方法）。这个构造方法没有参数，而且不执行任何特殊的初始化操作。示例 3-1 定义的 Circle 类没有显式定义构造方法，因此 Java 会自动提供默认构造方法。

3.3.1 定义构造方法

不难理解，Circle 对象显然需要一些初始化操作，下面我们就来定义一个构造方法。示例 3-2 重新定义了 Circle 类，其中新增了一个构造方法，用于指定新构造出来的 Circle 对象的半径值。此外，我们还将 r 字段的访问属性修改为 protected（禁止使用方随意访问）。

示例 3-2：Circle 类的构造函数

```
public class Circle {
    public static final double PI = 3.14159;  // A constant
    // An instance field that holds the radius of the circle
    protected double r;

    // The constructor: initialize the radius field
    public Circle(double r) { this.r = r; }

    // The instance methods: compute values based on the radius
    public double circumference() { return 2 * PI * r; }
    public double area() { return PI * r*r; }
    public double radius() { return r; }
}
```

如果使用编译器提供的默认构造方法，就要编写类似下面的代码来显式初始化圆半径：

```
Circle c = new Circle();
c.r = 0.25;
```

而提供自定义构造方法后，初始化变成创建新对象过程的一部分：

```
Circle c = new Circle(0.25);
```

下面是一些关于命名、声明和实现构造方法的基本注意事项：

- 构造方法名始终与类名相同。

- 声明构造方法时无须指定返回值类型，甚至连 void 都不需要。

- 构造方法的主体负责初始化对象。可以将主体的作用理解为设置 this 引用的内容。

- 构造方法不能返回 this 或任意其他值。

3.3.2 定义多个构造方法

类实现者有时可能想根据具体情况，在多个不同的构造方法中选择一个最方便的来初始化对象。例如，可能想使用指定的值初始化圆的半径，或者使用一个合理的默认初始值。可按如下方式为 Circle 类定义两个构造方法：

```java
public Circle() { r = 1.0; }
public Circle(double r) { this.r = r; }
```

因为 Circle 类只有一个实例字段，所以并没有太多的初始化操作。不过在复杂的类中，经常会定义多个不同的构造方法。

可以合法地为类定义多个构造方法，只要构造方法的参数列表不同即可。编译器会根据提供的参数数量和类型来推导具体想使用哪个构造方法。定义多个构造方法跟方法重载的原理类似。

3.3.3 在构造方法中调用其他构造方法

如果类有多个构造方法，this 关键字的一种特殊用法此时会派上用场。在一个构造方法中可以使用 this 关键字调用类的另一个构造方法。换句话说，前面 Circle 类中的两个构造方法可以实现成下面这样：

```java
// This is the basic constructor: initialize the radius
public Circle(double r) { this.r = r; }
// This constructor uses this() to invoke the constructor above
public Circle() { this(1.0); }
```

如果构造方法之间共用大量的初始化代码，这种技术是有用的，因为能避免代码重复。在某些复杂的场景中，如构造方法执行很多初始化操作，那么这种技术非常有用。

使用 this() 时有比较苛刻的限制：只能出现在构造方法的第一条语句中。但是，调用该方法后，可以执行构造方法所需的任意其他初始化操作。该限制是因为要自动调用超类的构造方法，本章后面将进行说明。

3.3.4 字段的默认值和初始化程序

类中的字段不一定要进行初始化。如果没有指定初始值，字段将被赋予默认的初始值，如 false、\u0000、0、0.0 或 null。具体使用哪个值，依字段类型而定（详情可参考表 2-1）。默认值由 Java 语言规范规定，对实例字段和类字段都适用。

 默认初始值本质上是对每种类型的零位（zero bit）模式的自然解释。

如果字段的默认值不适合该字段，则可显式提供其他初始值。例如：

```java
public static final double PI = 3.14159;
public double r = 1.0;
```

字段声明实际上独立于任何方法。实际上，Java 编译器会自动为字段生成初始化代码，然后将这些代码添加到类的所有构造方法中去。初始化代码按照字段在源码中的出现顺序插入到构造方法中，因此，字段的初始化程序可以使用之前声明的任何字段的初始值。

下面的代码片段是一个假想类，其中只定义了一个构造方法及两个实例字段：

```java
public class SampleClass {
  public int len = 10;
  public int[] table = new int[len];
  public SampleClass() {
    for(int i = 0; i < len; i++) table[i] = i;
  }

  // The rest of the class is omitted...
}
```

对这个例子来说，javac 生成的构造方法与下面的代码等价：

```java
public SampleClass() {
  len = 10;
  table = new int[len];
  for(int i = 0; i < len; i++) table[i] = i;
}
```

如果某个构造方法第一行就使用 this() 调用其他构造方法，那么字段的初始化代码并不会出现在这个构造方法中。此时，初始化由 this() 调用的构造方法来处理。

实例字段在构造方法中初始化，那么类字段在哪里初始化呢？即使不创建任何类的实例，类字段也与类自身关联。这意味着，需要在调用构造方法之前初始化类字段。

为此，javac 会为每个类自动生成一个类初始化方法。类字段在该方法中被初始化。这个方法只在首次使用类之前被调用一次（通常是在 JVM 第一次加载类时）。

与实例字段的初始化一样，类字段的初始化表达式根据类字段在源码中出现的顺序添加到类初始化方法中。也就是说，类字段的初始化表达式可以使用在其之前声明的类字段。

类初始化方法是内部方法，对 Java 程序员来说是不可见的。在类文件中，与之对应的是 <clinit>（使用 javap 工具检查类文件时可以看到该方法。第 13 章中将详细介绍如何使用 javap 执行这项操作）。

初始化程序块

到目前为止，我们已经知道对象可以通过字段的初始化表达式或构造方法中的代码来执行初始化。在 Java 中，类有一个类初始化方法（与构造方法类似），但是它不能像构造方法那样显式定义方法主体，尽管在字节码中这样做是完全合法的。

不过，Java 允许编写用于初始化类字段的代码，对应的结构叫作静态初始化程序或初始化代码块。静态初始化程序由 static 关键字及随后的花括号中的代码块组成。在类定义中，静态初始化程序可以出现在字段和方法定义能出现的任意位置。例如，下面的代码为两个类字段执行一些重要的初始化操作：

```java
// We can draw the outline of a circle using trigonometric functions
// Trigonometry is slow, though, so we precompute a bunch of values
public class TrigCircle {
    // Here are our static lookup tables and their own initializers
    private static final int NUMPTS = 500;
    private static double sines[] = new double[NUMPTS];
    private static double cosines[] = new double[NUMPTS];

    // Here's a static initializer that fills in the arrays
    static {
        double x = 0.0;
        double delta_x = (Circle.PI/2)/(NUMPTS-1);
        for(int i = 0, x = 0.0; i < NUMPTS; i++, x += delta_x) {
            sines[i] = Math.sin(x);
            cosines[i] = Math.cos(x);
        }
    }
    // The rest of the class is omitted...
}
```

一个类可以有任意多个静态初始化程序。各个初始化程序块的主体会和所有静态字段的初始化表达式一起合并到类初始化方法中。静态初始化程序和类方法的相同之处是不能使用 this 关键字，也不能使用类中的任何实例字段或实例方法。

3.4 子类与继承

前面定义的 Circle 类是一个非常简单的类，仅通过半径就可区分不同的圆。假设我们要同时使用大小和位置来表示一个圆。读者不难理解，在笛卡儿坐标系中，圆心在 $(0, 0)$、半径为 1.0 的圆，与圆心在 $(1, 2)$、半径为 1.0 的圆是不一样的。因此需要重新设计一个类，不妨称之为 PlaneCircle。

如果想添加表示圆心坐标的功能，但不想失去 Circle 类的任何现有功能。可以将 PlaneCircle 类定义为 Circle 类的子类，让 PlaneCircle 类继承超类 Circle 的字段和方法。通过定义子类或扩展超类向类中添加功能的能力，是面向对象编程的关键。

3.4.1 扩展类

示例 3-3 展示了如何将 PlaneCircle 类定义为 Circle 类的子类。

示例 3-3：扩展 Circle 类

```java
public class PlaneCircle extends Circle {
  // We automatically inherit the fields and methods of Circle,
  // so we only have to put the new stuff here.
  // New instance fields that store the center point of the circle
  private final double cx, cy;

  // A new constructor to initialize the new fields
  // It uses a special syntax to invoke the Circle() constructor
  public PlaneCircle(double r, double x, double y) {
    super(r);        // Invoke the constructor of the superclass, Circle()
    this.cx = x;     // Initialize the instance field cx
    this.cy = y;     // Initialize the instance field cy
  }

  public double getCentreX() {
    return cx;
  }

  public double getCentreY() {
    return cy;
  }

  // The area() and circumference() methods are inherited from Circle
  // A new instance method that checks whether a point is inside the circle
  // Note that it uses the inherited instance field r
  public boolean isInside(double x, double y) {
    double dx = x - cx, dy = y - cy;            // Distance from center
    double distance = Math.sqrt(dx*dx + dy*dy); // Pythagorean theorem
    return (distance < r);                      // Returns true or false
  }
}
```

请注意示例 3-3 第一行中使用的 extends 关键字。该关键字指示 Java，PlaneCircle 类扩展自 Circle 类（或者说是 Circle 类的子类），也就是说，PlaneCircle 类会继承 Circle 类的字段和方法。

isInside() 方法的定义展示了字段继承：这个方法使用了字段 r（由 Circle 类定义），就像这个字段是在 PlaneCircle 中定义的一样。PlaneCircle 还继承了 Circle 的方法。因此，如果变量 pc 保存的值是一个 PlaneCircle 对象的引用，那么可以编写如下代码：

```java
double ratio = pc.circumference() / pc.area();
```

这么看起来彷佛 area() 和 circumference() 两个方法是在 PlaneCircle 中定义的一样。

子类的另一个特性是，每个 PlaneCircle 对象都是完全合法的 Circle 对象。如果 pc 是一个 PlaneCircle 对象的引用，那么可以把这个引用赋值给 Circle 类型的变量，此时它表示的位置会被自动忽略：

```
// Unit circle at the origin
PlaneCircle pc = new PlaneCircle(1.0, 0.0, 0.0);
Circle c = pc;      // Assigned to a Circle variable without casting
```

将 PlaneCircle 对象赋值给 Circle 类型的变量时无须进行强制转换。第 2 章提到过，这种转换是完全合法的。Circle 类型的变量 c 中保存的值仍然是有效的 PlaneCircle 对象，但编译器并不确定，因此不进行强制转换将无法进行反向（narrowing）的转换：

```
// Narrowing conversions require a cast (and a runtime check by the VM)
PlaneCircle pc2 = (PlaneCircle) c;
boolean origininside = ((PlaneCircle) c).isInside(0.0, 0.0);
```

4.5 节将会介绍编译时和运行时对象类型的区别，届时将会详细说明这两种转换之间的不同。

final 类

如果声明类时使用了 final 关键字修饰，那么将无法扩展这个类或为其定义子类。java.lang.String 是 final 类的一个示例。把类声明为 final 可以阻止预期之外的类扩展：在 String 对象上调用方法时，就算 String 类来自某个未知的外部源，也能知道这个方法是在 String 类中定义的。

一般来说，Java 开发者创建的许多类都应该是 final 类的。请慎重考虑如果允许其他（可能是未知的）代码扩展类是否有意义，如果没有意义，通过声明 final 类来禁用继承机制。

3.4.2 超类、对象和类层次结构

在前面的示例中，PlaneCircle 是 Circle 的子类，换句话说 Circle 是 PlaneCircle 的超类。类的超类在 extends 子句中指定，一个类有且仅有一个直接的超类：

```
public class PlaneCircle extends Circle { ... }
```

程序员定义的每个类都有超类。如果没使用 extends 子句指定超类，那么它的超类是 java.lang.Object。

Object 是比较特殊的类，原因如下：

*   它是 Java 中唯一一个没有超类的类。
*   所有 Java 类都继承了 Object 类的方法。

因为每个类（除 Object 类外）都有超类，所以 Java 中的类构成了一个类层次结构。这个体系可以用一个根节点为 Object 类的树状图来表示。

Object 类没有超类，而且其他每个类都只有一个超类。子类不能扩展自多个超类。第 4 章将详细说明如何实现类似的效果。

图 3-1 描述的是类层次结构的一部分，包含我们定义的 Circle 和 PlaneCircle 类，以及 Java API 中的一些标准类。

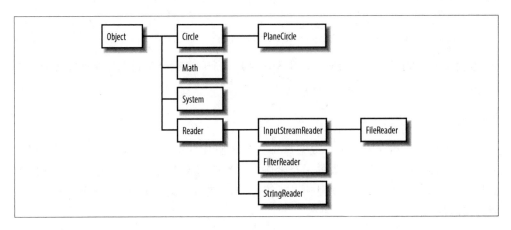

图 3-1：类层次结构图

3.4.3 子类的构造方法

我们再来看看示例 3-3 中的 PlaneCircle() 构造方法：

```java
public PlaneCircle(double r, double x, double y) {
    super(r);        // Invoke the constructor of the superclass, Circle()
    this.cx = x;     // Initialize the instance field cx
    this.cy = y;     // Initialize the instance field cy
}
```

虽然这个构造方法对 PlaneCircle 类中新定义的字段 cx 和 cy 进行了显式初始化，但仍使用超类的 Circle() 构造方法初始化继承过来的字段。为了调用超类的构造方法，这个构造方法调用了 super() 方法。

super 是 Java 的保留字。其用途之一是在子类的构造方法中调用超类的构造方法。这种用法与在一个构造方法中使用 this() 调用同一个类的其他构造方法类似。使用 super() 调用构造方法与使用 this() 调用构造方法有类似的限制：

- 只能在构造方法中调用 super()。

- 必须在构造方法的第一条语句调用超类的构造方法，甚至要放在局部变量声明之前。

传给 super() 的实参必须与超类构造方法的形参列表匹配。如果超类定义了多个构造方法，那么 super() 可以调用其中任何一个，具体是哪个，基于传入的实参推导确定。

3.4.4 构造方法链和默认构造方法

在创建类的实例时，Java 保证一定会调用该类的构造方法；创建任何子类的实例时，Java 还保证一定会调用超类的构造方法。为了保证后者，Java 必须确保每个构造方法都会调用其超类的构造方法。

因此，如果构造方法的第一条语句没有使用 this() 或 super() 显式调用另一个构造方法，javac 编译器会自动插入 super()（即调用超类的构造方法，但不传入参数）语句。如果超类没有可见的无参构造方法，这种隐式调用会触发编译错误。

以 PlaneCircle 类为例，为该类创建新实例时会发生以下事件：

- 调用 PlaneCircle 类的构造方法。

- 这个构造方法显式调用 super(r)，即调用 Circle 类的一个构造方法。

- Circle() 构造方法会隐式调用 super()，以调用 Circle 的超类 Object 的构造方法（Object 类中只有一个构造方法）。

- 此时，已到达层次结构的顶端，接下来开始运行构造方法。

- 运行 Object 构造方法。

- 返回后，再运行 Circle() 构造方法。

- 最后，对 super(r) 的调用返回后，接着执行 PlaneCircle() 构造方法中剩余的语句。

这个过程表明，构造方法链在一起调用；只要创建对象，就会调用一系列构造方法，从子类到超类，一直向上，直到抵达类层次结构的顶层的 Object 类为止。

因为超类的构造方法始终在子类的构造方法的第一条语句中被调用，所以 Object 类的构造方法始终最先运行，然后运行 Object 的子类的构造方法，就这样沿着类层次结构一直向下执行，直至被实例化的那个类为止。

无论何时调用构造函数，它都可以依赖其超类的字段在构造函数开始运行时进行初始化。

默认构造方法

前面对构造方法链机制的描述忽略了一个要点。如果构造方法没有调用超类的构造方法，那么 Java 会隐式调用它。

如果类没有声明构造方法，Java 会为该类隐式添加一个构造方法。默认的构造方法只负责调用超类的构造方法，并不执行任何其他操作。

例如，如果没有为 PlaneCircle 类声明构造方法，那么 Java 将会隐式插入下面这个构造方法：

```
public PlaneCircle() { super(); }
```

一般来说，如果类没有定义无参构造方法，那么它的所有子类必须定义显式调用超类的构造方法，而且要传入所需的参数。

如果一个类没有定义任何构造方法，Java 默认会为它提供一个无参构造方法。声明为 public 的类，提供的构造方法也应声明为 public。提供给其他类的默认构造方法无须使用任何可见性修饰符，因为这些构造方法具有默认的可见性。

如果创建的 public 类不能被公开实例化，那么应该至少声明一个非 public 类的构造方法，借此可避免插入默认的 public 构造方法。

从来不会被实例化的类（例如 java.lang.Math 或 java.lang.System），应定义一个 private 构造方法。这种构造方法不能在类外部被调用，但是可以避免自动插入默认构造方法。

3.4.5 遮盖超类的字段

考虑下面这个例子，假如 PlaneCircle 类需要知道圆心到原点（0，0）的距离，可以再添加一个实例字段用于保存这个距离值：

```
public double r;
```

在构造方法中添加以下这行代码可以计算出该字段的值：

```
this.r = Math.sqrt(cx*cx + cy*cy);  // Pythagorean theorem
```

请注意，这个新增的字段 r 与超类 Circle 中表示半径的字段 r 重名了。发生这种状况时，PlaneCircle 类的 r 字段会遮盖 Circle 类的 r 字段。（当然，这个例子仅用于演示。新字段应该命名为 distanceFromOrigin。）

读者需注意，编写声明字段的代码时，应避免遮盖超类的字段。如果遮盖了，这意味着实现了一段糟糕的代码。

这样，在定义 PlaneCircle 类之后，表达式 r 与 this.r 都引用了 PlaneCircle 类中的这个字段。那么，如何引用 Circle 类中用于保存圆半径的字段 r 呢？有一种特殊的句法可以实现这个目的——使用 super 关键字：

```
r           // Refers to the PlaneCircle field
this.r      // Refers to the PlaneCircle field
super.r     // Refers to the Circle field
```

引用被遮盖的字段还有一种方式——将 this（或类的实例）强制转换为适当的超类，然后再访问相应的字段：

```
((Circle) this).r   // Refers to field r of the Circle class
```

如果想引用的被遮盖字段不是在类的直接超类中定义的，这种强制转换方法特别有用。假如有三个类 A、B 和 C，它们都定义了一个名为 x 的字段，并且 C 是 B 的子类，B 是 A 的子类。那么，在 C 类的方法中可以参考下面的代码来引用这些不同的字段：

```
x               // Field x in class C
this.x          // Field x in class C
super.x         // Field x in class B
((B)this).x     // Field x in class B
((A)this).x     // Field x in class A
super.super.x   // Illegal; does not refer to x in class A
```

 不能使用 super.super.x 引用超类的超类中的被遮盖字段 x。这种句法不合法。

类似的，如果 c 是 C 类的实例，那么可以像下面这样引用这三个字段：

```
c.x             // Field x of class C
((B)c).x        // Field x of class B
((A)c).x        // Field x of class A
```

目前为止讨论的都是实例字段。事实上，类字段也可以被遮盖。引用被遮盖的类字段中的值，可以使用相同的 super 句法，但没有必要这么做，因为通过类名来引用类字段更清晰明了。假如 PlaneCircle 的实现者觉得 Circle.PI 字段没有提供足够的小数位，那么他可以自己定义 PI 字段：

```
public static final double PI = 3.14159265358979323846;
```

现在，PlaneCircle 类中的代码可以通过表达式 PI 或 PlaneCircle.PI 使用这个精度更高的常量，还可以使用表达式 super.PI 和 Circle.PI 引用精度较低的旧值。不过，从 PlaneCircle 继承的 area() 和 circumference() 方法是在 Circle 类中定义的，因此，就算 Circle.PI 被 PlaneCircle.PI 遮盖了，这两个方法还是会使用 Circle.PI。

3.4.6 覆盖超类的方法

如果类中的某个实例方法与超类的某个方法具有相同的方法名、返回值类型和参数，那么这个方法会覆盖（override）超类中对应的方法。当在这个类的对象上调用该方法时，调用的是子类中新定义的方法，而不是超类中定义的旧方法。

被覆盖方法的返回值类型可以是原方法返回值的子类（不要求严格一致）。这叫作协变返回（covariant return）。

方法覆盖是面向对象编程中一项非常重要的技术，用途十分广泛。PlaneCircle 并没有覆盖 Circle 类中的任何方法，实际上，很难想到一个完美的示例，其中 Circle 定义的任何方法都可以具有明确定义的覆盖。

请不要尝试将 Ellipse 类作为 Circle 的派生类，这会违背面向对象开发的核心原则（Liskov 原则，稍后将讲到）。

接下来，让我们看一个使用方法覆盖的范例：

```java
public class Car {
    public static final double LITRE_PER_100KM = 8.9;

    protected double topSpeed;

    protected double fuelTankCapacity;

    private int doors;

    public Car(double topSpeed, double fuelTankCapacity, int doors) {
        this.topSpeed = topSpeed;
        this.fuelTankCapacity = fuelTankCapacity;
        this.doors = doors;
    }

    public double getTopSpeed() {
        return topSpeed;
    }

    public int getDoors() {
        return doors;
    }

    public double getFuelTankCapacity() {
        return fuelTankCapacity;
    }

    public double range() {
        return 100 * fuelTankCapacity / LITRE_PER_100KM;
    }
}
```

下面一部分稍微复杂一点，但是足以用来剖析覆盖背后的概念。除了 Car 类，还有一个更特殊的类：SportsCar（跑车）。跑车有些比较特殊的地方：它有一个固定尺寸的油箱，只有两扇车门。它的最高速度比普通汽车高得多，但是如果最高速度超过 200km/h，那么汽车的燃油效率会受到较大影响，其后果是，汽车的总行驶里程开始降低。

```java
public class SportsCar extends Car {

    private double efficiency;

    public SportsCar(double topSpeed) {
        super(topSpeed, 50.0, 2);
        if (topSpeed > 200.0) {
            efficiency = 200.0 / topSpeed;
        } else {
            efficiency = 1.0;
        }
    }

    public double getEfficiency() {
        return efficiency;
    }

    @Override
    public double range() {
        return 100 * fuelTankCapacity * efficiency / LITRE_PER_100KM;
    }

}
```

下面针对方法覆盖的讨论只涉及实例方法。类方法的运作机制截然不同，无法被覆盖。与字段一样，类方法也能被子类遮盖，但不能被覆盖。本章前面提到过，好的编程风格是调用类方法时始终在方法前面加上定义该方法的类名。如果将类名当成方法名的一部分，那么这两个方法就可以被区分开，因此实际上并没有遮盖什么。

在进一步讨论方法覆盖之前，需理解覆盖与重载之间的区别。第 2 章中提到过，方法重载指的是（在同一个类中）定义多个方法名相同但参数列表不同的方法。它与方法覆盖的概念不同，请读者慎察之。

1. 覆盖不是遮盖

虽然 Java 在处理类的字段和方法时存在很多相似之处，但方法覆盖与字段遮盖完全不一样。为了引用被遮盖的字段，只需将对象强制转换成相应超类的实例，但不能使用这种方法调用被覆盖的实例方法。下面的代码展示了两者之间的显著区别：

```java
class A {                        // Define a class named A
  int i = 1;                     // An instance field
  int f() { return i; }          // An instance method
  static char g() { return 'A'; } // A class method
}
```

```
class B extends A {                    // Define a subclass of A
  int i = 2;                           // Hides field i in class A
  int f() { return -i; }               // Overrides method f in class A
  static char g() { return 'B'; }      // Hides class method g() in class A
}

public class OverrideTest {
  public static void main(String args[]) {
    B b = new B();                     // Creates a new object of type B
    System.out.println(b.i);           // Refers to B.i; prints 2
    System.out.println(b.f());         // Refers to B.f(); prints -2
    System.out.println(b.g());         // Refers to B.g(); prints B
    System.out.println(B.g());         // A better way to invoke B.g()

    A a = (A) b;                       // Casts b to an instance of class A
    System.out.println(a.i);           // Now refers to A.i; prints 1
    System.out.println(a.f());         // Still refers to B.f(); prints -2
    System.out.println(a.g());         // Refers to A.g(); prints A
    System.out.println(A.g());         // A better way to invoke A.g()
  }
}
```

乍一看，读者可能会觉得方法覆盖和字段遮盖的区别很奇怪，深入思考以后，才会发现这么做确实有它的道理。

假设我们要处理一些 Car 和 SportsCar 对象。为了记录这些汽车和跑车，可以将它们保存在一个 Car[] 类型的数组中。这么做显然是可行的，因为 SportsCar 是 Car 的子类，因此所有 SportsCar 对象都是合法的 Car 对象。

遍历该数组中的元素时，无须关注元素到底是类 Car 的对象还是类 SportsCar 的对象。不过，需要注意的是，在数组的元素上调用 range() 方法未必能返回预期的值。也就是说，如果是 SportsCar 对象就不能使用 Car 对象的计算公式。

我们真正希望的是在计算 range 时，对象能完美契合使用者的预期，即 Car 对象使用自己的方式计算，而 SportsCar 对象则使用与跑车适配的计算方法。

从这种视角来看，就不难理解为什么 Java 会使用不同的方式处理方法覆盖和字段遮盖了。

2. 虚拟方法查找

如果一个 Car[] 数组分别用于保存 Car 和 SportsCar 对象，那么 Javac 如何确定在给定元素上调用 Car 还是 SportsCar 的 range() 方法呢？事实上，源码编译器在编译时并不需要确定要调用哪个方法。

不过，javac 生成的字节码会在运行时使用"虚拟方法查找"（virtual method lookup）技术。解释器运行代码时，会查找适用于数组中每个对象的 range() 方法。这意味着，解释器在解释表达式 o.range() 时，会检查变量 o 用的对象的真正运行时类型，然后找到相应的 range() 方法。

 某些其他编程语言（如 C# 和 C++）默认不使用虚拟查找，如果开发者想在子类中覆盖方法，必须显式使用 virtual 关键字。

JVM 不会简单地使用与变量 o 的静态类型相关联的 range() 方法，如果这么做，前面详细介绍过的方法覆盖机制就无法奏效了。Java 的实例方法默认使用虚拟方法查找。第 4 章中将会详细介绍编译时和运行时类型，以及它们对虚拟方法查找的影响。

3. 调用被覆盖的方法

前面已经厘清了方法覆盖与字段遮盖之间的重要区别。不过，调用被覆盖的方法与访问被遮盖的字段的句法非常类似——它们都使用了 super 关键字。如以下代码所示：

```
class A {
  int i = 1;            // An instance field hidden by subclass B
  int f() { return i; } // An instance method overridden by subclass B
}

class B extends A {
  int i;                // This field hides i in A
  int f() {             // This method overrides f() in A
    i = super.i + 1;    // It can retrieve A.i like this
    return super.f() + i;  // It can invoke A.f() like this
  }
}
```

前面提到过，使用 super 引用被遮盖的字段时，相当于将 this 引用的类型强制转换为超类类型，然后通过超类类型访问字段。不过，使用 super 调用被覆盖的方法跟对 this 引用进行强制转换不是一回事。也就是说，在前面的代码中，表达式 super.f() 与 ((A)this).f() 的作用并不一样。

当通过 super 句法调用实例方法时，解释器会执行一种虚拟方法查找技术的变种。第一步与常规的虚拟方法查找一样，确定调用方法的对象属于哪个类。正常情况下，运行时会在这个类中查找对应的方法定义。但是，在使用 super 句法调用方法时，会先在该类的超类中查找。如果超类直接实现了该方法，那就调用这个方法。如果超类继承了这个方法，那就调用由超类继承的方法。

请注意，super 关键字调用的是方法的直接覆盖版本。假设 A 类有个子类 B，而 B 类有个子类 C，而且这三个类都定义了同一个方法 f()。在 C.f() 方法中使用 super.f() 可以调用方法 B.f()，这是因为 C.f() 直接覆盖了 B.f()。然而，C.f() 不能直接调用 A.f()，因为 super.super.f() 语句不符合 Java 句法。当然，如果 C.f() 调用了 B.f()，有合理的理由认为，B.f() 可能会调用 A.f()。

使用被覆盖的方法时，这种链式调用很常见。覆盖方法增强了方法功能，但不完全取代这个方法。

 请勿将调用被覆盖方法的 super 与构造方法中调用超类构造方法的 super() 搞混。虽然两者使用了相同的关键字，但却是两种截然不同的句法。具体来说，可以在类中的任何位置使用 super 调用超类中被覆盖的方法，但是只能在构造方法的第一条语句中使用 super() 调用超类的构造方法。

还有一点很重要，请务必牢记，只能在覆盖某个方法的类内部使用 super 调用被覆盖的方法。假如 e 引用的是一个 SportsCar 对象，那么无法在 e 上调用 Car 类中定义的 range() 方法。

3.5 数据隐藏和封装

本章开篇就提到过，类由一些数据和方法组成。到目前为止，我们其实还没有提到，最重要的面向对象技术之一是将数据隐藏在类中，并且只能通过类的方法来获取或修改这些数据。

这种技术叫作封装（encapsulation），因为它将数据（以及内部方法）安全地密封在类这个"容器"中，只能由可信用户（即该类中的方法）访问。

为什么要这么做呢？这是因为有必要隐藏类的内部实现细节。如果让程序员摆脱对这些细节的依赖，实现者就可以放心地修改内部实现，而无须担心会破坏使用该类的第三方既有代码。

 应始终坚持代码封装。如果不进行封装，那么很难确定代码是否正确及进行问题诊断，尤其是在多线程环境中（基本上所有 Java 程序都运行在多线程环境中）。

使用封装的另一个原因是保护类，避免出现各种幺蛾子。类中经常包含一些相互依赖的字段，而且这些字段的状态必须始终保持一致性。如果允许使用者直接操作这些字段，极有可能在修改某个字段之后忘记修改重要的相关字段，那么类的前后状态就不一致了。然而，如果必须调用方法才能修改字段，那么这个方法可以采取一切必要的措施，以确保状态一致。类似地，如果类中定义的某些方法仅供内部使用，隐藏它们能避免该类的用户调用这些方法。

还可以这么来理解封装：将类的数据都隐藏以后，唯一一种可以在类的对象上执行的操作就是调用方法。

只要小心测试和调试方法，就可以认为类在按预期的方式工作。然而，如果类的所有字段都可以直接操作，那么要执行的测试多不胜数。

由此可以得到一个非常重要的推论，5.6 节介绍 Java 程序的安全性时会进行说明（Java 程序的安全跟 Java 编程语言的类型安全并不是一个概念）。

隐藏类的字段和方法还有一些其他原因：

- 如果内部字段与方法在外部可见，会让类的 API 变得混乱。可见的字段越少，越能保持类的整洁，从而更易于使用和理解。

- 如果方法对类的使用者可见，就必须为其编写文档。将方法隐藏起来可以省时省力。

3.5.1 访问控制

Java 定义了一系列访问控制规则，可禁止在类外部引用类成员。在本章的一些范例中，读者已经接触过字段和方法声明中使用的 public 修饰符。public 关键字，连同 protected 和 private（还有一个特殊的），都是 Java 的访问控制修饰符，它们的作用是为字段或方法指定访问规则。

1. 访问模块

Java 9 带来的最大变化之一就是 Java 平台模块化。模块是比单个程序包更大的代码单元，旨在为未来部署可复用代码提供捷径。由于 Java 通常用于大型应用程序和生产环境中，因此模块的出现使构建和管理企业代码库变得更加便捷。

模块化技术是一个高级话题，如果 Java 是读者最早接触的编程语言之一，那么在达到一定的语言熟练程度之前，请不要尝试学习它。第 12 章对模块进行了系统的介绍，在此之前，我们不再讨论模块对访问控制的影响。

2. 访问包

Java 语言不直接支持包级访问控制。访问控制一般在类以及类成员这些层级上进行。

已经加载的包始终可以被同一个包中的代码访问。这个包是否可以被其他包中代码访问，取决于这个包在宿主系统中的部署方式。例如，如果组成包的类文件存储在同一个目录中，那么用户如果想访问包，必须有访问这个目录及其中的文件的权限。

3. 访问类

默认情况下，顶层类在定义它的包中可以访问。不过，如果顶层类被声明为 public，那么在任何地方都能访问。

第 4 章将介绍嵌套类。嵌套类是被定义为其他类的成员的类。因为这种内部类是某个类的成员，因此也遵守成员的访问控制规则。

4. 访问成员

类成员在类的主体中始终可以被访问。默认情况下，在定义类的包中也可以访问其成员。这种默认的访问等级通常被称作包访问。这只是四个可用的访问等级之一。其他三个等级使用 public、protected 和 private 修饰符来定义。下面是后三个修饰符的示例代码：

```java
public class Laundromat {    // People can use this class.
  private Laundry[] dirty;    // They cannot use this internal field,
  public void wash() { ... } // but they can use these public methods
  public void dry() { ... }  // to manipulate the internal field.
  // A subclass might want to tweak this field
  protected int temperature;
}
```

下述访问规则适用于类成员：

* 类中的所有字段和方法在类主体中始终可以被访问。

* 如果类成员使用 public 修饰符声明，那么可以在能访问这个类的任何地方访问该成员。对这种访问控制类型的限制最小。

* 如果类的成员声明为 private，那么除了在类内部之外，其他任何地方都不能访问这个成员。这是限制最严的访问控制类型。

* 如果类的成员声明为 protected，那么包里的所有类都能访问该成员（与默认的包访问规则等价），而且在这个类的任何子类的主体中也能访问该成员，子类可以在任何包中被定义。

* 如果声明类的成员时没使用任何修饰符，那么采用默认的访问规则（或称之为包访问），包中的所有类都能访问这个成员，但是包外部代码不能访问它。

默认的访问规则比 protected 严格，因为默认规则不允许在包外部的子类中访问成员。

使用由 protected 修饰的成员时须格外谨慎。假设 A 类使用 protected 声明了一个字段 x，同时 A 被另一个包中定义的 B 类继承（请注意 B 类在另一包中定义）。因此，B 类继承了这个用 protected 声明的字段 x，那么，在 B 类的代码中确实可以访问当前实例的这个字段，并且在引用 B 类其他实例时，也可以访问对应实例的 x 字段。但是，这并不意味着在 B 类的代码中能访问 A 类实例的任何一个受保护字段。

下面通过代码来帮助读者理解这个语言细节。A 类定义如下：

```java
package javanut7.ch03;

public class A {
    protected final String name;

    public A(String named) {
        name = named;
    }

    public String getName() {
        return name;
    }
}
```

B 类定义如下：

```java
package javanut7.ch03.different;

import javanut7.ch03.A;

public class B extends A {

    public B(String named) {
        super(named);
    }

    @Override
    public String getName() {
        return "B: " + name;
    }
}
```

 Java 中的包不能"嵌套"，因此 javanut7.ch03.different 与 javanut7.ch03 是不同的包。Javanut7.ch03.different 不能以任何方式被包含在 javanut7.ch03 中，也与 javanut7.ch03 没有任何干系。

然而，如果我们尝试将下面的方法添加到 B 类中，会导致编译错误，因为 B 类的实例无法访问 A 类的任何一个实例：

```java
public String examine(A a) {
    return "B sees: " + a.name;
}
```

如果将该方法改成：

```
public String examine(B b) {
    return "B sees another B: " + b.name;
}
```

这样就能通过编译，因为同一类型的多个实例可以互相访问对方的 protected 字段。当然，如果 B 类和 A 类属于同一个包，那么 B 类的任何一个实例都能访问 A 类的任意实例的全部受保护字段，因为使用 protected 声明的字段对同一个包中的每个类都可见。

5. 访问控制和继承

Java 规范规定：

- 子类继承超类中所有可以访问的实例字段和实例方法。

- 如果子类和超类在同一个包中被定义，那么子类将继承所有非 private 实例字段和方法。

- 如果子类在其他包中被定义，那么它将继承所有 protected 或 public 实例字段和方法。

- private 字段和方法绝不会被继承，类字段和类方法也是如此。

- 构造方法不会被继承（而是被链式调用，本章前面已经介绍过了）。

不过，有些程序员会对"子类不继承超类中不可访问的字段和方法"的规则感到异常困惑。这似乎暗示了，在创建子类的实例时不会为超类的 private 字段分配内存。然而，这不是指定上述规则的真实意图。

 实际上，子类的每个实例都包含一个完整的超类实例，其中包括所有不可访问的字段和方法。

某些成员可能无法访问，这似乎跟类成员在类的主体中始终可以被访问的规则矛盾。为了避免产生误解，我们使用"继承的成员"表示那些可以被访问的超类成员。

因此，关于成员可访问性的正确表述应该是："所有继承过来的成员和所有在类中定义的成员都是可以访问的"。也就是说：

- 类继承了超类的所有实例字段和实例方法（但不继承构造方法）。

- 在类的主体中始终可以访问该类定义的所有字段和方法，并且还可以访问继承自超类的可访问的字段和方法。

6. 成员访问规则总结

表 3-1 总结了成员访问规则。

表 3-1：类成员的可访问性

能否访问	成员可见性			
	公开	受保护	默认	私有
该成员所在的类	是	是	是	是
同一包中其他类	是	是	是	否
不同包中的子类	是	是	否	否
不同包中也非子类	是	否	否	否

下面是一些使用可见性修饰符的经验法则。即便是刚上手的 Java 程序员也应遵循这些规则：

- 仅使用 public 修饰符声明类的对外公开的 API 方法及常量。使用 public 声明的字段只能是常量或不可修改的对象，并且必须同时配套使用 final 声明。

- 使用 protected 声明该类的使用者不会用到的字段或方法，但在其他包中定义其子类时可能会用到。

> 从更广义的角度来看，受保护成员也是类公开 API 的一部分，必须为其编写文档，且不能随意修改，以防止破坏依赖这些成员的代码。

- 如果字段和方法为类的内部实现，但是同一个包中配套的类也要使用它们，那么就使用默认的包可见性。

- 仅在类内部使用的方法或字段，应使用 private 声明，并且对外要隐藏。

如果不确定该使用 protected、包还是 private 可见性，那么优先使用 private。如果觉得限制太过严苛，可以稍微放松访问限制（如果是字段的话，还可以提供访问器方法）。

设计 API 时这么做尤为重要，因为提高访问限制会损害向后兼容性，可能会破坏依赖成员访问性的代码。

3.5.2 数据访问器方法

在 Circle 类示例中，使用了 public 修饰符表示圆半径的字段。Circle 类可能有很好的理由对外暴露该字段；这个类很简单，因为字段之间不相互依赖。但是，在当前的实现中，Circle 类对象的半径允许被设置为负数，这显然违背常识。然而，只要半径存储在 public 类型字段中，任何使用者都可以将这个字段的值设为任意值，而不管它有多么不合理。唯一的办法是限制程序员，不让他们直接访问这个字段，然后定义一个 public

方法，通过它间接访问该字段。提供 public 方法读写字段与将字段声明为 public 并不是一回事。目前而言，二者的区别是前者可以检查错误。

例如，或许我们期望 Circle 对象的半径大于等于零——负数显然不合理，但目前的实现并不能阻止为半径赋负值。示例 3-4 展示了如何修改 Circle 类的定义，防止将半径设为负数。

Circle 类修改版使用了 protected 声明字段 r，还定义了访问器方法 getRadius() 和 setRadius()，用于对该字段的读写，并且限制半径大于等于零。字段 r 使用 protected 声明，所以可以在子类中直接（且更高效地）访问。

示例 3-4：使用数据隐藏和封装定义的 Circle 类

```java
package shapes;              // Specify a package for the class

public class Circle {       // The class is still public
  // This is a generally useful constant, so we keep it public
  public static final double PI = 3.14159;

  protected double r;       // Radius is hidden but visible to subclasses

  // A method to enforce the restriction on the radius
  // This is an implementation detail that may be of interest to subclasses
  protected void checkRadius(double radius) {
    if (radius < 0.0)
      throw new IllegalArgumentException("radius may not be negative.");
  }

  // The non-default constructor
  public Circle(double r) {
    checkRadius(r);
    this.r = r;
  }

  // Public data accessor methods
  public double getRadius() { return r; }
  public void setRadius(double r) {
    checkRadius(r);
    this.r = r;
  }

  // Methods to operate on the instance field
  public double area() { return PI * r * r; }
  public double circumference() { return 2 * PI * r; }
}
```

我们在一个名为 shapes 的包中定义了 Circle 类。因为字段 r 使用了 protected 声明，因此 shapes 包中的任何其他类都可以直接访问该字段，并且能将它设置为任意数值。这里假设 shapes 包中的所有类都是由同一个人或者相互协作的一群人开发的，而且包中的类相互信任，不会滥用访问权限去影响彼此的实现细节。

最后，限制半径不能使用负数的代码被封装在一个 protected 方法中，该方法为 checkRadius()。虽然 Circle 类的使用者无法调用这个方法，但它的子类可以，而且如果想修改对半径的限制，可覆盖这个方法。

 在 Java 中，数据访问器方法命名有一个约定成俗的惯例，即方法名以" get" 和" set"开头。不过，如果要访问的字段是 boolean 类型，那么方法使用的名称可能会以" is"开头。例如，名为 readable 的 boolean 类型字段对应的访问器方法是 isReadable() 而不是 getReadable()。

3.6 抽象类和方法

示例 3-4 中，我们在 shapes 包中声明了 Circle 类。假设我们打算实现多个用于表示形状的类，如 Rectangle、Square、Hexagon、Triangle 等。可以在这些表示形状的类中定义两个基本方法：area() 及 circumference()。那么，为了能方便处理此类对象组成的数组，这些表示形状的类最好有个共同的超类 Shape。按照这种方式组织类层次结构的话，每种形状的对象，不管具体是什么形状，都能赋值给类型为 Shape 的变量、字段或数组元素。也许，我们想在 Shape 类中封装所有形状通用的特性（例如，area() 和 circumference() 等方法）。但是，因为通用的 Shape 类不能表示任何具体的形状，所以不能为这些方法定义有用的实现。Java 中使用抽象方法（abstract method）来解决这类问题。

Java 允许使用 abstract 修饰符声明方法，其作用是只定义方法但不实现它。abstract 修饰的方法没有方法主体，只有一个签名及一个分号[注2]。以下是 abstract 方法以及与这些方法所在的 abstract 类相关的规定。

- 只要类中有一个 abstract 方法，那么该类就自动被声明为 abstract 类，而且必须声明为 abstract 类，否则会导致编译错误。

- abstract 类无法实例化。

- abstract 类的子类必须覆盖超类的每一个 abstract 方法并实现它们（即提供方法主体），然后才能实例化。这种子类一般被称为具体子类（concrete subclass），目的是强调它不是抽象类。

- 如果 abstract 类的子类没有实现继承的所有 abstract 方法，那么这个子类仍然是抽象类，而且必须使用 abstract 声明。

- 使用 static、private 和 final 声明的方法不能是抽象方法，因为这三种方法在子

注 2： Java 中的抽象方法与 C++ 中的纯虚函数（即声明为 = 0 的虚拟函数）类似。在 C++ 中，包含纯虚函数的类是抽象类，不能实例化。包含抽象方法的 Java 类同样也不能实例化。

类中不能被覆盖。与此类似，final 类中也不能出现任何 abstract 方法。

- 即便类中没有 a b s t r a c t 方法，一个类也可以声明为抽象类。使用这种方式声明的
  abstract 类表明类的实现不完整，该任务由子类来实现。这种类也不能被实例化。

 在第 11 章中将见到 Classloader 类，该类没有任何抽象方法。

可以通过下面的示例来说明这些规则是如何运作的。如果定义 Shape 类时将 area() 和
circumference() 声明为 abstract 方法，那么 Shape 的子类必须同时实现这两个方法
才能被实例化。也就是说，每个 Shape 对象都要确保实现了这两个方法。示例 3-5 演示
了这些规则。在这段代码中，定义了一个抽象的 Shape 类和两个具体的子类。

示例 3-5：一个抽象类和两个具体子类

```java
public abstract class Shape {
  public abstract double area();          // Abstract methods: note
  public abstract double circumference(); // semicolon instead of body.
}

class Circle extends Shape {
  public static final double PI = 3.14159265358979323846;
  protected double r;                             // Instance data
  public Circle(double r) { this.r = r; }         // Constructor
  public double getRadius() { return r; }         // Accessor
  public double area() { return PI*r*r; }         // Implementations of
  public double circumference() { return 2*PI*r; } // abstract methods.
}

class Rectangle extends Shape {
  protected double w, h;                          // Instance data
  public Rectangle(double w, double h) {          // Constructor
    this.w = w;   this.h = h;
  }
  public double getWidth() { return w; }          // Accessor method
  public double getHeight() { return h; }         // Another accessor
  public double area() { return w*h; }            // Implementation of
  public double circumference() { return 2*(w + h); } // abstract methods
}
```

Shape 类中每个抽象方法的括号后面都是分号，而没有花括号，这说明没定义方法的主
体。使用下面的代码可以演示示例 3-5 中定义的这几个类的用法：

```java
Shape[] shapes = new Shape[3];      // Create an array to hold shapes
shapes[0] = new Circle(2.0);        // Fill in the array
shapes[1] = new Rectangle(1.0, 3.0);
shapes[2] = new Rectangle(4.0, 2.0);

double totalArea = 0;
for(int i = 0; i < shapes.length; i++)
    totalArea += shapes[i].area();  // Compute the area of the shapes
```

这里，有两点要注意：

- Shape 类的子类对象可以直接赋值给 Shape 类型数组中的元素，无须进行强制转换。这又是一个放大引用类型转换（第 2 章讨论过）的例子。

- 即便 Shape 类中没有定义 area() 方法及 circumference() 方法的主体，任意 Shape 对象还是可以调用这两个方法。调用这两个方法时，使用虚拟方法查找技术找到想要调用的具体版本。因此，圆的面积使用 Circle 类中定义的方法计算，而矩形的面积则使用 Rectangle 类中定义的方法来计算。

引用类型转换

对象引用可以在不同的引用类型之间转换。与基本类型一样，引用类型转换可以是放大转换（由编译器自动完成），也可以根据需要，强制进行缩小转换（可能还需要运行时检查）。要想理解引用类型的转换，必须理解引用类型的层次结构，这个体系叫作类层次结构。

几乎每个 Java 引用类型都扩展自其他类型，被扩展的类型是这个类型的超类。新的类型继承超类的字段和方法，然后定义一些属于自己的字段和方法。在 Java 中，类层次结构的根是一个特殊的类：Object 类。所有 Java 类都直接或间接地扩展自 Object 类。Object 类定义了一些特殊的方法，所有对象都能继承（或覆盖）这些方法。

预定义的 String 类及本章前面定义的 Point 类都扩展了 Object 类。因此，所有 String 对象也都是 Object 对象。同样地，所有 Point 对象都是 Object 对象。然而，反之则不成立。我们不能说每个 Object 对象都是 String 对象，因为前面了解到，有些 Object 对象是 Point 对象。

简单的理解类层次结构之后，就可以定义引用类型的转换规则了：

- 对象引用不能被转换成不相关的类型。例如，即便使用了强制转换运算符，Java 编译器也不允许将 String 对象转换成 Point 对象。

- 对象引用可以转换成超类类型，或任何祖先类类型。这是放大转换，因此不需要进行强制转换。例如，String 对象可以赋值给 Object 类型的变量，或者传给期望 Object 类型参数的方法。

 实际上，并没有执行真正的转换操作，而是直接将对象当成超类的实例。这种行为通常被称为里氏替换原则（Liskov substitution principle），它是以第一个明确表述这种行为的计算机科学家 Barbara Liskov 的名字来命名的。

- 对象引用可以被转换成子类类型，但这是缩小转换，需要进行强制转换。Java 编译器允许临时执行这种转换，但 Java 解释器会在运行时进行检查，以确保转换是有效的。根据程序的逻辑，确认对象的确是子类的实例后才会将对象强制转换为子类类型。否则，解释器将会抛出 ClassCastException 异常。例如，如果把一个 String 对象赋值给 Object 类型的变量，那么后面可以再次修改这个变量，再将其强制转换回 String 类型：

```
Object o = "string";     // Widening conversion from String
                         // to Object later in the program...
String s = (String) o;   // Narrowing conversion from Object
                         // to String
```

数组是对象，并且有一套自己的类型转换规则。首先，任何数组都能被放大转换为 Object 对象。强制的缩小转换能将这个 Object 对象转换回数组。下面是一个例子：

```
// Widening conversion from array to Object
Object o = new int[] {1,2,3};
// Later in the program...

int[] a = (int[]) o;     // Narrowing conversion back to array type
```

除了能将数组转换为 Object 对象之外，如果两个数组的"基类型"（base type）是可以相互转换的引用类型，那么数组还能被转换为另一种类型的数组。例如：

```
// Here is an array of strings.
String[] strings = new String[] { "hi", "there" };
// A widening conversion to CharSequence[] is allowed because String
// can be widened to CharSequence
CharSequence[] sequences = strings;
// The narrowing conversion back to String[] requires a cast.
strings = (String[]) sequences;
// This is an array of arrays of strings
String[][] s = new String[][] { strings };
// It cannot be converted to CharSequence[] because String[] cannot be
// converted to CharSequence: the number of dimensions don't match

sequences = s;   // This line will not compile
// s can be converted to Object or Object[], because all array types
// (including String[] and String[][]) can be converted to Object.
Object[] objects = s;
```

请注意，这些转换规则只适用于由对象或由数组构成的数组。基本类型的数组不能转换为任何其他数组类型，就算基本基类型之间能相互转换也不行：

```
// Can't convert int[] to double[] even though
// int can be widened to double
// This line causes a compilation error
double[] data = new int[] {1,2,3};
// This line is legal, however,
// because int[] can be converted to Object
Object[] objects = new int[][] {{1,2},{3,4}};
```

3.7 修饰符小结

回顾前面的内容，类、接口及它们的成员都能使用一个或多个修饰符来声明——这些修饰符是 public、static 和 final 等关键字。下面总结一下本章，列出所有 Java 修饰符，说明各自能修饰的 Java 类型及其作用。详情如表 3-2 所列。此外，还可参阅 3.1 节、3.2.1 节及 2.6.2 节。

表 3-2：Java 修饰符

修饰符	适用于	意义
abstract	类	这种类不能被实例化，而且可能包含未实现的方法
	接口	所有接口都是抽象的。声明接口时该修饰符是可选的
	方法	此类方法没有主体，主体由子类实现。签名后紧跟着一个分号。抽象方法所在的类必须也是抽象的
default	方法	此类接口方法的实现是可选的。接口为不想实现该方法的类提供了一个默认实现。详情见第 4 章
final	类	不能为该类创建子类
	方法	不能覆盖此方法
	字段	该字段的值不能被修改。static final 修饰的字段是编译时确定的常量
	变量	值不能被修改的局部变量、方法参数或异常参数
native	方法	这个方法使用某种与平台无关的方式实现（通常是 C 语言实现）。没有提供主体，签名后面紧跟着一个分号
<None>(包)	类	没有声明为 public 的类只能在包中被访问
	接口	没有声明为 public 的接口只能在包中被访问
	成员	没有声明为 private、protected 或 public 的成员具有包可见性，只能在包中被访问
private	成员	该成员只能在定义它的类中被访问
protected	成员	该成员只能在定义它的包或子类中被访问
public	类	能访问所在包，就能访问该类
	接口	能访问所在包，就能访问该接口
	成员	能访问所在类，就能访问该成员
strictfp	类	此类中的所有方法都被隐式声明为 strictfp
	方法	此类方法执行浮点运算时必须严格遵守 IEEE 754 标准。具体来说，所有数值，包括中间结果，都应使用 IEEE float 或 double 类型表示，而且不能利用本地平台浮点格式或硬件提供的额外精度或取值范围。这个修饰符极少被使用

表 3-2：Java 修饰符（续）

修饰符	适用于	意义
static	类	使用 static 声明的内部类是顶层类，而不是所在类的成员。详情请参考第 4 章
	方法	static 方法是类方法。不隐式传入 this 对象引用。可通过类名来调用
	字段	static 字段是类字段。不管创建多少个类实例，该字段永远只有一个实例。可通过类名来访问
	初始化程序	此代码片段在加载类时运行，而不是创建实例时运行
synchronized	方法	此类方法对类或实例执行非原子操作，所以必须谨慎使用，确保不能让两个线程同时修改类或实例。对 static 方法来说，执行方法之前先为该类获取一个锁。对非 static 方法来说，会为每个具体的对象实例获取一个锁。详情请参考第 5 章
transient	字段	该字段不是对象持久化状态的一部分，因此它不会随对象一起被序列化。对象序列化，可参考 java.io.ObjectOutputStream
volatile	字段	该字段可以被异步线程访问，因此必须对其做些特定的优化。这个修饰符有时可以替代 synchronized。详情请参考第 5 章

第 4 章

Java 类型系统

本章在类的面向对象编程基础上，介绍了为有效地使用 Java 类型系统所需知道的一些概念。

静态类型语言的变量类型是确定的，如果将类型不兼容的值赋给变量，会在编译时报错。只在运行时检查类型兼容性问题的语言叫作动态类型语言。

Java 是典型的静态类型语言。而 JavaScript 是最常见的动态类型的语言之一，它允许变量存储任何类型的值。

Java 类型系统不仅涉及类和基本类型，还涉及与类的基本内容相关的其他引用类型，只是这些引用类型有些不同，JVM 或 javac 往往使用特殊的方式来处理它们。

前面的章节介绍过两种使用最广泛的 Java 引用类型——数组和类。本章先介绍另一种重要的引用类型——接口。然后介绍 Java 中的泛型，泛型在 Java 类型系统中是一个非常重要的角色。掌握这些知识后，再介绍 Java 编译时和运行时类型之间的区别。

为了对 Java 引用类型做全面的介绍，我们还要介绍两种特殊的类和接口——枚举和注解。本章最后介绍 lambda 表达式和嵌套类型，还会复习增强型类型推断的工作原理。

接下来先介绍接口。除了类，接口算是 Java 最重要的引用类型，而且是整个 Java 其他类型系统的关键组件。

4.1 接口

本书第 3 章介绍了继承。读者肯定还有印象，一个 Java 类只能从一个类继承。这对于面向对象程序来说是个严格的限制。Java 的设计者知道这一点，但他们这样做是为了使 Java 实现面向对象编程的方式比其他语言（例如 C++）更简单、更不易出错。

Java 设计者选择的补救方法是引入接口概念。跟类一样，接口定义一种新的引用类型。正如"接口"这个名称所示，接口的作用只是描述 API，因此，接口会提供类型的描述信息，以及实现这个 API 的类应该提供的方法（和签名）。

一般来说，Java 接口不供实现代码。这些方法是强制实现的——任何类想实现该接口，则必须实现这些方法。

但接口也可以将 API 中的一些方法标记为可选的，如果接口的实现类不想实现这些方法，也可以不做实现。这种机制通过 default 关键字实现，当接口必须为可选时，方法提供默认实现，未实现这些方法的类会使用默认实现。

 接口中的可选方法是 Java 8 新增的功能，之前版本中并没有该功能。4.1.4 节会完整介绍可选方法（也叫默认方法）的工作原理。

接口不能直接实例化，也不能创建该接口类型的成员。反之，接口必须通过类实现，而且类要提供所需的方法主体。

任何类的实例既属于该类定义的类型，也属于其接口定义的类型。这意味着，在需要的情况下，这些实例可以被转换成该类或者该接口类型的实例。这也扩展了 3.6.1 节中介绍的"里氏替换原则"。

换句话说，不属于同一个类或超类的两个对象，若所属的类实现了同一个接口，也能兼容于同一种接口类型。

4.1.1 定义接口

定义接口的方式跟定义类差不多，只是所有（非默认的）方法都是抽象方法，而且关键字 class 也要替换成 interface。例如，下面的代码定义了一个名为 Centered 的接口（第 3 章定义的 Shape 类如果想设置和读取形状的中心点坐标，实现该接口即可）：

```
interface Centered {
  void setCenter(double x, double y);
  double getCenterX();
  double getCenterY();
}
```

接口的成员有如下限制：

- 接口中所有强制方法都隐式使用 abstract 声明，并使用分号代替方法主体。可以使用 abstract 修饰符，但通常省略。

- 接口定义公开的 API。按照惯例，接口中的所有成员都隐式使用 public 声明，而且也习惯省略这个不必要的 public 修饰符。

- 接口不能定义任何实例字段。字段是实现细节,而接口是抽象约定而不是实现。在接口中只能定义用 static 和 final 声明的常量。

- 接口不能实例化,因此不定义构造方法。

- 接口中可以包含嵌套类型。嵌套类型隐式使用 public 和 static 声明。4.5 节将会完整介绍嵌套类型。

- 从 Java 8 开始,接口中可以包含静态方法。 Java 之前的版本不允许这么做,这被广泛认为是 Java 语言的一个设计缺陷。

- 从 Java 9 开始,接口中可以包含 private 方法。这种特性的使用场景很少,但是随着对接口结构的其他修改,限制私有方法似乎有些武断了。在接口中试图定义 protected 方法会导致编译时错误。

4.1.2 扩展接口

接口可以扩展其他接口,和类一样,接口可以通过包含 extends 子句来扩展其他接口。接口扩展另一个接口时,会继承超接口中的所有方法和常量,并且可以定义新的方法和常量。但是跟类不同的是,接口的 extends 子句可以包含多个超接口。例如,下述接口扩展了其他接口(可以不止一个):

```
interface Positionable extends Centered {
  void setUpperRightCorner(double x, double y);
  double getUpperRightX();
  double getUpperRightY();
}
interface Transformable extends Scalable, Translatable, Rotatable {}
interface SuperShape extends Positionable, Transformable {}
```

扩展了多个接口的接口,会继承这些接口中的所有方法和常量,而且可以定义新的方法和常量。接口的实现类必须实现这个接口直接定义的抽象方法,以及从所有超接口中继承来的抽象方法。

4.1.3 实现接口

类使用 extends 关键字指定超类,类似地,类可以使用 implements 关键字来指定它实现的一个或多个接口。implements 是一个 Java 关键字,可以出现在类声明中,但要放在 extends 子句之后。implements 之后紧随的是类要实现的接口列表,接口之间用逗号隔开。

类在 implements 子句中声明接口时,表明该类要为接口中的每个强制方法提供实现

（即实现方法主体）。如果实现接口的类没有为接口中的每个强制方法提供实现，那么这个类会从接口中继承未实现的抽象方法，并且该类本身必须要用 abstract 来声明。如果类实现了多个接口，那么必须实现每个接口中的所有强制方法（否则该类要使用 abstract 关键字声明）。

下面的代码展示如何定义 CenteredRectangle 类，这个类扩展第 3 章定义的 Rectangle 类，而且实现了 Centered 接口：

```
public class CenteredRectangle extends Rectangle implements Centered {
  // New instance fields
  private double cx, cy;

  // A constructor
  public CenteredRectangle(double cx, double cy, double w, double h) {
    super(w, h);
    this.cx = cx;
    this.cy = cy;
  }

  // We inherit all the methods of Rectangle but must
  // provide implementations of all the Centered methods.
  public void setCenter(double x, double y) { cx = x; cy = y; }
  public double getCenterX() { return cx; }
  public double getCenterY() { return cy; }
}
```

假设我们按照 CenteredRectangle 类的实现方式实现了 CenteredCircle 和 CenteredSquare 类。每个类都扩展自 Shape 类，如前面的示例所示，这些类的实例都可以视为 Shape 类的实例。因为每个类都实现了 Centered 接口，所以这些实例还可以当成 Centered 类型的实例。下面的代码演示了对象既可以作为类类型的成员，也可以作为接口类型的成员：

```
Shape[] shapes = new Shape[3];        // Create an array to hold shapes

// Create some centered shapes, and store them in the Shape[]
// No cast necessary: these are all compatible assignments
shapes[0] = new CenteredCircle(1.0, 1.0, 1.0);
shapes[1] = new CenteredSquare(2.5, 2, 3);
shapes[2] = new CenteredRectangle(2.3, 4.5, 3, 4);

// Compute average area of the shapes and
// average distance from the origin
double totalArea = 0;
double totalDistance = 0;
for(int i = 0; i < shapes.length; i++) {
  totalArea += shapes[i].area();   // Compute the area of the shapes

  // Be careful, in general, the use of instanceof to determine the
  // runtime type of an object is quite often an indication of a
  // problem with the design
  if (shapes[i] instanceof Centered) { // The shape is a Centered shape
```

```
        // Note the required cast from Shape to Centered (no cast would
        // be required to go from CenteredSquare to Centered, however).
        Centered c = (Centered) shapes[i];

        double cx = c.getCenterX();    // Get coordinates of the center
        double cy = c.getCenterY();    // Compute distance from origin
        totalDistance += Math.sqrt(cx*cx + cy*cy);
    }
}
System.out.println("Average area: " + totalArea/shapes.length);
System.out.println("Average distance: " + totalDistance/shapes.length);
```

 在 Java 中，接口和类的相同之处在于它们都是数据类型。如果一个类实现了一个接口，那么这个类的实例可以赋值给这个接口类型的变量。

看到这个示例之后，别错误地认为必须先将 CenteredRectangle 对象赋值给 Centered 类型的变量才能调用 setCenter() 方法，或者要先赋值给 Shape 类型的变量才能调用 area() 方法。相反，由于 CenteredRectangle 类定义了 setCenter() 方法，并且从超类 Rectangle 中继承了 area() 方法，因此始终可以调用这两个方法。

通过检查字节码（例如，使用第 13 章中涉及的 javap 工具），可以看到，JVM 调用 setCenter() 方法的方式略有不同，这取决于保存 Shape 的局部变量是 Centered-Rectangle 类型还是 Centered 类型，但是这个区别在编写 Java 代码时不太重要。

4.1.4 默认方法

自 Java 8 以来，可以在包含实现的接口中定义方法了。本节将介绍这些方法——在接口描述的 API 中通过可选的方法表示，一般称其为默认方法。这里，我们首先说明为什么需要这种默认机制。

1. 向后兼容性

Java 一直关注向后兼容性。这意味着，为基于之前版本 Java 编写（或者已经编译）的代码在最新版平台中必须能继续使用。这个原则让开发团队坚信，升级 JDK 或 JRE 后不会影响之前正常运行的程序。

向后兼容性是 Java 平台的一大优势，但是 Java 平台也有诸多约束。约束的其中之一是，新发布的接口不能添加新的强制方法。

例如，假设我们要升级 Positionable 接口，以添加获取和设置左下角顶点的功能：

```
public interface Positionable extends Centered {
    void setUpperRightCorner(double x, double y);
```

```
    double getUpperRightX();
    double getUpperRightY();
    void setLowerLeftCorner(double x, double y);
    double getLowerLeftX();
    double getLowerLeftY();
}
```

重新定义接口后，如果在为旧接口编写的代码中使用这个新接口，则不会成功，因为现有的代码中没有实现 setLowerLeftCorner()、getLowerLeftX() 和 getLowerLeftY() 这三个强制方法。

 开发者很容易就能在自己的代码中观察到这种特性带来的改变。编译一个依赖接口的类文件，然后在接口中添加一个新的强制方法，并使用新版接口和旧的类文件尝试运行程序，可以看到程序崩溃，抛出 NoClassDefError 异常。

Java 8 的设计者注意到了这个缺陷，因为设计者的目标之一是升级 Java 核心中的集合库，引入使用 lambda 表达式的方法。

想要解决这个问题，需要一种能向接口中添加可选的新方法，而不破坏向后兼容性的新机制。

2. 实现默认方法

为了在接口中增加新方法而不破坏向后兼容性，需要为接口的旧实现提供一些新实现，以便接口能继续使用。这个机制是默认方法，它在 JDK 8 中首次被添加到 Java 平台中。

 默认方法（有时称为可选方法）可以添加到任何接口中。默认方法必须含有实现，即默认实现，实现在接口的定义中。

默认方法的基本行为如下：

* 实现接口的类可以（但不是必须）实现默认方法。

* 如果实现接口的类实现了默认方法，那么使用这个类中的实现。

* 如果找不到其他实现，就使用默认实现。

sort() 方法是默认方法的一例，JDK 8 将它添加到 java.util.List 接口中，其定义如下：

```
// The <E> syntax is Java's way of writing a generic type-see
// the next section for full details. If you aren't familiar with
// generics, just ignore that syntax for now.
interface List<E> {
  // Other members omitted

  public default void sort(Comparator<? super E> c) {
```

```
        Collections.<E>sort(this, c);
    }
}
```

因此从 Java 8 开始，实现 List 接口的对象都有一个名为 sort() 的实例方法，它可以使用合适的 Comparator 对列表排序。因为返回类型是 void，所以我们猜测这是就地排序（in-place sort），也确实如此。

当一个类实现了多个接口时，可能出现这么一个后果：两个或者更多接口具有名称和签名完全相同的默认方法。

例如：

```
interface Vocal {
  default void call() {
    System.out.println("Hello!");
  }
}

interface Caller {
  default void call() {
    Switchboard.placeCall(this);
  }
}

public class Person implements Vocal, Caller {
  // ... which default is used?
}
```

这两个接口的 call() 方法有着语义完全不同的默认实现，这可能导致潜在的实现冲突——默认方法的冲突。在 Java 8 之前的版本中，这是不可能发生的，因为 Java 中只允许单继承。默认方法的引入意味着 Java 现在允许有限形式的多重继承（但仅限于方法实现）。Java 仍然不允许（也不计划）添加对象状态的多重继承。

 在一些其他编程语言，特别是 C++ 中，这个问题被称为菱形继承。

默认方法有一组简单的规则来消除任何潜在的歧义：

- 如果一个类实现多个接口会导致默认方法实现的潜在冲突，则这个类必须重写冲突方法并提供实现定义。

- 在必要的情况下，代码句法允许实现类简单地调用某一个接口的默认方法：

```
public class Person implements Vocal, Caller {

    public void call() {
```

```
            // Can do our own thing
            // or delegate to either interface
            // e.g.,
            // Vocal.super.call();
            // or
            // Caller.super.call();
        }
    }
```

默认方法设计的一个副作用是在遇到冲突方法的接口时，可能会出现一个轻微但难以避免的使用问题。例如，（Java 7 版本）某个类的 a.0 和 b.0 版本依次实现两个接口 A 和 B。由于 Java 7 中还没有提供默认方法机制，该类可以正常工作。但如果其后某个接口或两个接口都采用了存在冲突的方法的默认实现，则可能会发生编译时错误。

例如，如果 a.1 版本在接口 A 中引入了默认方法，那么在使用依赖项的新版本运行时，实现类将采用该实现。如果 b.1 版本同样引入相同的方法，则会引起冲突：

• 如果 B 将该方法作为强制（即抽象）方法引入，那么实现类将继续在编译时和运行时工作。

• 如果 B 将该方法作为默认方法引入，那么这是不安全的，实现类将在编译和运行时都报错。

这个小问题只出现于极端情况下，而且在实践中，为了在语言中使用可用的默认方法，这也是需要付出的微小代价。

在使用默认方法时需注意，需要遵循一些略为严格的操作限制：

• 调用接口的公开 API 中存在的另一个方法（无论是强制的还是可选的，需确保该方法的某些实现是可用的。

• 调用接口上的私有方法（Java 9 及以上版本）。

• 调用静态方法，无论是在接口上还是在其他地方定义的。

• 使用 this 引用（例如，作为方法调用的参数）。

这些限制最明显的缺点是，使用默认方法时，Java 接口依然缺乏有意义的状态；我们不能在接口中更改或存储状态。

默认方法对 Java 使用者的面向对象编程方式产生了深远的影响。当与 lambda 表达式相结合时，它们颠覆了一些以前的 Java 编码习惯；我们将在下一节中详细讨论它。

4.1.5 标记接口

有时候，定义空接口很有用。类实现这种接口时只需在 implements 子句中列出这个接口，而不需实现任何方法。此时，该类的所有实例都是这个接口的有效实例，也可以被强制转换为这个类型。Java 代码可以使用 instanceof 运算符检查实例是否属于这个接口，因此这种方式是为对象提供额外信息的最有力的武器。可以认为它提供了一个关于类的额外的类型信息。

标记接口的使用与之前相比大大减少了。Java 的注解（稍后将涉及）在很大程度上取代了它们，因为注解在传递扩展类型信息方面具有更大的灵活性。

接口 java.util.RandomAccess 是标记接口的例子：java.util.List 使用此接口来声明它们提供对列表元素的快速随机访问。例如，ArrayList 实现了 RandomAccess，但 LinkedList 则没有。重视随机访问操作性能的算法可以参照下面的代码来测试 RandomAccess：

```
// Before sorting the elements of a long arbitrary list, we may want
// to make sure that the list allows fast random access.  If not,
// it may be quicker to make a random-access copy of the list before
// sorting it. Note that this is not necessary when using
// java.util.Collections.sort().
List l = ...;  // Some arbitrary list we're given
if (l.size() > 2 && !(l instanceof RandomAccess)) {
    l = new ArrayList(l);
}
sortListInPlace(l);
```

后面将看到，Java 的类型系统与类型名称联系密切，这种方式叫作名义类型（nominal typing）。标记接口是个好例子，因为它除了名称什么都没有。

4.2 Java 泛型

Java 平台的一大优势是提供了标准库。标准库提供了大量实用的功能，特别是实现了非常健壮的通用数据结构。这些实现使用起来非常简单，而且文档齐全。这些库是 Java 集合，第 8 章中会使用大量篇幅介绍。更完整的介绍请参考 Maurice Naftalin 和 Philip Wadler 合著的 *Java Generics and Collections*（O'Reilly 出版）

虽然这些库一直很有用，但在早期版本中也存在一些不足——数据结构（经常叫作容器）完全隐藏了其存储的数据类型的细节。

数据隐藏和封装是面向对象编程的重要原则，但在这种情况下，容器的不透明会为开发者带来很多问题。

本节先说明这个问题，然后介绍泛型是如何解决这个问题并让 Java 开发者变得更轻松的。

4.2.1 介绍泛型

如果想构建一个由 Shape 实例组成的集合，可以将这个集合保存在一个 List 对象中，如下面代码所示：

```
List shapes = new ArrayList();    // Create a List to hold shapes

// Create some centered shapes, and store them in the list
shapes.add(new CenteredCircle(1.0, 1.0, 1.0));
// This is legal Java-but is a very bad design choice
shapes.add(new CenteredSquare(2.5, 2, 3));

// List::get() returns Object, so to get back a
// CenteredCircle we must cast
CenteredCircle c = (CentredCircle)shapes.get(0);

// Next line causes a runtime failure
CenteredCircle c = (CentredCircle)shapes.get(1);
```

上述代码有个问题，为了取回有用的形状对象形式，必须进行强制转换，因为 List 不知道其中对象具体是什么类型。不仅如此，其实可以将不同类型的对象放在同一个容器中，也能正常运行，但是如果做了不合法的强制转换，程序就会崩溃。

我们真正需要的是一种知道所含元素类型的 List。这样，如果将不合法的参数传给 List 的方法，javac 编译时就能检测到并报错，而不用等到运行时才发现问题。

 所有元素都具有相同类型的集合称为同质集合，而具有潜在不同类型元素的集合称为异质集合（有时称为"神秘肉类集合"）。

为了有效解决这个问题，Java 提供了一种句法，用于指明某种类型是一个容器，该容器中保存着其他引用类型的实例。容器中保存的装载类型（payload type）则在尖括号中指定：

```
// Create a List-of-CenteredCircle
List<CenteredCircle> shapes = new ArrayList<CenteredCircle>();

// Create some centered shapes, and store them in the list
shapes.add(new CenteredCircle(1.0, 1.0, 1.0));

// Next line will cause a compilation error
shapes.add(new CenteredSquare(2.5, 2, 3));

// List<CenteredCircle>::get() returns a CenteredCircle, no cast needed
CenteredCircle c = shapes.get(0);
```

这种句法能让编译器捕获大量不安全的代码，而不会把问题扔给运行时。当然，这正是静态类型系统的关键所在——使用编译时信息协助排除大量运行时问题。

将封闭的容器类型和装载类型组合在一起的类型通常称为泛型类型，声明方式如下：

```
interface Box<T> {
  void box(T t);
  T unbox();
}
```

上述代码的 Box 接口是通用结构，可以保存任意类型的成员。但这并不是一个完整的接口，更像是一系列接口的通用描述，每个接口对应的类型都能与 T 自动匹配。

4.2.2 泛型和类型参数

我们已经知道如何使用泛型增强程序的安全性——使用编译时信息避免简单的类型错误。本节将深入介绍泛型的特性。

<T> 句法有个专门的名称——类型参数（type parameter）。因此，泛型还有一个名称——参数化类型（parameterized type）。这也就是说，容器类型（如 List）由其他类型（装载类型）参数化。将类型声明为 Map<String, Integer> 时，我们就为类型参数指定了具体的值。

定义有参数的类型时，要使用一种不对类型参数做任何假设的方式指定具体的值。因此 List 类型使用通用的方式 List<E> 声明，而且自始至终都使用类型参数 E 作为占位符，这代表开发者使用 List 数据结构时装载的真实类型。

 类型参数始终代表引用类型。类型参数的值不能使用基本类型。

类型参数可以在方法的签名和主体中使用，就像是真正的类型一样，例如：

```
interface List<E> extends Collection<E> {
  boolean add(E e);
  E get(int index);
  // other methods omitted
}
```

请注意，类型参数 E 既可作为返回类型的参数，也可作为方法参数类型的参数。我们不假设装载类型有任何具体的特性，只对一致性做了基本假设，即存入的类型与之后取回的类型一致。

通过容器类与正在创建的类型参数的值的结合，有效地向 Java 的类型系统引入了一种新类型。

4.2.3 菱形句法

创建泛型实例时，赋值语句的右侧会重复类型参数的值。大多数时候，这个信息是不必要的，因为编译器能自动推导出类型参数的值。在 Java 的现代版本中，可以使用菱形句法来省略重复的类型值。

下面通过一个示例说明如何使用菱形句法，这个例子改自之前的示例：

```
// Create a List-of-CenteredCircle using diamond syntax
List<CenteredCircle> shapes = new ArrayList<>();
```

对这种冗长的赋值语句来说，这是个小改进，能少输入几个字符。在本章末尾介绍 lambda 表达式时将再次讨论类型推导。

4.2.4 类型擦除

4.1.4 节介绍过，Java 十分重视向后兼容性。Java 5 中出现的泛型又是一个会导致向后兼容性问题的新语言特性。

问题的关键在于如何让类型系统既能使用旧的非泛型集合类又能使用新的泛型集合类。设计者选择的解决方式是使用强制转换：

```
List someThings = getSomeThings();
// Unsafe cast, but we know that the
// contents of someThings are really strings
List<String> myStrings = (List<String>)someThings;
```

上述代码表明，作为类型，List 和 List<String> 至少在某种程度上是兼容的。Java 通过类型擦除（type erasure）实现这种兼容性。这表明，泛型的类型参数只在编译时可见——javac 会移除类型参数，而且在字节码中不体现出来[注1]。

 非泛型的 List 一般叫作原始类型（raw type）。即便现在使用了泛型，Java 也完全能处理类型的原始形式。不过，这么做往往说明代码缺乏良好的设计。

类型擦除机制扩大了 javac 和 JVM 使用的类型系统之间的差别，4.2.8 节中将详细说明其中的差别。

类型擦除还能禁止使用某些其他方式的定义，如果没有这个机制，代码看起来是合法的。在下述代码中，我们想使用两个稍微不同的数据结构来计算订单数量：

注 1： 泛型的一些小踪迹仍然存在，可以在运行时通过反射看到。

```
// Won't compile
interface OrderCounter {
  // Name maps to list of order numbers
  int totalOrders(Map<String, List<String>> orders);

  // Name maps to total orders made so far
  int totalOrders(Map<String, Integer> orders);
}
```

看起来这是完全合法的 Java 代码，但其实编译无法通过。问题在于这两个方法虽然看起来像是常规的重载，但擦除类型后，两个方法的签名都变成了以下形式：

```
int totalOrders(Map);
```

擦除类型后剩下的只有容器的原始类型，在这个例子中是 Map。运行时无法通过签名区分这两个方法，因此 Java 语言规范将这种句法视为不合法的句法。

4.2.5 绑定类型参数

一个简单的泛型类 Box 的定义如下所示：

```
public class Box<T> {
    protected T value;

    public void box(T t) {
        value = t;
    }

    public T unbox() {
        T t = value;
        value = null;
        return t;
    }
}
```

这是一个有益的抽象，但是假设我们想要对这个 Box 加以限制，让它只能保存数字。Java 允许我们通过使用类型参数的绑定来实现这一点。类型参数的意义就在于可以对类型加以限制，例如：

```
public class NumberBox<T extends Number> extends Box<T> {
    public int intValue() {
        return value.intValue();
    }
}
```

类型绑定 T 扩展了 Number，这确保 T 只能替换为与类型 Number 兼容的类型。因此，编译器知道 value 肯定会有一个 intValue() 方法。

请注意，由于 value 字段具有受保护的访问权限，因此可以直接在子类中访问它。

如果试图用一个无效的类型参数值去实例化 NumberBox，那么会导致编译错误，如下所示：

```
NumberBox<Integer> ni = new NumberBox<>();
// Won't compile
NumberBox<Object> no = new NumberBox<>();
```

在处理类型绑定时，必须注意原始类型，因为可以避开类型绑定，但这样做会使代码容易受到运行时异常的影响：

```
// Compiles
NumberBox n = new NumberBox();
// This is very dangerous
n.box(new Object());
// Runtime error
System.out.println(n.intValue());
```

调用 initValue() 方法会抛出 java.lang.ClassCastException 异常，因为 javac 在调用方法之前已经对 value 进行无条件强制转换，并插入 Number 中。

通常，类型绑定可以用来编写更好的通用代码和库。实践中，可以建造一些相当复杂的结构，例如：

```
public class ComparingBox<T extends Comparable<T>> extends Box<T>
                         implements Comparable<ComparingBox<T>> {
    @Override
    public int compareTo(ComparingBox<T> o) {
        if (value == null)
            return o.value == null ? 0 : -1;
        return value.compareTo(o.value);
    }
}
```

这个定义可能看起来令人生畏，但 ComparingBox 实际上只不过是一个包含 Comparable 值的 Box 而已。该类型也继承了 ComparingBox 的比较过程，通过比较两个 Box 的内容来实现。

4.2.6 协变简介

Java 泛型的设计解决了一个问题。在最早的版本中，集合库被引入之前，Java 语言已经被迫去面对一个深层次的系统设计问题。

简单来说，问题是这样的：

字符串数组是否应与对象数组类型的变量兼容？

换句话说，下面的代码是否合法：

```
String[] words = {"Hello World!"};
Object[] objects = words;
```

如不给出一个令人满意的答案，即使是开发像 Arrays::sort 这样的简单方法也会举步维艰，因为下面的代码并不能像预期的那样工作：

```
Arrays.sort(Object[] a);
```

此时，方法声明只适用于 Object[] 类型，而不适用于任何其他类型的数组。考虑到这种复杂性，Java 语言标准的第一个版本明确规定：

如果 C 类型的值可以赋值给 P 类型的变量，则 C[] 类型的值可以赋值给 P[] 类型的变量。

也就是说，数组的赋值句法随其持有的基类型而变化，或者说数组是协变的 (covariant)。

这种设计决策是非常不幸的，因为它会直接导致糟糕的后果：

```
String[] words = {"Hello", "World!"};
Object[] objects = words;

// Oh, dear, runtime error
objects[0] = new Integer(42);
```

Object[] 试图存储一个 Integer，但是这个数组元素是期望用来存储 String 的。很显然。该语句无法工作，将抛出 ArrayStoreException 异常。

 早期协变数组的可用性导致它被视为一种无法回避的恶，尽管设计者初衷并非如此，该特性暴露了静态类型系统中的漏洞。

然而，最近对现代开放源码库的研究发现，数组协变是一种非常罕见的语言错误特性[注2]。在开发新代码时应尽量避免。

当考虑 Java 平台中的泛型时，可以思考一个非常类似的问题："List<String> 是 List<Object> 的子类吗？"也就是说，我们能编写下面这种代码吗：

注2： Raoul-Gabriel Urma and Janina Voigt，"Using the OpenJDK to Investigate Covariance in Java，"*Java Magazine* (May/June 2012): 44–47.

```
// Is this legal?
List<Object> objects = new ArrayList<String>();
```

乍一看, 它是合理的, 因为 String 是 Object 的子类, 所以我们知道集合中的任意 String 元素都是一个合法的 Object 对象。

然而, 再考虑一下下列代码 (数组协变转为使用 List):

```
// Is this legal?
List<Object> objects = new ArrayList<String>();

// What do we do about this?
objects.add(new Object());
```

由于对象类型声明为 List<Object>, 因此向其添加对象实例应该是合法的。但是, 由于实际对象包含字符串, 因此尝试添加对象将导致不兼容, 因此会在运行时报错。

这与数组的示例并无不同, 所以上述问题的答案是, 下面这样写是合法的:

```
Object o = new String("X");
```

但是这并不意味着泛型容器类型的对应语句也合法, 因此:

```
// Won't compile
List<Object> objects = new ArrayList<String>();
```

另一种说法是 List<String> 不是 List<Object> 的子类型, 或者泛型类型是不变的, 而不是协变的。在讨论绑定通配符时, 我们将做更细致的讨论。

4.2.7 通配符

参数化类型, 如 ArrayList<T>, 并不能实例化, 也就是说不能创建这种类型的实例。这是因为 <T> 是类型参数, 只不过是真实类型的占位符。只有为类型参数提供具体的值之后 (例如 ArrayList<String>), 类型才算完整, 才能为它创建对象。

如果编译时不知道要使用何种类型, 后面就会出现问题。幸运的是, Java 类型系统能适应这种状况。在 Java 中, 有明确的概念来表示 "未知类型", 使用 <?> 表示。这是一种最简单的 Java 通配符类型 (wildcard type)。

涉及未知类型的表达式可以如下编写:

```
ArrayList<?> mysteryList = unknownList();
Object o = mysteryList.get(0);
```

这是完全合法的 Java 代码——ArrayList<?> 是变量可以使用的完整类型, 它与 AarryList<T> 不一样。我们对 mysteryList 的装载类型一无所知, 但这对我们的代码来说不是问题。

例如，当我们从 mysteryList 中读取一个元素时，该元素的类型对我们来说完全未知。但是，至少有一点可以确信，该对象可以被赋给 Object 类型变量——因为所有的有效泛型类型参数都是引用类型，而所有的引用类型都可以赋值给 Object 类型的变量。

另外，在用户的代码中使用未知类型时，存在一些限制。例如，下面的代码编译无法通过：

```
// Won't compile
mysteryList.add(new Object());
```

原因很简单，我们不知 mysteryList 的装载类型。例如，如果 mysteryList 是 ArrayList<String> 类型的实例，那么就不能将 Object 对象保存到其中。

唯一能始终保存到容器的值是 null，众所周知，null 可以是任何引用类型的值。但是这没什么实际意义，因此，Java 语言规范禁止将泛型实例化为未知类型的容器类型，例如：

```
// Won't compile
List<?> unknowns = new ArrayList<?>();
```

这种未知类型看起来会存在使用上的限制，它的一个极为重要的用途是解决协变问题。如果想让容器的类型具有父子关系，就需要使用未知类型：

```
// Perfectly legal
List<?> objects = new ArrayList<String>();
```

上面代码表明，List<String> 是 List<?> 的子类型。不过，使用上述这种赋值语句时，会丢失一些类型信息。例如，现在 get() 方法的返回类型实际上是 Object。

 无论 T 的值是什么，List<?> 都不是 List<T> 的子类型。

未知类型有时也会令开发者感到困惑，甚至会提出疑问，例如"为什么不使用 Object 代替未知类型？"不过，正如我们所见，为了实现泛型之间的父子关系，必须有一种表示未知类型的方式。

受限通配符

其实，Java 的通配符类型不止有未知类型这一种，还有受限通配符（bounded wildcard）这个概念。

受限通配符用于描述几乎完全未知类型的层次结构，它想表达的是："我们不知道到底是什么类型，但是我们知道这种类型实现了 List 接口。"

在类型参数中，可以通过 ?extends List 来表达前面那句话的意思。这为开发者提供了一线希望，至少我们还知道可以使用的类型必须满足哪些条件，而不是对其类型一无所知。

 不管限定使用的类型是类还是接口，都要使用 extends 关键字。

这是类型变体（type variance）的一个示例。类型变体是容器类型之间的继承关系和装载类型的继承关系有所关联的理论基础。

类型协变（type covariance）

这表示容器类型之间和装载类型之间具有相同的关系。这种关系通过 extends 关键字表示。

类型逆变（type contravariance）

这表示容器类型之间和装载类型之间具有相反关系。这种关系通过 super 关键字表示。

在讨论容器类型时，我们会思考一些问题。例如，如果 Cat 扩展了 Pet，那么 List<Cat> 就是 List<? extends Pet> 的子类，并且：

```
List<Cat> cats = new ArrayList<Cat>();
List<? extends Pet> pets = cats;
```

但是，在数组中情况就会有所不同，因为需要按照如下方法维护类型安全：

```
pets.add(new Cat()); // won't compile
pets.add(new Pet()); // won't compile
cats.add(new Cat());
```

编译器无法证明 pets 指向的存储空间能够存储 cats，因此拒绝了对 add() 方法的调用。但是，由于 cats 肯定指向 Cat 对象的列表，因此必须接受在该列表中添加一个新的 Cat 对象。

因此，这些拥有泛型的类型经常用于充当该泛型类型的生产者和消费者。

例如，当 List 充当 Pet 对象的生产者时，需要使用的关键字是 extends。

```
Pet p = pets.get(0);
```

请注意，对于生产者案例而言，装载类型作为生产者方法的返回类型。

对于纯粹充当类型实例消费者的容器类型，我们将使用 super 关键字，并希望将有效装载类型视为方法参数的类型。

 Joshua Bloch 将这种用法总结成"Producer Extends，Consumer Super"原则（简称 PECS）。

第 8 章中将讲到，Java 的集合库大量使用了协变与逆变。用这两种变体的目的是确保泛型"做正确的事"，以及表现出的行为不会令开发者诧异。

4.2.8 泛型方法

泛型方法是参数可以使用任何引用类型实例的方法。

举个例子，下面的这个方法用于模拟 C 语言中的逗号（,）运算符。这个运算符一般用来合并有副作用的表达式。

```
// Note that this class is not generic
public class Utils
  public static <T> T comma(T a, T b) {
    return a;
  }
}
```

虽然 comma 方法定义时使用了类型参数，但并不意味着所在的类需要定义为泛型类。使用这种句法是为了表明这个方法可以自由使用，而且返回类型和参数的类型一样。

再请看另一个例子，来自 Java Collections 库。在 ArrayList 类中，可以看到一个方法基于一个数组列表实例创建了一个新的数组对象：

```
@SuppressWarnings("unchecked")
public <T> T[] toArray(T[] a) {
    if (a.length < size)
        // Make a new array of a's runtime type, but my contents:
        return (T[]) Arrays.copyOf(elementData, size, a.getClass());
    System.arraycopy(elementData, 0, a, 0, size);
    if (a.length > size)
        a[size] = null;
    return a;
}
```

该方法调用底层 arraycopy() 方法来完成实际工作。

 仔细了解了 ArrayList 的类定义之后，我们可以看到它是一个泛型类，但类型参数是 <E> 而不是 <T>，且类型参数 <E> 与 toArray() 方法完全无关。

`toArray()` 方法提供了集合类与原生 Java 数组之间的半个桥接 API。另外半个桥接 API 则为从数组到集合，涉及另外一些微妙的内容，我们将在第 8 章中讨论。

4.2.9 编译时和运行时类型

我们来察看下面这段代码：

```
List<String> l = new ArrayList<>();
System.out.println(l);
```

读者一定会有疑问：l 是什么类型？答案取决于在编译时（即 javac 看到的类型）还是运行时（JVM 看到的类型）来回答这个问题。

javac 将 l 视为 List-of-String 类型，并且会利用类型信息仔细检查句法错误，例如不能使用 add() 方法添加不合法的类型实例。

而 JVM 将 l 看成 ArrayList 类型的实例，这一点可以从 println() 语句的输出中得到印证。因为要擦除类型，所以运行时 l 是原始类型。

虽然编译时和运行时的类型存在一些差异。但在某种程度上来说这些差异有点令人诧异：运行时类型既比编译时类型精确，又没有编译时类型精确。

代码运行时类型没有编译时类型精确，指的是因为没有装载类型的信息——这个信息被擦除了，得到的运行时类型只是原始类型。

编译时类型没有运行时类型精确，指的是因为不知道 l 的具体类型到底是什么，只知道是一种与 List 兼容的类型。

编译时和运行时之间的类型区别会使新上手的 Java 开发者感到困惑，但这种差别很快就被看作是该语言的常见特性。

4.2.10 使用和设计泛型类型

使用 Java 泛型时，要从两个不同的视角去思考问题。

使用者

　　使用者要使用现有的泛型库，还要编写一些相对简单的泛型类。对使用者来说，要理解类型擦除的基本知识，因为如果不知道运行时对泛型的处理方式，所以会对几个 Java 句法感到困惑。

设计者

　　使用泛型开发新库时，设计者需要理解泛型的更多功能。规范中有一些难以理解的部分，例如要完全理解通配符和"capture-of"错误消息等高级话题。

泛型是 Java 最难以理解的部分之一，隐式存在很多极端情况，并不需要每个开发者都了如指掌，至少初次接触 Java 的类型系统时不需要这样。

4.3 枚举和注解

Java 有两种特殊形式的类和接口，在类型系统中扮演着特定的角色。这两种类型是枚举类型（enumerated type）和注解类型（annotation type），直接称为枚举和注解。

4.3.1 枚举

枚举是类的变种，其功能很有限，而且允许使用的值不多。

假设我们想定义一个类型，以表示三原色红、绿、蓝，而且希望这个类型只有这三个可以使用的值。我们可以使用 enum 关键字定义这个类型：

```
public enum PrimaryColor {
  // The ; is not required at the end of the list of instances
  RED, GREEN, BLUE
}
```

PrimaryColor 类型的实例可以按照静态字段的方式引用：PrimaryColor.RED、Primary-Color.GREEN 和 PrimaryColor.BLUE。

 在其他语言中，例如 C++，枚举一般使用整数常量实现，但 Java 采用的方式能提供更好的类型安全性和灵活性。

例如，因为枚举是特殊的类，所以可以拥有成员，即字段和方法。如果字段或方法有主体，那么实例列表后面必须加上分号。

假设我们要定义一个枚举，包含前几个正多边形（等边等角的形状），而且想为这些形状指定一些属性（在方法中指定）。使用者可以使用接收一个参数的枚举实现这个需求，如下例所示：

```
public enum RegularPolygon {
  // The ; is mandatory for enums that have parameters
  TRIANGLE(3), SQUARE(4), PENTAGON(5), HEXAGON(6);

  private Shape shape;

  public Shape getShape() {
    return shape;
```

```
    }

    private RegularPolygon(int sides) {
      switch (sides) {
        case 3:
          // We assume that we have some general constructors
          // for shapes that take the side length and
          // angles in degrees as parameters
          shape = new Triangle(1,1,1,60,60,60);
          break;
        case 4:
          shape = new Rectangle(1,1);
          break;
        case 5:
          shape = new Pentagon(1,1,1,1,1,108,108,108,108,108);
          break;
        case 6:
          shape = new Hexagon(1,1,1,1,1,1,120,120,120,120,120,120);
          break;
      }
    }
  }
```

参数（在这个例子中只有一个参数）传入构造方法，创建单个枚举实例。因为枚举实例由 Java 运行时创建，而且在外部不能实例化，所以把构造方法声明为私有方法。

枚举有些特殊的特性：

* 都（隐式）扩展 java.lang.Enum 类。

* 不能泛型化。

* 可以实现接口。

* 不能被扩展。

* 如果枚举中的所有值都有实现主体，那么只能定义为抽象方法。

* 不能通过 new 关键字直接实例化。

4.3.2 注解

注解是一种特殊的接口。顾名思义，其作用是注解 Java 程序的某个部分。

如 @Override 注解。在前面的一些示例中读者可能见到过这个注解，并且想知道它到底有什么作用。

这个注解其实什么作用也没有。这个答案或许会让读者感到诧异。

说得稍微详细一点儿，注解没有直接作用，@Override 只是为注解的方法提供额外的信息，注明该方法覆盖了超类中的某个方法。

注解可为编译器和集成开发环境（Integrated Development Environment，IDE）提供有用的提示。如果我们把方法的名称拼写错了，而这个方法本来是要覆盖超类的方法，那在这个名称拼错的方法上使用 @Override 注解，可以帮助编译器察觉到什么地方出错了。

注解无法改变程序的语义，只能提供可选的元信息。严格说来，这意味着注解并不能影响程序的执行，仅仅是为编译器和其他预执行阶段提供信息。

实际上，现代 Java 程序中大量使用注解，并且包含了许多用例。在这些用例中，注解的类在没有额外的运行时支持时，基本是无用的。

例如，带有注解（如 @Inject、@Test 或 @Autowired）的 Java 类，实际上只能在适当的容器中使用。因此，这样的注解其实是违反了其"无语义"的规则。

Java 平台在 java.lang 中定义了少量的基本注解。一开始只支持 @Override、@Deprecated 和 @SuppressWarnings，这三个注解的作用分别是：注明方法是已覆盖的、注明方法已废弃，以及禁用编译器生成的警告。

后来，Java 7 增加了 @SafeVarargs（为变长参数方法提供增强的警告静默功能），Java 8 中又增加了 @FunctionalInterface。

@FunctionalInterface 表示接口可以用作 lambda 表达式的目标接口。这是个很有用的标记注解，但不是必须使用的，稍后将介绍它。

对比普通的接口，注解有如下特性：

- 都（隐式）扩展了 java.lang.annotation.Annotation 接口。
- 不能泛型化。
- 不能扩展其他接口。
- 只能定义无参方法。
- 不能定义会抛出异常的方法。
- 方法的返回类型有限制。
- 方法可以有一个默认返回值。

在编写中，注解通常没有太多的功能，仅仅是一个比较简单的语言概念而已。

4.3.3 自定义注解

自定义在自己的代码中使用的注解类型并没有想象中那么难。开发者可以使用

@interface 关键字定义新的注解类型，与定义类和接口的方式类似。

 自定义注解的关键是使用"元注解"。元注解是一种特殊的注解，用来注解新自定义注解类型的定义。

元注解在 java.lang.annotation 包中定义。开发者使用元注解指定新的注解类型可以在何处使用，以及编译器与运行时如何处理它。

创建新的注解类型时，必须使用两个基本的元注解——@Target 和 @Retention。这两个注解接受的值都在枚举中定义。

@Target 元注解指明自定义的新注解能在 Java 源码的什么地方使用。可用的值在枚举 ElementType 中定义，枚举值包括：TYPE、FIELD、METHOD、PARAMETER、CONSTRUCTOR、LOCAL_VARIABLE、ANNOTATION_TYPE、PACKAGE、TYPE_PARAMETER 和 TYPE_USE。

另一个元注解 @Retention 用于指明 javac 和 Java 运行时如何处理自定义的注解类型。有三种可用的类型，定义在枚举 RetentionPolicy 之中。

SOURCE
使用这个保留原则的注解，编译时会被 javac 丢弃。

CLASS
表示注解会出现在类文件中，但运行时 JVM 无法访问。这个值很少被使用，但有时会在 JVM 字节码的离线分析工具中见到。

RUNTIME
表示用户的代码在运行时（利用反射）能访问这个注解。

下面来看个示例。这是一个极其简单的注解，叫作 @Nickname。开发者使用这个注解为方法指定一个昵称，运行时利用反射可以找到这个方法。

```
@Target(ElementType.METHOD)
@Retention(RetentionPolicy.RUNTIME)
public @interface Nickname {
    String[] value() default {};
}
```

定义注解并不费劲——先指明注解能出现在哪里，然后是保留原则，最后是注解的名称。因为要给一个方法起昵称，所以还要在这个注解上定义一个方法。忽略这一点，自定义注解是件非常简单的事情。

除了两个基本的元注解之外，还有两个元注解：@Inherited 和 @Documented。实际使用中很少见到这两个注解，它们的详细说明请参考 Java 官方文档。

4.3.4 类型注解

Java 8 为枚举 ElementType 增加了两个新枚举值：TYPE_PARAMETER 和 TYPE_USE。增加这两个值后，注解就可以在以前不能出现的地方使用了，例如使用类型的所有地方。现在，开发者可以编写如下的代码：

```
@NotNull String safeString = getMyString();
```

@NotNull 传达的额外类型信息可在特殊的类型检查程序中使用，用于检测问题（对这个例子来说，可能会抛出 NullPointerException 异常），此外，还能执行额外的静态分析。Java 8 基本版集成了一些可插拔的类型检查程序，还提供了一个框架，开发者和库的作者可以使用这个框架自行编写类型检查程序。

本节介绍了 Java 的枚举和注解类型。下面开始介绍 Java 类型系统的另一个重要组成部分——lambda 表达式。

4.4 lambda 表达式

Java 8 新增的特性中，最令人期待的应该是 lambda 表达式（通常简称为 lambda）。

这是 Java 平台的一次重大升级，它有以下五大目标，大致优先级（降序排序）如下：

- 提供更具表达力的编程方式。

- 更强大的类库。

- 代码更简洁。

- 更好的安全性。

- 潜在的数据并行能力。

lambda 的特性基于以下三个关键方面：

- 允许少量代码以内联文本方式写入程序中。

- 借助于类型推断对 Java 代码中严格的命名规则进行放宽处理。

- 让 Java 更符合函数式编程风格。

正如第 2 章中看到的那样，lambda 表达式的句法是接收一个参数列表（通常通过推断得到参数类型），并将其附加到方法主体，如下面代码所示：

```
(p, q) -> { /* method body */ }
```

这种句法能通过一种十分紧凑的方式来表示处理逻辑的简单的方法。与早期版本的 Java 相比，这也算是一个主要的变化，直到现在，我们总是必须有一个类声明，然后是一个完整的方法声明，所有这些都增加了代码的冗长性。

事实上，在 lambda 表达式出现之前，提供类似这种编码风格的唯一方法是使用匿名类（anonymous class），匿名类将在本章后面讨论。实践证明，自从 Java 8 以来，lambda 非常受 Java 程序员欢迎，在可以互换的场景中，lambda 大多数时候已经取代了匿名类的角色。

虽然 lambda 表达式与匿名类有很多类似之处，但 lambda 表达式并不只是匿名类的句法糖。事实上，lambda 表达式是利用方法句柄（将在第 11 章中介绍）和一个特殊的新 JVM 字节码 invokedynamic 来实现的。

lambda 表达式实际上是创建了特定类型的对象。创建的实例的类型称为 lambda 的目标类型。

只有某些类型才能成为 lambda 的目标类型。

目标类型也称为功能接口，必须符合以下条件：

- 是接口类型。

- 只有一个非默认方法（但可以有其他默认方法）。

某些开发者还习惯使用"单一抽象方法"（Single Abstract Method，SAM）类型这个术语表示 lambda 表达式转换得到的接口类型。这正好说明了，若想在 lambda 表达式机制中使用某个接口，这个接口必须只有一个非默认方法。

lambda 表达式几乎包含方法的所有组成部分，但一个明显的例外是 lambda 表达式没有名称。实际许多开发者喜欢将 lambda 当作"匿名方法"。

因此，这意味着下面这行代码：

```
Runnable r  = () -> System.out.println("Hello");
```

实际上表示创建一个对象，该对象被分配给一个 Runnable 类型的变量 r。

4.4.1 转换 lambda 表达式

javac 处理 lambda 表达式时会把它解释为一个方法的主体，这个方法具有特定的签名。不过，它的签名是如何确定的呢？

为了解决这个问题，javac 会检查附近的代码。lambda 表达式必须满足以下条件才算是合法的 Java 代码：

* lambda 表达式必须出现在期望使用接口类型实例的地方。

* 期望使用的接口类型只能有一个强制方法。

* 这个强制方法的签名必须完全匹配 lambda 表达式。

若满足上述条件，那么编译器会创建一个类型，实现期望使用的接口，然后将 lambda 表达式的主体当作强制方法的实现。

说得稍微深奥一点，这么做是为了保持 Java 类型系统的名义上（基于名称）的纯粹性。换句话说，lambda 表达式会被转换成正确接口类型的实例。

从上述讨论可以看出，Java 8 中引入的 lambda 表达式经过了精心设计，以适应 Java 既有类型系统——这个系统十分注重名义类型（不同于其他编程语言中的其他的类型系统）。

我们再来看一个 lambda 转换的例子，如 java.io.File 类的 list() 方法。该方法列出一个目录中的文件。但在返回列表之前，要将每个文件的名称传递给 FilenameFilter 对象，不过这个对象必须由开发者提供。由这个 FilenameFilter 对象决定接受还是拒绝文件，它也是 java.io 包中定义的一种 SAM 类型：

```
@FunctionalInterface
public interface FilenameFilter {
    boolean accept(File dir, String name);
}
```

FilenameFilter 带有 @functionalInterface 注解，这说明它是一个可作为 lambda 目标类型的类型。但该注解并不是必需的，任何满足要求的类型（通过作为接口和 SAM 类型）都可以作为目标类型。

这是因为在 Java 8 发布之前，JDK 和 Java 代码的现有的代码库已经存在大量的 SAM 类型。要求潜在的目标类型来携带注解，可以防止毫无意义地将 lambda 表达式改写成已有代码。

在使用者的代码中，当定义的类型是 lambda 的目标类型时，一定要通过添加 @FunctionalInterface 注解表示出来。这可以提高代码的可读性，同时也有助于使用某些自动化工具。

下面的代码中，我们定义了一个 FilenameFilter 类，通过使用 lambda 表达式，列出文件名以 .java 结尾的所有文件：

```
File dir = new File("/src");        // The directory to list

String[] filelist = dir.list((d, fName) -> fName.endsWith(".java"));
```

对目录中的所有文件来说，都将执行 lambda 表达式中的代码。如果这个方法的返回
值为 true（文件名后缀为 .java），那么对应的文件就会出现在输出中，即被保存到
filelist 数组中。

这种模式叫过滤器，即使用一个代码块测试容器中的元素是否满足某个条件，并且只返
回能通过条件的元素。过滤器是函数式编程的标准技术之一，后面将详细说明。

4.4.2 方法引用

前面提到过，可以将 lambda 表达式视为没有名称的方法。我们来观察一下下面这个
lambda 表达式：

```
// In real code this would probably be
// shorter because of type inference
(MyObject myObj) -> myObj.toString()
```

这个表达式会被自动转换成对 @FunctionalInterface 类型的实现，该类型只有一个非
默认方法，它接收一个 MyObject 类型的参数，返回值类型为 String。不过，这种代码
看起来太烦琐，因此 Java 8 提供了一种句法，可以让这种 lambda 表达式更易于阅读和
编写：

```
MyObject::toString
```

此种简写形式叫方法引用（method reference），使用现有的方法作为 lambda 表达式。方
法引用句法完全等价于前面的 lambda 形式。方法引用就像是使用现有的方法，但会忽
略方法的名称，所以能作为 lambda 表达式使用，并且可以使用往常的方式自动转换。
Java 定义了 4 种方法引用，它们等同于 4 种略微不同的 lambda 表达式形式（见表 4-1）。

表 4-1：方法引用

名称	方法引用	等价 lambda 表达式
非绑定	Trade::getPrice	trade -> trade.getPrice()
绑定	System.out::println	s -> System.out.println(s)
静态	System::getProperty	key -> System.getProperty(key)
构造器	Trade::new	price -> new Trade(price)

读者不难发现，最初介绍的形式是非绑定方法引用。当我们使用非绑定的方法引用时，
它等价于一个 lambda，其输入是一个类型的实例，该类型包含对应的方法引用，在
表 4-1 中该实例是一个 Trade 对象。

它被称为非绑定的方法引用，是因为使用方法引用时需要提供接收器对象（作为 lambda 的第一个参数）。这就是说，我们要调用一些 Trade 对象的 getPrice() 方法，但是方法引用的提供者并没有定义，反而需要由使用者来决定。

相比之下，绑定的方法引用始终包括一个接收器，并且会作为方法引用实例化的一部分。在表 4-1 中，接收器是 System.out——所以当引用被使用时，println() 方法将始终在 System.out 上调用，lambda 的所有参数将用作 println() 的方法参数。

我们将在下一章中更详细地讨论方法引用与 lambda 表达式的用例。

4.4.3 函数式编程

Java 本质上是一种面向对象编程语言。不过，在引入 lambda 表达式之后，可以更轻松地编写符合函数式编程风格的代码。

关于函数式语言，并没有明确的定义，但业界至少有一个共识：函数式语言至少要能将函数当成值，存入变量。

Java（从 1.1 版起）很早就能通过内部类表示函数，但是句法很复杂，并且代码结构不清晰。lambda 表达式的出现简化了这种句法，因此，越来越多的开发者会在 Java 代码中尝试使用函数式编程风格，这是很自然的，而且现在实现起来也更容易。

Java 开发者初尝函数式编程时有可能会使用以下三个非常有用的基本习语。

map()

    map() 适用于列表和类似列表的容器。其运行原理是传入的函数会被用于集合中的各个元素，然后得到一个新集合。新集合中存储的是在各个元素上执行函数后得到的结果。这正好说明，map() 可能会将一种类型的集合转换成另一种类型的集合。

filter()

    在说明如何将匿名类实现的 FilenameFilter 替换为 lambda 表达式实现时，已经见过使用 filter() 的例子。filter() 基于某种条件生成一个集合的子集。重点是在函数式编程范式中，一般会构建一个新集合，而不直接修改现有的集合。

reduce()

    reduce() 有几种不同的形式，执行的是聚合运算，通常称为化简，除此之外也叫作合拢、累计或者聚合。它的基本原理是提供一个初始值和聚合函数（或化简函数），然后在各个元素上执行这个化简函数，在化简函数遍历整个集合的过程中会得到一系列中间值（类似于"累积计数"），最后得到一个最终结果。

Java 完全支持这几个重要的函数式习语（除此之外还有几个）。第 8 章中会稍微深入地探究这些习语的实现方式，届时会介绍 Java 的数据结构和集合，以及抽象流，抽象流奠定了这些习语的基础。

至此，对 lambda 表达式的介绍先告一段落，下面列举了一些注意事项。值得注意的是，最好将 Java 看作轻度支持函数式编程的语言。Java 不是纯正的函数式语言，也不想往这个方向演化。Java 的某些特性决定了它不可能是函数式语言，具体原因有以下几点：

- Java 中没有结构类型，因此没有"真正的"函数类型。每个 lambda 表达式都会被自动转换成适当的名义类型。

- 类型擦除在函数式编程中会导致问题——高阶函数的类型安全性会受到损害。

- Java 天生可改变（第 6 章中将进行介绍）——一般认为，可变性是函数式语言最不需要的特性。

- Java 集合是命令式的，而不是函数式的。集合必须转换为流才能使用函数式风格。

抛开这些，Java 能轻松提供基本的函数式编程风格，尤其是 map()、filter() 和 reduce() 等习语，这是 Java 社区的一大进步。这些习语非常有用，因此绝大多数 Java 开发者都不会错过纯正函数式语言提供的高级功能。

实际上，通过类似 callback 和 handler 的模式，许多技术也可以用嵌套类型来实现，但是句法过于烦琐，比如在回调中本来只想要一行代码，结果必须显式定义一个全新的类型。

4.4.4 词法作用域和局部变量

局部变量在代码块中定义，而这个代码块定义了这个变量的作用域，在这个作用域之外无法访问这个局部变量，局部变量也不复存在。只有定义块边界的大括号内的代码才能使用该块中定义的局部变量。该类作用域被称为静态域，它只定义源代码的一部分，在其中可以使用变量。

我们通常认为这样一个作用域暂时的，也就是说，认为从 JVM 开始执行代码块到退出该代码块的这段时间内存在一个局部变量。这通常是考虑局部变量及其作用域的合理方法。但是，lambda 表达式（以及匿名类和局部类，稍后我们将讨论）能够轻微的扭曲或者说破坏这种直觉。

这可能会让一些开发者初次遇到时感到惊讶。这是因为 lambda 可以使用局部变量，因此它们可以包含不再存于静态域中的变量的副本。在下面的代码中可以看到：

```java
public interface IntHolder {
    public int getValue();
}

public class Weird {
    public static void main(String[] args) {
        IntHolder[] holders = new IntHolder[10];
        for (int i = 0; i < 10; i++) {
            final int fi = i;

            holders[i] = () -> {
                return fi;
            };
        }
// The lambda is now out of scope, but we have 10 valid instances
// of the class the lambda has been converted to in our array.
// The local variable fi is not in our scope here, but is still
// in scope for the getValue() method of each of those 10 objects.
// So call getValue() for each object and print it out.
// This prints the digits 0 to 9.
        for (int i = 0; i < 10; i++) {
            System.out.println(holders[i].getValue());
        }
    }
}
```

lambda 的所有实例用到的 final 局部变量都会自动创建一个私有副本，因此，在创建实例时，实例就拥有了一个所在作用域的私有副本。这有时被称为捕获变量。

捕获这种变量的 lambda 被称为闭包，并且这些变量被称为已经关闭。

 不同的编程语言使用不同的方式定义和实现闭包。实际上，一些理论家会质疑 Java 的闭包机制，因为在技术上，它获取的是变量（值）的内容，而不是变量本身。

在实践中，前面的闭包示例在两个方面比实际需要更为冗长：

- lambda 具有显式作用域 {} 和返回语句。

- 将变量 fi 显式声明为 final。

所幸的是编译器 javac 在这两个方面都有帮助。

返回值只是单个表达式的 lambda，不需要包含作用域或返回语句；恰恰相反，lambda 的主体只是表达式，不需要大括号。在我们的示例中，我们已经显式地包含了大括号和返回语句，以说明 lambda 正在定义自己的作用域。

在早期版本的 Java 中，使用闭包时有两个严格的要求：

- 捕获的变量在之后不得修改（例如在 lambda 之后）。

- 捕获的变量必须声明为 final。

在最近的 Java 版本中，javac 可以分析代码并检测实现者是否试图在 lambda 的作用域外修改获取的变量。如果没有，则可以省略获取变量的 final 限定符（这样的变量被称为有效的 final）。如果省略了 final 限定符，那么在 lambda 的作用域外尝试修改获取的变量会导致编译时错误。

其原因是 Java 通过将变量内容的位模式复制到闭包创建的作用域中来实现闭包。对变量内容的进一步更改不会反映在闭包作用域包含的副本中，因此在设计时认定这些更改非法，并出现编译时错误。

这些来自 javac 的帮助意味着我们可以将前面示例的内部循环重写为非常紧凑的形式：

```java
for (int i = 0; i < 10; i++) {
    int fi = i;
    holders[i] = () -> fi;
}
```

在某些编程风格中闭包是有用的。不同的编程语言使用不同的方式定义和实现闭包。Java 通过 lambda 表达式实现闭包，但是局部变量和匿名类也可以捕获状态，实际上，在 lambda 表达式之前，Java 也有实现闭包的方法，并且这些方法仍然可用。

4.5 嵌套类型

现在本书中见到的类、接口和枚举类型都被定义为顶层类型（top-level type）。也就是说，它们都是包的直接成员，独立于其他类型。不过，类型还可以在其他类型中定义。这种类型是嵌套类型（nested type），一般被称为"内部类"，这是 Java 的一个强大特性。

一般情况，使用嵌套类型有两个独立的目的，但都与封装有关。首先，如果某个类型需要特别深入地访问另一个类型的内部实现，则可嵌套定义这个类型。作为成员类型的嵌套类型，其访问方式与访问成员变量和方法的方式一样。这也就是说，嵌套类得到了访问权限，这是对封装原则的轻微冲击。

这种用例的另一种解读则是，一个类型以某种方式与其他类型绑定在一起。这意味着嵌套类型并不能作为一个实体完全独立存在，只能与宿主类共存。

另外，某个类型可能只需要在特定的情况下使用，而且只在非常小的代码范围内使用。这意味着它应该严格本地化，因为它实际上只是实现细节的一部分。

在旧版本的 Java 中，唯一的方法是使用嵌套类型，例如接口的匿名实现。在实践中，随着 Java 8 的出现，这个场景中基本上被 lambda 表达式替代，并且将匿名类型作为严格本地化的类型的使用已经急剧下降，尽管它仍然在某些场景中存在。

类型能通过四种不同的方式嵌套在其他类型中：

静态成员类型

　　静态成员类型是定义为其他类型静态成员的类型。嵌套的接口、枚举和注解始终都是静态成员类型（即便没有使用 static 关键字）。

非静态成员类

　　"非静态成员类型"即没有使用 static 声明的成员类型。只有类才能作为非静态成员类型。

局部类

　　局部类是在 Java 代码块中定义的类，只在这个块中可见。接口、枚举和注解不能定义为局部类型。

匿名类

　　匿名类实际上是一种局部类，但对 Java 语言来说为其命名是无意义的。接口、枚举和注解不能定义为匿名类型。

"嵌套类型"这个术语虽然正确且准确，但开发者并没有普遍采用，实际上大多数 Java 开发者使用的是一个意义模糊的术语——"内部类"。根据语境的不同，这个术语可以指代非静态成员类、局部类或匿名类，但不能指代静态成员类型，因此使用"内部类"这个术语时无法区分指代的到底是哪种嵌套类型。

各种嵌套类型的术语并不总是那么明确，但幸运的是，通常可以根据语境推断应该使用哪种句法。

在 Java 11 之前，嵌套类型是依赖编译器技巧实现的。有经验的 Java 使用者应该注意到了，Java 11 中的这个细节实际上已经改变，嵌套类型的实现机制已经发生变化了。

下面详细介绍这四种嵌套类型。每种类型都用单独的一节介绍其特性、使用时的限制，以及相应的 Java 句法。

4.5.1 静态成员类型

静态成员类型与普通的顶层类型非常类似，但为了方便起见，将它嵌套在另一个类型的命名空间中。静态成员类型具备以下基本特性：

- 静态成员类型类似于类的其他静态成员：静态字段和静态方法。

- 静态成员类型与所在类的一切实例都不关联（即没有 this 对象）。

- 静态成员类型只能访问所在类的静态成员。

- 静态成员类型能访问所在类型中的所有静态成员（包括其他静态成员类型）。

- 不管是否使用 static 关键字，嵌套的接口、枚举和注解都隐式声明为静态类型。

- 接口或注解中的嵌套类型也都隐式声明为静态类型。

- 静态成员类型可以在顶层类型中定义，也可以嵌入任何深度的其他静态成员类型中。

- 静态成员类型不能在其他嵌套类型中定义。

接下来通过一个简单的例子介绍静态成员类型的句法。示例 4-1 定义了一个辅助接口，该接口是所在类的静态成员。

示例 4-1：定义和使用一个静态成员接口

```java
// A class that implements a stack as a linked list
public class LinkedStack {

    // This static member interface defines how objects are linked
    // The static keyword is optional: all nested interfaces are static
    static interface Linkable {
        public Linkable getNext();
        public void setNext(Linkable node);
    }

    // The head of the list is a Linkable object
    Linkable head;

    // Method bodies omitted
    public void push(Linkable node) { ... }

    public Object pop() { ... }
}

// This class implements the static member interface
class LinkableInteger implements LinkedStack.Linkable {
    // Here's the node's data and constructor
    int i;
    public LinkableInteger(int i) { this.i = i; }

    // Here are the data and methods required to implement the interface
    LinkedStack.Linkable next;

    public LinkedStack.Linkable getNext() { return next; }

    public void setNext(LinkedStack.Linkable node) { next = node; }
}
```

该示例还显示了如何在包含该接口的类内以及由外部类使用该接口。请注意，在外部类中应使用它的完整类名。

静态成员类型的特性

静态成员类型能访问所在类型中的所有静态成员，包括私有成员。反之亦成立：所在类型的方法能访问静态成员类型中的所有成员，包括私有成员。静态成员类型甚至可以访问任何其他静态成员类型中的所有成员，包括这些类型的私有成员。静态成员类型使用其他静态成员时，无须使用所在类型的名称限定成员的名称。

顶层类型可以声明为 public 或包私有（即声明时没使用 public 关键字）。但是将顶层类型声明为 private 或 protected 的作用非常小——protected 和包私有其实一样，而任何其他类型都不能访问声明为 private 的顶层类。

然而静态成员类型是一种成员，因此所在类型中的成员可以使用的访问控制修饰符，静态成员类型都可以使用。这些修饰符对静态成员类型来说，作用与用在类型的其他成员上是完全一样的。

例如，在示例 4-1 中，Linkable 接口声明为 public，因此任何想存储 LinkedStack 对象的类都可以实现这个接口。

在所在类外部，静态成员类型的名称由外层类型的名称和内层类型的名称组成（例如，LinkedStack.Linkable）。

大部分情况下，这种句法有助于提示内层类与所在的类型有内在联系。不过，Java 语言允许使用 import 指令直接或间接导入静态成员类型：

```
import pkg.LinkedStack.Linkable;  // Import a specific nested type
// Import all nested types of LinkedStack
import pkg.LinkedStack.*;
```

导入之后，引用嵌套类型时就无须包含外层类型的名称了（例如，可以直接使用 Linkable）。

 还可以使用 import static 指令导入静态成员类型。import 及 import static 的详细说明见 2.10 节。

然而，导入嵌套类型模糊了目标类型和外层类型之间的关系，而这种关系往往很重要，因此很少有这么做的。

4.5.2 非静态成员类

非静态成员类声明为外层类或枚举类型的成员，而且不使用 static 关键字：

- 假如将静态成员类型比作类字段或类方法，那么非静态成员类可以比作实例字段或实例方法。

- 只有类才能作为非静态成员类型。

- 一个非静态成员类的实例始终与一个外层类型的实例关联。

- 非静态成员类的代码能访问外层类型的所有字段和方法（静态或非静态都可以访问）。

- 为了让非静态成员类访问外层实例，Java 提供了几个专用的句法。

示例 4-2 展示了如何定义和使用成员类。这个示例以前面定义的 LinkedStack 类为基础，增加了 iterator() 方法。该方法返回一个实现 java.util.Iterator 接口的实例，遍历栈中的元素。实现这个接口的类被定义为一个成员类。

示例 4-2：通过成员类实现的迭代器

```java
import java.util.Iterator;

public class LinkedStack {

    // Our static member interface
    public interface Linkable {
        public Linkable getNext();
        public void setNext(Linkable node);
    }

    // The head of the list
    private Linkable head;

    // Method bodies omitted here
    public void push(Linkable node) { ... }
    public Linkable pop() { ... }

    // This method returns an Iterator object for this LinkedStack
    public Iterator<Linkable> iterator() { return new LinkedIterator(); }

    // Here is the implementation of the Iterator interface,
    // defined as a nonstatic member class.
    protected class LinkedIterator implements Iterator<Linkable> {
        Linkable current;

        // The constructor uses a private field of the containing class
        public LinkedIterator() { current = head; }

        // The following three methods are defined
        // by the Iterator interface
        public boolean hasNext() {  return current != null; }

        public Linkable next() {
            if (current == null)
              throw new java.util.NoSuchElementException();
            Linkable value = current;
```

```
                current = current.getNext();
                return value;
            }

            public void remove() { throw new UnsupportedOperationException(); }
        }
    }
```

请注意，LinkedIterator 类嵌套在 LinkedStack 类中。因为 LinkedIterator 是辅助类，只在 LinkedStack 类中使用，所以在外层类附近定义，能更清晰地表达设计意图——在介绍嵌套类型时已经说明过这一点了。

1. 成员类的特性

与实例字段和实例方法一样，非静态成员类的每个实例都与外层类的一个实例关联。这意味着，成员类的代码可以访问外层类实例的所有实例字段和实例方法（以及静态成员），包括被声明为 private 的实例成员。

这个重要的特性在示例 4-2 中已经得到体现。下面再次说明以下构造方法 LinkedStack.LinkedIterator()：

```
    public LinkedIterator() { current = head; }
```

这段代码将内层类的 current 字段设置为外层类中 head 字段的值。即便 head 是外层类的私有字段，也不影响这行代码的正常运行。

非静态成员类与类的任何成员一样，可以使用一个标准的访问控制修饰符。在示例 4-2 中，LinkedIterator 类声明为 protected，所以使用 LinkedStack 类的代码（不同包）不能访问 LinkedIterator 类，但是 LinkedStack 的子类则可以访问。

成员类有两个重要的限制：

- 非静态成员类不能跟任何外层类或包同名。这是一个非常重要的规则，但不适用于字段和方法。
- 非静态成员类不能包含任何静态字段、方法或类型，不过可以包含同时使用 static 和 final 声明的常量字段。

2. 成员类的句法

成员类最重要的特性是可以访问外层对象的实例字段和方法。

如果使用者想使用 this 显式引用，就要使用一种特殊的句法显式引用 this 对象表示的外层实例。例如，如果想在下面这个构造方法中显式引用 this，可以使用下述句法：

```
public LinkedIterator() { this.current = LinkedStack.this.head; }
```

此类句法的一般形式是 *classname.this*，其中 *classname* 是外层类的名称。不过需注意，成员类中可以包含成员类，嵌套的层级没有限制。然而，因为成员类不能跟任何外层类同名，所以在 this 前面使用外层类的名称是引用任何外层实例最好的通用方式。

4.5.3 局部类

局部类在一个 Java 代码块中声明，而不是作为类的成员。只有类才能被局部定义，接口、枚举类型和注解类型都必须是顶层类型或静态成员类型。局部类往往在方法中定义，但也可以在类的静态初始化程序或实例初始化程序中定义。

正如所有 Java 代码块都在类中，局部类都嵌套在外层类中。因此，局部类和成员类有很多共同的特性。局部类往往更适合看成完全不同的嵌套类型。

 第 5 章中将详细说明何时适合使用局部类，何时适合使用 lambda 表达式。

局部类的典型特征是局部存在于一个代码块中。与局部变量相同，局部类只在定义它的块中有效。示例 4-3 修改 LinkedStack 类的 iterator() 方法，将 LinkedIterator 类从成员类改成局部类。

经过这样修改之后，我们将 LinkedIterator 类的定义移到离使用它更近的位置，希望更进一步提升代码的可读性。简单起见，示例 4-3 只列出了 iterator() 方法，没有写出包含它的整个 LinkedStack 类。

示例 4-3：定义和使用一个局部类

```java
// This method returns an Iterator object for this LinkedStack
public Iterator<Linkable> iterator() {
    // Here's the definition of LinkedIterator as a local class
    class LinkedIterator implements Iterator<Linkable> {
        Linkable current;

        // The constructor uses a private field of the containing class
        public LinkedIterator() { current = head; }

        // The following three methods are defined
        // by the Iterator interface
        public boolean hasNext() { return current != null; }

        public Linkable next() {
            if (current == null)
              throw new java.util.NoSuchElementException();
```

```
        Linkable value = current;
        current = current.getNext();
        return value;
    }

    public void remove() { throw new UnsupportedOperationException(); }
}

// Create and return an instance of the class we just defined
return new LinkedIterator();
}
```

1. 局部类的特性

局部类有如下两个有趣的特性：

- 跟成员类一样，局部类与外层实例关联，并且能访问外层类的任何成员，当然也包括私有成员。

- 除了能访问外层类定义的字段之外，局部类还可以访问局部方法的作用域中被声明为 final 的任何局部变量、方法参数和异常参数。

局部类有如下限制：

- 局部类的名称只存在于定义它的块中，在块的外部不能使用。（请注意，在类的作用域中创建的局部类实例，在这个作用域之外仍能使用。本节稍后将详细说明这种情况。）

- 局部类不能声明为 public、protected、private 或 static。

- 与成员类的原因相同，局部类不能包含静态字段、方法或类。唯一的例外是同时使用 static 和 final 声明的常量。

- 接口、枚举类型和注解类型不能局部定义。

- 局部类和成员类相同，不能与任何外层类同名。

- 前面提到过，局部类可以使用同一个作用域中的局部变量、方法参数和异常参数，但这些变量或参数必须声明为 final。这是因为，局部类实例的生命周期可能比定义它的方法的执行时间长很多。

2. 局部类的作用域

在介绍非静态成员类时，我们已了解过了，成员类能访问继承自超类的任何成员以及外层类定义的任何成员。

对局部类来说也这种说法也成立，但局部类还能访问声明为 final 的局部变量和参数。示例 4-4 展示了局部类（lambda 表达式）能访问的不同类型的字段和变量。

示例 4-4：局部类能访问的字段和变量

```java
class A { protected char a = 'a'; }
class B { protected char b = 'b'; }

public class C extends A {
  private char c = 'c';          // Private fields visible to local class
  public static char d = 'd';
  public void createLocalObject(final char e)
  {
    final char f = 'f';
    int i = 0;                   // i not final; not usable by local class
    class Local extends B
    {
      char g = 'g';
      public void printVars()
      {
        // All of these fields and variables are accessible to this class
        System.out.println(g);  // (this.g) g is a field of this class
        System.out.println(f);  // f is a final local variable
        System.out.println(e);  // e is a final local parameter
        System.out.println(d);  // (C.this.d) d field of containing class
        System.out.println(c);  // (C.this.c) c field of containing class
        System.out.println(b);  // b is inherited by this class
        System.out.println(a);  // a is inherited by the containing class
      }
    }
    Local l = new Local();       // Create an instance of the local class
    l.printVars();               // and call its printVars() method.
  }
}
```

因此局部类具有相当复杂的作用域。想要了解其中的来龙去脉，读者需要注意局部类的实例可能在 JVM 退出定义这个局部类的代码块后依然存在。

 换句话说，如果创建了局部类的一个实例，则 JVM 执行完定义这个类的代码块后，实例不会自动消失。因此，即便这个类在局部定义，但这个类的实例能跳脱于定义它的地方。

因此在许多方面，局部类的行为类似 lambda，尽管局部类的用例比 lambda 的用例更通用。但在实践中，很少对通用性过于苛求，因此在可能的情况下，首选 lambda。

4.5.4 匿名类

匿名类是无须命名的局部类。使用 new 运算符可在一个简洁的表达式中对其定义和实例化。局部类是 Java 代码块中的一个语句，而匿名类是一个表达式，因此匿名类可以包含在大型表达式中，例如方法调用表达式。

在介绍嵌套类时，考虑到内容的完整性，这里也涵盖了匿名类。不过，Java 8 之后，大多数情况下都将匿名类替换成 lambda 表达式（见 4.4 节）。

示例 4-5 在 LinkedStack 类的 iterator() 方法中使用了匿名类实现 LinkedIterator 类。不妨与示例 4-4 对比一下，示例 4-4 中使用局部类实现了同一个类。

示例 4-5：使用匿名类实现的枚举功能

```java
public Iterator<Linkable> iterator() {
    // The anonymous class is defined as part of the return statement
    return new Iterator<Linkable>() {
        Linkable current;
        // Replace constructor with an instance initializer
        { current = head; }

        // The following three methods are defined
        // by the Iterator interface
        public boolean hasNext() {  return current != null; }
        public Linkable next() {
            if (current == null)
              throw new java.util.NoSuchElementException();
            Linkable value = current;
            current = current.getNext();
            return value;
        }
        public void remove() { throw new UnsupportedOperationException(); }
    }; // Note the required semicolon. It terminates the return statement
}
```

如你所见，定义匿名类和创建这个类的实例使用 new 关键字，后面紧跟着某个类的名称及放在花括号中的类主体。如果 new 关键字后面是一个类的名称，那么这个匿名类是指定类的子类。如果 new 关键字后面是一个接口的名称（如前面的示例所示），那么这个匿名类实现了指定的接口，并且扩展 Object 类。

匿名类使用的句法无法指定 extends 子句和 implements 子句，也不能为这个类指定名称。

匿名类没有名称，因此不能在类主体中定义构造方法。这是匿名类的最大的一个限制。定义匿名类时，在超类后面的括号中指定的参数，会隐式传递给超类构造方法。匿名类一般用于创建只有无参构造方法的简单类的子类，所以，在定义匿名类的句法中，括号经常都是空的。

匿名类就是一种局部类，所以这方面二者的限制是一样的。除了使用 static final 声明的常量之外，匿名类不能定义任何静态字段、方法和类。接口、枚举类型和注解类型不能匿名定义。而且，跟局部类一样，匿名类不能用 public、private、protected 或 static 修饰。

定义匿名类的句法与 lambda 相似，不仅定义了这个类，同时也对该类进行了实例化。如果每次执行外层块时创建的实例不止一个，那么就不能用匿名类代替局部类。

因为匿名类没有名称，所以无法为匿名类定义构造方法。如果类需要构造方法，必须使用局部类。

4.6 无法表示的类型和 var

Java 10 唯一引入的新的语言特性之一是局部变量类型推断，也就是 var。这增强了 Java 的类型推断能力，而且可能比它最初出现时更为重要。在最简单的情况下，它允许以下代码：

```
var ls = new ArrayList<String>();
```

该代码将值的类型推断变成了变量的类型推断。

在 Java 10 中通过将 var 作为保留类型名称来实现这一点，而不是使用关键字。这意味着代码仍然可以将 var 作为变量、方法或包名称，而不受新句法的影响。但是，以前将 var 作为类型名称的代码必须重新编译。

设计这种简单的用例，可以减少程序员的负担，让程序员相较于其他语言（尤其是 Scala、.NET 和 JavaScript）认为 Java 使用起来更舒服。但是，它也有风险，过度使用可能会掩盖代码的意图，因此应该谨慎使用。

除了简单的例子外，var 实际上还允许以前不可能实现的编程方式。为了了解不同之处，需要考虑一下 javac 仍然极为有限的类型推断能力：

```
public class Test {
    public static void main(String[] args) {
        (new Object() {
            public void bar() {
                System.out.println("bar!");
            }
        }).bar();
    }
}
```

代码可以编译、运行，并打印 bar!。这有点违反直觉，因为 javac 保留了足够的关于匿名类的类型信息（比如，它有一个 bar() 方法），编译器可以断定对 bar() 的调用是有效的。

实际上，至少早在 2009 年之前，甚至 Java 7 发布之前。Java 社区就了解这种边缘情况的存在了。

这种类型推断的问题在于，它没有实际的应用场景——编译器中存在"带 bar() 方法的对象"的类型，但该类型不可能表示为变量的类型，它不是可表示类型。这意味着在 Java 10 之前，这种类型的存在被限制为单一表达式，不能在更大的范围内使用。

然而随着 Java 10 的到来，变量的类型不再强制需要定义成显式的。相反，我们可以使用 var 通过不可表示类型来保留静态类型信息。

这意味着我们现在可以如下修改示例：

```java
var o = new Object() {
    public void bar() {
        System.out.println("bar!");
    }
};

o.bar();
```

这使得我们能够在单个表达式之外保留 o 的真正类型。o 的类型不可表示，因此它不能作为方法参数或返回的类型。这意味着该类型仍然仅限于一个方法中，但它仍然可以用于表达某些结构，没有了它，这些结构将很难甚至不可能被清晰地表达出来。

使用 var "魔术类型"，程序员可以为每个不同用途的变量保留类型信息，这有点让人联想到 Java 泛型的有界通配符。

var 和不可表示类型可能还有更多的高级用途。虽然该特性不能满足 Java 类型系统的所有需求，但它确实向前迈出了明确的（谨慎的）一步。

4.7 小结

在了解 Java 类型系统之后，我们对 Java 中的数据类型有了清晰且全面的认识。 Java 的类型系统具有如下特性：

静态

所有 Java 变量的类型都在编译时确定。

名义

Java 类型的名称至关重要。Java 不允许使用其他语言支持的结构类型，对不可表示类型的支持有限。

面向对象 / 命令式

Java 代码是面向对象的，所有代码都封装在方法中，而方法封装在类中。但是，Java 存在基本类型，因此并非"一切皆对象"。

轻度函数式

Java 支持一些常用的函数式习语,但这只是为了给程序员提供方便,而不是想演化成纯正的函数式语言。

具有类型推导

Java 为代码(即便是初学者编写的代码)易读性做了优化,就算信息有冗余,也倾向于明确表达设计意图。

向后兼容性极强

Java 是一门主要针对商业应用的语言,所以向后兼容性和保护现有代码是关注的重点。

类型擦除

Java 允许使用参数化类型,但这些信息在运行时不可用。

Java 的类型系统一直在进化(尽管缓慢且谨慎),在引入 lambda 表达式之后,变得跟其他主流编程语言一样了。lambda 表达式和默认方法的引入是 Java 5 发布以来最大的变化,除此之外,还引入了泛型和注解等相关的革新。

默认方法是 Java 实现面向对象编程方式的重大转变,这或许是 Java 面世以来最大的一次转变。从 Java 8 开始,接口可以包含实现代码。这从根本上改变了 Java 的特性——以前 Java 只支持单一继承,现在则可以多重继承(只是表面上如此,其实并没有状态的多重继承)。

然而经过这些革新,Java 的类型系统并没有(也不打算)比 Scala 和 Haskell 等语言的类型系统强大。 Java 的类型系统偏于简单、易读,为新人提供一个平缓的学习曲线。

过去十年中,Java 还从其他语言中借鉴了很多设计优点。 Scala 是一种静态类型语言,但通过使用类型推导,看起来很像是动态类型语言。Java 从中受到了启发,尽管它们背后的设计哲学大相径庭。

对于大多数 Java 程序员来说,Java 在 lambda 表达式中提供的函数式习语的支持力度是否足够,还有待观察。

 Java 的类型系统的长期发展方向正在 Valhalla 等研究项目中探索,其中,诸如数据类、模式匹配和密封类等概念正在探索中。

所有普通 Java 程序员是否需要这些新增功能(源于 Scala 等语言的高级且缺少名义的类型系统),以及 Java 8 的轻度函数式编程(例如,map()、filter() 和 reduce() 等)是否能满足大多数开发者的需求,还有待观察。请读者拭目以待吧。

第 5 章

Java 的面向对象设计

本章将介绍如何使用 Java 中的对象，其中包括 Object 类的重要方法、面向对象设计概要，以及异常处理机制的实现方式。本章还会介绍一些设计模式（design pattern），这是解决软件设计中一些常见问题的最佳实践范式。本章末尾会介绍如何设计安全的程序，避免程序随时间的推移脱离设计的初衷。首先，我们要介绍 Java 调用和传值的约定，以及 Java 值的基本特性。

5.1 Java 的值

Java 的值及其与类型系统的关系非常简单。Java 的值只有两种类型——基本值和对象引用。

 Java 中只有八种基本类型，程序员不能定义其他的基本类型。

基本值与对象引用的主要区别是，基本值不能被修改——2 永远都是 2，而对象引用的内容一般都能被修改，通常称这种修改为对象内容的可变性（mutation）。

还要注意，变量只能包含与它类型适配的值。特别是引用类型的变量，包含存储对象的内存位置的引用，而不是直接包含对象本身。因此 Java 中没有解除引用运算符或结构体。

Java 试图简化一个经常会让 C++ 程序员困惑的概念，即"对象的内容"和"对象的引用"之间的区别。这个区别不能忽略，因此，程序员需要理解 Java 平台中引用值的运作方式。

Java 是"引用传递"语言吗？

Java 通过引用处理对象，但不能将它与"引用传递"（pass by reference）搞混了。"引用传递"是一个术语，用于描述某些编程语言中方法的调用方式。在引用传递语言中，值，甚至是基本值，都不直接传入方法，而是将这些值的引用传递给方法。因此，如果方法修改了参数，方法返回后，对参数的修改依然可见，即便是基本类型，也是这种处理方式。

Java 并没有这么做，Java 是"值传递"语言。不过，如果传入的值是引用类型，那么实际传递（作为值）的是引用的副本。但是这跟引用传递并不是一回事。如果Java 是引用传递语言，那么将引用类型的值传入方法时，传入的应该是引用的引用。

Java 使用了值传递，这一点很容易证明。如下述代码所示，就算调用了 manipulate() 方法，变量 c 保存的值也没有被改变，还是引用一个半径为 2 的 Circle 对象。如果 Java 是引用传递语言，那么 c 保存的值应该是一个半径为 3 的 Circle 对象。

```java
public void manipulate(Circle circle) {
    circle = new Circle(3);
}

Circle c = new Circle(2);
manipulate(c);
System.out.println("Radius: "+ c.getRadius());
```

如果谨慎对待这个区别，而且将对象引用视为 Java 中的一种值，那么 Java 某些激动人心的特性就会浮现出来。注意，有些旧资料对这一点的表述并不清晰。第 6 章介绍内存管理和垃圾回收机制时还会再次提到 Java 值的这种特性。

5.2 java.lang.Object 类的重要方法

前面说过，Java 中所有类都直接或间接扩展自 java.lang.Object 类。该类定义了很多有用的方法，开发者编写的类可以覆盖这些方法。示例 5-1 中的类覆盖了这些方法。之后的几节，将说明每个方法的默认实现，以及为什么要覆盖它们。

示例 5-1 大量使用了前一章介绍的类型系统中的继承特性。首先，该示例使用参数化类型（或称为泛型）实现 Comparable 接口。其次，这个示例使用了 @Override 注解，强调（指示编译器去确认）某些方法覆盖了 Object 类中对应的方法。

示例 5-1：一个覆盖了 Object 类中一些重要方法的范例类

```java
// This class represents a circle with immutable position and radius.
public class Circle implements Comparable<Circle> {
```

```
// These fields hold the coordinates of the center and the radius.
// They are private for data encapsulation and final for immutability
private final int x, y, r;

// The basic constructor: initialize the fields to specified values
public Circle(int x, int y, int r) {
    if (r < 0) throw new IllegalArgumentException("negative radius");
    this.x = x; this.y = y; this.r = r;
}

// This is a "copy constructor"--a useful alternative to clone()
public Circle(Circle original) {
    x = original.x;    // Just copy the fields from the original
    y = original.y;
    r = original.r;
}

// Public accessor methods for the private fields.
// These are part of data encapsulation.
public int getX() { return x; }
public int getY() { return y; }
public int getR() { return r; }

// Return a string representation
@Override public String toString() {
    return String.format("center=(%d,%d); radius=%d", x, y, r);
}

// Test for equality with another object
@Override public boolean equals(Object o) {
    // Identical references?
    if (o == this) return true;
    // Correct type and non-null?
    if (!(o instanceof Circle)) return false;
    Circle that = (Circle) o;                 // Cast to our type
    if (this.x == that.x && this.y == that.y && this.r == that.r)
        return true;                          // If all fields match
    else
        return false;                         // If fields differ
}

// A hash code allows an object to be used in a hash table.
// Equal objects must have equal hash codes.  Unequal objects are
// allowed to have equal hash codes as well, but we try to avoid that.
// We must override this method because we also override equals().
@Override public int hashCode() {
    int result = 17;          // This hash code algorithm from the book
    result = 37*result + x;   // Effective Java, by Joshua Bloch
    result = 37*result + y;
    result = 37*result + r;
    return result;
}

// This method is defined by the Comparable interface. Compare
// this Circle to that Circle.  Return a value < 0 if this < that.
// Return 0 if this == that. Return a value > 0 if this > that.
// Circles are ordered top to bottom, left to right, and then by radius
```

```
    public int compareTo(Circle that) {
        // Smaller circles have bigger y
        long result = (long)that.y - this.y;
        // If same compare l-to-r
        if (result==0) result = (long)this.x - that.x;
        // If same compare radius
        if (result==0) result = (long)this.r - that.r;

        // We have to use a long value for subtraction because the
        // differences between a large positive and large negative
        // value could overflow an int. But we can't return the long,
        // so return its sign as an int.
        return Long.signum(result);
    }
}
```

5.2.1 toString() 方法

toString() 方法的作用是返回对象的文本表示形式。连接字符串或使用 System.out. println() 等方法时，会自动调用对象的 toString() 方法。给对象提供文本表示形式，非常有利于调试或记录日志，而且精心编写的 toString() 方法还有助于生成报告等任务。

Object 类的 toString() 方法返回的字符串由对象所属的类名及对象的十六进制形式哈希码（哈希码由 hashCode() 方法计算得到，本章稍后将进行介绍）组成。这个默认的实现方式提供了对象的类型和标识两个基本信息，通常用不到它。而示例 5-1 定义的 toString() 方法，返回一个人类可读的字符串，其中包含了 Circle 类每个字段的值。

5.2.2 equals() 方法

== 运算符用于测试两个引用是否指向同一个对象。如果要测试两个不同的对象是否相等，则必须使用 equals() 方法。任何类都可以覆盖 equals() 方法，来定义专属的相等比较方式。Object.equals() 方法直接使用 == 运算符，因为只有两个对象是同一个对象时，才判定二者相等。

仅当两个不同的 Circle 对象的全部字段都相等时，示例 5-1 中定义的 equals() 方法才能判定二者相等。请注意，equals() 方法先使用 == 运算符测试对象是否相同（快速判定是否相等），然后使用 instanceof 运算符检查另一个对象的类型，因为 Circle 对象只能与另一个 Circle 对象相等，而且 equals() 方法不能抛出 ClassCastException 异常。除此之外应注意，instanceof 运算符还能排除 null：只要其左侧操作数为 null，instanceof 运算符的计算结果就是 false。

5.2.3 hashCode() 方法

只要覆盖了 equals() 方法，就必须覆盖 hashCode() 方法。hashCode() 方法返回一个整数，该整数被哈希表使用。如果两个对象经 equals() 方法测试是相等的，它们就要具有相同的哈希码。

不相等的对象要具有不相等的哈希码（为了保障哈希表的效率），这一点很重要，但不是强制要求，最低限度的要求是不相等的对象不能共用一个哈希码。为了满足最低要求，hashCode() 方法需要使用复杂一点的算法或位操作。

Object.hashCode() 方法与 Object.equals() 方法协同工作，返回对象的哈希码。这个哈希码基于对象的内存地址生成，而不是对象的相等性。（如果需要使用基于对象内存地址的哈希码，可以通过静态方法 System.identityHashCode() 获取 Object.hashCode() 方法的返回值。）

如果覆盖了 equals() 方法，必须同时覆盖 hashCode() 方法，这样才能保证相等的对象具有相同的哈希码。如果不这么做，程序可能会出现难以定位的棘手问题。

在示例 5-1 中，由于 equals() 方法根据三个字段的值来判断对象是否相等，因此hashCode() 方法也基于这三个字段计算对象的哈希码。从 hashCode() 方法的实现中不难看出，如果两个 Circle 对象的字段值都相同，那么它们的哈希码也相同。

注意，示例 5-1 中的 hashCode() 方法没有直接对三个字段求和。这种实现方式看似合理，但还不够，这是因为即便两个圆的半径一样，但 x 和 y 坐标对调，哈希码依然相同。多次相乘和相加后，哈希码的值域会扩大，因此会显著降低两个不相等的 Circle 对象具有相同哈希码的可能性。

实践中，现代的 Java 程序员通常会利用 IDE 自动生成 hashdode()、equals()和 toString()。

Joshua Bloch 撰写的 *Effective Java*（Addison Wesley 出版）一书中对如何合理编写hashCode() 方法提供了一个切实可行的攻略，与例 5-1 非常类似。

5.2.4 Comparable::compareTo() 方法

示例 5-1 中包含了一个 compareTo() 方法。该方法由 java.lang.Comparable 接口而不是 Object 类定义。这个方法经常被开发者实现，因此放在这一节中进行介绍。Comparable 接口与其中的 compareTo() 方法用于比较类的实例，比较方式与用于比较数字的 <、<=、> 和 >= 运算符相似。如果一个类实现了 Comparable 接口，就可以比较一个实例是小于、大于还是等于另一个实例。这意味着，实现 Comparable 接口的类实例可以排序。

方法 compareTo() 计算该类型对象的总体顺序。这种顺序称为类型的自然顺序，该方法称为自然比较方法 (natural comparison method)。

因为 compareTo() 方法并不是在 Object 类中声明的，所以由每个类自行决定实例是否可以排序，如果可以排序的话就定义 compareTo() 方法，以实现实例的排序。

示例 5-1 定义的排序方式将 Circle 对象看作一个页面中的单词，然后再进行比较。首先从上到下排序：y 坐标大的圆小于 y 坐标小的圆。如果两个圆的 y 坐标相同，再从左到右排序：x 坐标小的圆小于 x 坐标大的圆。如果两个圆的 x 坐标和 y 坐标都相同，则比较圆半径：半径小的圆更小。请注意，按照这种排序方式，只有三个字段都相等时圆才相等。因此，compareTo() 方法定义的排序方式与 equals() 方法定义的相等条件是相同的。这么做非常符合人们的认知（但并不是强制要求）。

compareTo() 方法返回了一个 int 值，这个值值得进一步探讨。如果当前对象（this 指向的对象）小于传入的对象，则 compareTo() 方法应该返回一个负数；如果两个对象相等，则应该返回 0；如果当前对象大于传入的对象，则应该返回一个正数。

5.2.5 clone() 方法

Object 类定义了一个 clone() 方法，该方法的作用是返回一个对象，并把该对象的字段设为跟当前对象一样。clone() 方法并不常用，原因有二。其一，只有类实现了 java.lang.Cloneable 接口，该方法才有用。Cloneable 接口没有定义任何方法（只是一个标记接口），因此如果想实现这个接口，只需在类签名的 implements 子句中列出该接口即可。其二，clone() 方法声明为 protected，因此，如果想让其他类复制对象，当前类必须实现 Cloneable 接口，并覆盖 clone() 方法，而且要将 clone() 方法声明为 public。

示例 5-1 中的 Circle 类并没有实现 Cloneable 接口，而是定义了一个副本构造方法，用于创建 Circle 对象的副本：

```
Circle original = new Circle(1, 2, 3);  // regular constructor
Circle copy = new Circle(original);     // copy constructor
```

clone() 方法的实现很难做到准确无误，而副本构造方法实现起来更容易也更安全。

5.3 面向对象设计概要

本节将开始介绍 Java 面向对象设计的几个关键技术，但不是面面俱到，这里只是为了

展示一些示例。建议读者参阅其他更详尽的资料，例如前面提到的 Joshua Bloch 撰写的
Effective Java 一书。

本节先介绍 Java 定义常量的最佳实践，然后介绍使用 Java 的面向对象能力进行建模和
领域对象设计的几种范式，最后介绍 Java 中一些常用设计模式的实现。

5.3.1 常量

前面提到过，常量可以在接口中定义。实现某个接口的任何类都会自动继承该接口中定
义的常量，而且使用起来就像是直接在类中定义的那样。有意思的是，这么做不需要在
常量前加上接口的名称，也不需要以任何形式实现常量。

如果要在多个类中使用同一组常量，更适合在一个接口中定义这组常量，需要使用
这些常量的类实现该接口即可。比如说，客户端类和服务器类在实现网络协议时，
可以将细节（如连接和监听的端口号）存储在一些符号常量中。举个例子，java.
io.ObjectStreamConstants 接口。这个接口为对象序列化协议定义了一些常量，
ObjectInputStream 及 ObjectOutputStream 类都实现了该接口。

继承接口中定义的常量，其主要好处是可以减少代码量，因为无须指定定义常量的类
型。但是，除了使用 ObjectStreamConstants 接口之外，并不推荐这么做。常量是实现
细节，不该在类签名的 implements 子句中声明。

更好的方式是在类中定义常量，而且使用时要输入完整的类名和常量名。使用 import
static 指令从定义常量的类导入常量，可以减少输入的代码量。详情请参考 2.10 节。

5.3.2 接口与抽象类

Java 8 的出现从根本上改变了 Java 的面向对象编程范式。在 Java 8 以前，接口无非是
API 规范，并没有包含实现。如果接口有大量实现，往往会导致代码重复臃肿。

为了解决这类问题，一种编码模式应运而生了。该模式利用了抽象类无须完全抽象这一
特性；它可以提供部分实现，供子类使用。在某些情况下，很多子类都可以直接使用抽
象超类提供的方法实现。

这种模式由两部分组成：一部分是接口，为基本方法制定 API 规范；另一部分是抽象类，
初步实现这些方法。java.util.List 接口和与之配套的 java.util.AbstractList 类是
一个很好的例子。JDK 中 List 接口的两个主要实现（ArrayList 与 LinkedList），都是
AbstractList 类的子类。下面再举个例子：

```
// Here is a basic interface. It represents a shape that fits inside
// of a rectangular bounding box. Any class that wants to serve as a
```

面向对象
设计

```
// RectangularShape can implement these methods from scratch.
public interface RectangularShape {
    void setSize(double width, double height);
    void setPosition(double x, double y);
    void translate(double dx, double dy);
    double area();
    boolean isInside();
}

// Here is a partial implementation of that interface. Many
// implementations may find this a useful starting point.
public abstract class AbstractRectangularShape
                        implements RectangularShape {
    // The position and size of the shape
    protected double x, y, w, h;

    // Default implementations of some of the interface methods
    public void setSize(double width, double height) {
     w = width; h = height;
    }
    public void setPosition(double x, double y) {
     this.x = x; this.y = y;
    }
    public void translate (double dx, double dy) { x += dx; y += dy; }
}
```

Java 8 引入的默认方法带来了显著的改变。在 4.1.4 节中提到过，目前的 Java 句法中，接口可以包含实现代码。

如果定义的抽象类型（例如 Shape 类）可能有多个子类型（如 Circle、Rectangle、Square 等）时，我们要面临一个抉择：使用接口还是抽象类。因为接口和抽象类有很多类似的特性，所以很多时候并不确定应该使用哪个。

请记住，如果一个类扩展了抽象类就不能再扩展其他类，而且接口依然不能包含任何非常量字段。这意味着，在 Java 中使用面向对象技术还存在着一些限制。

接口和抽象类之间的另一个重要区别与兼容性相关。如果定义的一个接口是公开 API 的一部分，而后来想在接口中添加一个新的强制方法，那么已经实现该接口的所有类都会出问题——接口中添加的新方法必须声明为默认方法，同时并提供实现。不过，如果使用抽象类，可以放心添加非抽象方法，而不用修改已经扩展这个抽象类的类。

 在这两种情形下，添加新方法都可能会导致与名称和签名相同的子类方法产生冲突——但此时子类中的方法优先级更高。有鉴于此，添加新方法时一定要慎之又慎，如果方法名对某个类型而言"显而易见"，或者方法可能有多重意义时，要尤其小心。

一般来说，需要制定 API 规范时，优先推荐接口。接口中的强制方法不是默认方法，因为它们是 API 的一部分，实现方需要提供有效的实现。当方法是真正可选的，或者只有一种可能的实现方式时，才应使用默认方法。

最后，需要强调一点，以前只注明接口中哪些方法是"可选的"，如果程序员不想实现这些方法直接抛出 `java.lang.UnsupportedOperationException` 异常即可。这种做法会引发很多问题，请不要在新代码中使用。

5.3.3 默认方法可以当成特性使用吗

Java 8 之前的版本，严格使用了单继承模型。每一个类（除了 Object 类）有且仅有一个直接超类，方法的实现要么定义在本类中，要么从各级超类中继承。

默认方法改变了这种状况，因为默认方法允许从多个地方继承方法实现，无论是从各级超类还是从接口中提供的默认实现。

这实际上借鉴了 C++ 的 Mixin 模式，可以被看作是多种语言中共同出现的一种特性。

在 Java 案例中，来自不同接口的不同默认方法之间的任何潜在冲突都会导致编译时错误。也就是说，实现多重继承不允许发生冲突，因为在任何冲突中，程序员都需要手动消除歧义。不仅如此，状态更不存在多重继承。

然而，Java 语言设计者的官方观点承认默认方法还不是一种完备的语言特性。事实上，JDK 中的代码在一定程度上破坏了这种观点，甚至 `java.util.function` 中的接口（比如 `Function` 本身）也表现为简单的语言特性。

以下面代码为例：

```java
public interface IntFunc {
    int apply(int x);

    default IntFunc compose(IntFunc before) {
        return (int y) -> apply(before.apply(y));
    }

    default IntFunc andThen(IntFunc after) {
        return (int z) -> after.apply(apply(z));
    }

    static IntFunc id() {
        return x -> x;
    }
}
```

它是 `java.util.function` 中函数类型的一种简化形式，它移除了泛型，只处理 `int` 类型数据。

本例显示了当前函数组合方法的一个重要方面：这些函数只会以标准方式组合，而且对默认 compose() 方法的任何合理重写都可能存在，这显然很不合理。

当然，对于 java.util.function 中存在的函数类型也是如此，并表明在所提供的有限域中，默认方法可以被视为无状态特性的一种形式。

5.3.4 实例方法与类方法

实例方法是面向对象编程的最关键特性之一。但并不是说应该杜绝使用类方法。很多情况下，有足够的理由定义类方法。

 记住，在 Java 中，类方法使用 static 关键字来声明，而且"静态方法"和"类方法"这两个术语是等价的。

例如，对于 Circle 类而言，可能经常要计算圆的面积，此时只需要半径，而不用创建一个 Circle 实例来表示这个圆。此时使用类方法更便捷：

```java
public static double area(double r) { return PI * r * r; }
```

一个类完全可以定义多个同名方法，只要参数列表不同即可。前面的 area() 方法是一个类方法，即便没有表示 this 的隐式参数也没关系，但必须有一个参数用于指定圆的半径——就是这个参数将该方法和同名实例方法区分开的。

再举个例子，说明应选择实例方法还是类方法。假如要定义一个名为 bigger() 的方法，比较两个 Circle 对象，来判断哪一个半径较大。我们可以将 bigger() 定义为实例方法，如下所示：

```java
// Compare the implicit "this" circle to the "that" circle passed
// explicitly as an argument and return the bigger one.
public Circle bigger(Circle that) {
  if (this.r > that.r) return this;
  else return that;
}
```

我们还可以将 bigger() 定义为类方法，如下所示：

```java
// Compare circles a and b and return the one with the larger radius
public static Circle bigger(Circle a, Circle b) {
  if (a.r > b.r) return a;
  else return b;
}
```

如果有两个 Circle 对象 x 和 y，我们既可以使用实例方法，也可以使用类方法来判断哪个圆更大。不过，调用这两个方法的句法迥异：

```java
// Instance method: also y.bigger(x)
Circle biggest = x.bigger(y);
Circle biggest = Circle.bigger(x, y);  // Static method
```

两个方法都能很好地完成比较操作，而且从面向对象设计的角度来看，无所谓哪个方法"更正确"。它们给人的直观印象是实例方法更像面向对象，但调用句法有点不对称。遇到这种情况时，使用实例方法还是类方法只是一种设计上的选择。可根据实际情况选择一种更自然的方式。

System.out.println()

在前面，我们多次使用过 System.out.println() 方法，其作用是在终端窗口或控制台中显示输出。目前为止，还没说明为什么这个方法的名称会这么冗长，也没有说明两个点号的作用。现在，你已经理解了类字段和实例字段，以及类方法和实例方法，那么再理解这个方法就是水到渠成的事了。System 是一个类，这个类有一个公开的类字段 out。该字段是一个类型为 java.io.PrintStream 的对象，而这个对象有一个名为 println() 的实例方法。

可以使用静态导入指令 import static java.lang.System.out;，将这个方法名称变得简练一点，使用 out.println() 来引用这个打印方法。不过，既然这是个实例方法，其名称无法进一步缩短了。

5.3.5 组合与继承

进行面向对象设计时，继承不是唯一可选择的技术。对象中可以包含其他对象的引用，因此，一个大型模块可以由多个小型组件组成——这种技术叫组合（composition）。与此有关的一个重要技术是委托（delegation）：某个特定类型的对象保存一个引用，用于指向一个兼容类型的附属对象，而且将所有操作都委托给这个附属对象完成。这种技术一般通过接口类型来实现，如下面的示例所示，这个示例描述了软件公司的雇员架构模型：

```java
public interface Employee {
  void work();
}

public class Programmer implements Employee {
  public void work() { /* program computer */ }
}

public class Manager implements Employee {
  private Employee report;
```

```
      public Manager(Employee staff) {
        report = staff;
      }

      public Employee setReport(Employee staff) {
        report = staff;
      }

      public void work() {
        report.work();
      }
    }
```

在这个示例中，Manager 类将 work() 操作委托给直接下属完成，Manager 对象本身并没有做任何实际工作。这种模式有一些变种，发出委托的类完成一些工作，而委托对象只完成剩余部分的工作。

另一个非常有用的相关技术是修饰模式（decorator pattern）。这种模式提供了扩展对象功能的能力，即便是在运行时也可以扩展，但设计时稍微麻烦一点。下面举个例子来说明修饰模式。该例子对快餐店出售的墨西哥卷饼建模，简单起见，只修饰卷饼的一个关键属性——价格：

```
    // The basic interface for our burritos
    interface Burrito {
      double getPrice();
    }

    // Concrete implementation-standard size burrito
    public class StandardBurrito implements Burrito {
      private static final double BASE_PRICE = 5.99;

      public double getPrice() {
        return BASE_PRICE;
      }
    }

    // Larger, super-size burrito
    public class SuperBurrito implements Burrito {
      private static final double BASE_PRICE = 6.99;

      public double getPrice() {
        return BASE_PRICE;
      }
    }
```

这个例子涵盖了在售的墨西哥卷饼——两种不同尺寸且不同价格的卷饼。下面我们来增强这个例子，提供两种可选的配料——墨西哥辣椒和鳄梨酱。设计的关键是使用一个抽象类，让这两个可选的配料扩展它：

```
/*
 * This class is the Decorator for Burrito. It represents optional
 * extras that the burrito may or may not have.
 */
public abstract class BurritoOptionalExtra implements Burrito {
    private final Burrito burrito;
    private final double price;

    protected BurritoOptionalExtra(Burrito toDecorate,
            double myPrice) {
        burrito = toDecorate;
        price = myPrice;
    }

    public final double getPrice() {
        return (burrito.getPrice() + price);
    }
}
```

 把 BurritoOptionalExtra 类声明为 abstract 类型，并把构造方法声明为 protected，这样只有创建子类的实例才能获得有效的 BurritoOptional-Extra 对象，因为子类提供了公开的构造方法（这样也能防止客户端代码设定配料的价格）。

下面测试一下上述实现方式：

```
Burrito lunch = new Jalapeno(new Guacamole(new SuperBurrito()));
// The overall cost of the burrito is the expected $8.09.
System.out.println("Lunch cost: "+ lunch.getPrice());
```

修饰模式使用场景非常广泛，不仅局限于 JDK 中的工具类。在第 10 章介绍 Java I/O 时将见到更多使用修饰器的示例。

5.3.6 字段继承和访问器

Java 为设计状态的继承时可能遇到的问题提供了多种解决方案。开发者可以选择用 protected 修饰字段，允许子类直接访问这些字段（也可以设置字段的值）。此外，也可以提供访问器方法，直接读取对象的字段（如果需要，也可以设置字段的值），这么做仍能有效封装数据，而且可以将字段声明为 private。

我们不妨回顾一下第 3 章末的 PlaneCircle 示例，那里明确展示了字段继承：

```
public class Circle {
    // This is a generally useful constant, so we keep it public
    public static final double PI = 3.14159;
    protected double r;       // State inheritance via a protected field

    // A method to enforce the restriction on the radius
```

```java
  protected void checkRadius(double radius) {
    if (radius < 0.0)
      throw new IllegalArgumentException("radius may not < 0");
  }

  // The non-default constructor
  public Circle(double r) {
    checkRadius(r);
    this.r = r;
  }

  // Public data accessor methods
  public double getRadius() { return r; }
  public void setRadius(double r) {
    checkRadius(r);
    this.r = r;
  }

  // Methods to operate on the instance field
  public double area() { return PI * r * r; }
  public double circumference() { return 2 * PI * r; }
}

public class PlaneCircle extends Circle {
  // We automatically inherit the fields and methods of Circle,
  // so we only have to put the new stuff here.
  // New instance fields that store the center point of the circle
  private final double cx, cy;

  // A new constructor to initialize the new fields
  // It uses a special syntax to invoke the Circle() constructor
  public PlaneCircle(double r, double x, double y) {
    super(r);        // Invoke the constructor of the superclass
    this.cx = x;     // Initialize the instance field cx
    this.cy = y;     // Initialize the instance field cy
  }

  public double getCentreX() {
    return cx;
  }

  public double getCentreY() {
    return cy;
  }

  // The area() and circumference() methods are inherited from Circle
  // A new instance method that checks whether a point is inside the
  // circle; note that it uses the inherited instance field r
  public boolean isInside(double x, double y) {
    double dx = x - cx, dy = y - cy;
    // Pythagorean theorem
    double distance = Math.sqrt(dx*dx + dy*dy);
    return (distance < r);                    // Returns true or false
  }
}
```

除了上述方式之外，还可以使用访问器方法重写 PlaneCircle 类，如下面代码所示：

```java
public class PlaneCircle extends Circle {
  // Rest of class is the same as above; the field r in
  // the superclass Circle can be made private because
  // we no longer access it directly here

  // Note that we now use the accessor method getRadius()
  public boolean isInside(double x, double y) {
    double dx = x - cx, dy = y - cy;            // Distance from center
    double distance = Math.sqrt(dx*dx + dy*dy); // Pythagorean theorem
    return (distance < getRadius());
  }
}
```

尽管这两种方式都是合法的 Java 代码，但是它们有一些差别。在 3.5 节中，在类外部可写的字段通常不是对象状态建模的正确方式。将在 5.6 节和 6.5 节中看到，这么做其实会对程序的运行状态造成不可逆转的损坏。

糟糕的是，Java 中的 protected 关键字允许子类和同一个包中的类访问字段和方法。再加上所有人都可以将自己编写的类放置在任何指定的包（不含系统包）内，这也就是说，在 Java 中受保护的状态继承有潜在缺陷。

 Java 没有提供只能在声明成员的类和子类中访问成员的机制。

鉴于以上原因，在子类中最好使用（公开的或受保护的）访问器方法来访问状态——除非将继承的状态声明为 final，这样才完全可以使用基于继承的受保护状态。

5.3.7 单例模式

单例模式（singleton pattern）是另一个人们最为熟悉的设计模式，用来解决只需要为类创建一个实例的问题。 Java 中提供了多种单例模式的实现方式。这里我们要使用一种稍微复杂点的方式，不过它有个好处，就是它能简明扼要地描述安全实现单例模式涉及的技术要点：

```java
public class Singleton {
  private final static Singleton instance = new Singleton();
  private static boolean initialized = false;

  // Constructor
  private Singleton() {
    super();
  }
```

```
  private void init() {
    /* Do initialization */
  }

  // This method should be the only way to get a reference
  // to the instance
  public static synchronized Singleton getInstance() {
    if (initialized) return instance;
    instance.init();
    initialized = true;
    return instance;
  }
}
```

为了有效实现单例模式，重点是要确保最多只能存在一种创建实例的方式，而且要保证不能获取处于未初始化状态的对象引用（本章稍后将详细说明这一点）。为此，需要声明一个 private 构造方法，而且只调用一次。在 Singleton 类中，我们只在初始化私有静态变量 instance 时才会调用构造方法。而且，我们还将创建唯一的 Singleton 对象的操作跟初始化操作分开，将初始化操作移至私有方法 init() 中。

采用这种机制，获取 Singleton 的唯一实例只有一种方式——通过静态辅助方法 getInstance()。getInstance() 方法检查指示变量 initialized，确认对象是否已被激活。如果没有激活，getInstance() 方法调用 init() 方法激活对象（执行初始化），然后将 initialized 设置为 true，因此后续请求创建 Singleton 实例时，不会再执行初始化操作。

最后还应注意，getInstance() 方法使用了 synchronized 关键字修饰。第 6 章将详细说明这么做的意义和原因。现在，读者只需知道，加上 synchronized 是为了避免在多线程环境中使用 Singleton 时得到预期之外的结果。

 单例虽然是最简单的设计模式之一，但经常被过度使用。如果使用得当，单例是非常有用的技术。不过，如果一个程序中充斥着单例类，往往表明代码设计得不好。

单例模式也存在一些弊端：难以测试，并且与其他类耦合较紧。而且，在多线程代码中使用时需要倍加小心。即便如此，单例模式仍然很重要，开发者要熟练掌握它，因为没有必要重复造轮子。单例模式一般用于管理配置，但是现代的代码经常使用自动为程序员提供单例的框架（通常是依赖注入），而不是自己动手编写 Singleton 类（或类似代码）。

5.4 带有 lambda 表达式的面向对象设计

考虑一下下面这个简单的 lambda 表达式：

```
Runnable r = () -> System.out.println("Hello World");
```

左值的类型为 Runnable，它是一种接口类型。为了使该语句有意义，右值必须包含实现 Runnable 的某种类型的实例（因为接口不能被实例化）。满足这些约束的最小实现是直接继承 Object 并实现 Runnable（类型名称不重要）。

请回顾一下 lambda 表达式的设计意图，是为了允许 Java 程序员使用尽可能接近其他语言中的匿名或内联方法的句法。

此外，考虑到 Java 是静态类型的语言，这直接导致了 lambda 表达式的问世。

 lambda 表达式是更简练的为类型构造新实例的方式，该类型本质上是拥有单个方法的 Object。

与 lambda 表达式关联的单个方法与接口类型定义方法的签名一致，编译器将检查右值是否与此类型签名一致。

5.4.1 lambda 表达式与嵌套类

与其他编程语言相比，在 Java 8 中引入 lambda 表达式相对较晚。在此之前 Java 社区已经发明了不依赖 lambda 表达式的模式。因此，lambada 表达式适用的场景被大量嵌套（也称为内部）类占据着。

在从头搭建的现代 Java 项目中，开发者通常会尽可能使用 lambda 表达式。笔者强烈建议在重构旧代码时，尽可能花费一些时间将内部类转换为 lambda 表达式。有些 IDE 甚至提供了自动转换功能。

尽管如此，仍然留下了一个设计问题，即何时应该使用 lambdas 以及何时应该使用嵌套类。

有些例子很明显，例如，当从默认实现（如访问者模式）扩展时，如下面这个文件回收器用于删除整个子目录及其所有内容：

```java
public final class Reaper extends SimpleFileVisitor<Path> {
    @Override
    public FileVisitResult visitFile(Path p, BasicFileAttributes a)
            throws IOException {
        Files.delete(p);
        return FileVisitResult.CONTINUE;
    }

    @Override
    public FileVisitResult visitFileFailed(Path p, IOException x)
```

```
            throws IOException {
        Files.delete(p);
        return FileVisitResult.CONTINUE;
    }

    @Override
    public FileVisitResult postVisitDirectory(Path p, IOException x)
            throws IOException {
        if (x == null) {
            Files.delete(p);
            return FileVisitResult.CONTINUE;
        } else {
            throw x;
        }
    }
}
```

这是对现有类的扩展，当然 lambda 表达式只适用于接口，而不能用于类（即使是带有单个抽象方法的抽象类）。因此，这是一个清晰的内部类用例，而不是 lambda。

另一个需要考虑的重要用例是有状态 lambda 表达式的情况。由于没有地方声明任何字段，乍一看，lambda 表达式不能直接用于任何涉及状态的场景，因为这种句法只给了声明方法主体的机会。

但是，lambda 可以引用在创建 lambda 的作用域中定义的变量，因此可以创建一个闭包，如第 4 章所述，以填充有状态 lambda 的角色。

5.4.2 lambda 表达式与方法引用

使用 lambda 表达式还是使用方法引用，很大程度上取决于个人的偏好和编码风格。当然，在某些情况下，必须创建 lambda。然而，在许多简单的场景中，lambda 可以被方法引用取代。

一个考虑点是 lambda 符号是否会影响代码的可读性。例如，在 streams API 中，使用 lambda 表达式有潜在的好处，因为它使用了 -> 运算符。这提供了一种比较形象的隐喻，stream API 是一个懒惰的抽象，可以视为数据的"加工流水线"。例如：

```
List<kathik.Person> ots = null;
double aveAge = ots.stream()
        .mapToDouble(o -> o.getAge())
        .reduce(0, (x, y) -> x + y ) / ots.size();
```

从 `maptodouble()` 的方法名不难猜测，它用于数据元素的移动或转换，显式的 lambda 表达式强烈地暗示了这一点。对于经验不足的程序员，lambda 表达式还吸引他们使用函数式 API。

对于其他用例（例如调度表），方法引用可能更合适。例如：

```
public class IntOps {
    private Map<String, BinaryOperator> table =
        Map.of("add", IntOps::add, "subtract", IntOps::sub);

    private static int add(int x, int y) {
        return x + y;
    }

    private static int sub(int x, int y) {
        return x - y;
    }

    public int eval(String op, int x, int y) {
        return table.get(op).apply(x, y);
    }
}
```

任何一种符号都可以使用，随着时间的推移，读者会逐渐形成一种个人色彩鲜明的偏好。关键在于，当重读几个月（或几年）前编写的代码时，符号的选择是否仍然有意义，代码是否易于阅读。

5.5 异常和异常处理

2.6.3 节介绍过已检异常和未检异常。本节进一步讨论异常在设计方面的问题，以及如何在代码中使用异常。

请记住，在 Java 中异常是对象。其类型为 java.lang.Throwable，更准确地说是 Throwable 类的子类，它更具体地描述出现异常的类型。Throwable 类有两个标准子类：java.lang.Error 和 java.lang.Exception。Error 类的子类对应的是不可恢复的异常，例如，虚拟机耗尽了内存，或类文件损坏导致无法读取。这种异常可以捕获并处理，但很少这么做——这种异常就是前面提到的未检异常。

而 Exception 类的子类代表不太致命的异常。这些异常可以捕获并处理。例如：java.io.EOFException，表示读取操作到达文件的末尾；java.lang.ArrayIndexOutOf-BoundsException，表示程序尝试读取的元素超出了数组的合法范围。这种异常是第 2 章介绍过的已检异常（RuntimeException 的子类是个例外，它仍然属于未检异常）。本书使用"异常"这个术语指代所有异常对象，不管是 Exception 类型还是 Error 类型。

因为异常是对象，所以可以包含数据，而且异常所属的类可以定义操作这些数据的方法。Throwable 类及其所有子类都包含一个 String 类型的字段，该字段存储一个人类可读的错误信息，描述已发生的异常情况。这个字段的值在创建异常对象时设定，可以使用 getMessage() 方法从异常对象中读取。多数异常都只包含这个消息，但少数异常还包含其他数据。例如，java.io.InterruptedIOException 异常包含一个名为 bytesTransferred 的字段，表示在异常状况中断传输之前完成了多少字节的输入或输出。

自己设计异常类时，要考虑建模异常对象需要哪些额外信息。这些信息一般是针对被中断的操作和遇到的异常状况的细节（例如前面的 java.io.InterruptedIOException 异常）。

在应用设计中使用异常时需要权衡利弊。如果使用已检异常，则意味着编译器能处理（或沿调用栈向上冒泡）可能恢复或重试的已知状况。这还意味着更难忽略错误处理，因此能减少由于忘记处理错误状况而导致系统在生产环境中崩溃的概率。

另一方面，就算理论上某些状况建模为已检异常，有些应用也无法从这些状况中恢复。例如，如果一个应用需要读取文件系统特定位置中存储的配置文件，而应用启动时找不到这个文件，尽管 java.io.FileNotFoundException 是已检异常，但是该应用除了打印错误消息并退出之外并不能补救什么。遇到这种情况时，假若强制处理或冒泡无法恢复的异常，无异于亡羊补牢。

设计异常机制时，应该遵循以下箴言：

- 考虑在异常中存储必要的额外状态——请记住，异常也是对象。

- Exception 类有四个公开的构造方法，一般情况下，自定义异常类时这四个构造方法都要实现，以用于初始化额外的状态，或者定制异常消息。

- 不要在 API 中自定义很多细颗粒的异常类——Java I/O 和反射 API 都因为这么做而广受诟病，所以别让使用这些包时的情况变得更糟。

- 别在一个异常类型中描述太多状况——例如，实现 JavaScript 的 Nashorn 引擎（Java 8 的新功能）一开始有太多粗制滥造的异常，不过在发布之前修正了。

最后，还要避免使用两种处理异常的反模式：

```java
// Never just swallow an exception
try {
  someMethodThatMightThrow();
} catch(Exception e){
}

// Never catch, log, and rethrow an exception
try {
  someMethodThatMightThrow();
} catch(SpecificException e){
  log(e);
  throw e;
}
```

第一个反模式直接忽略近乎一定需要处理的异常状况（甚至没有在日志中记录）。这么做会增大系统其他地方出现问题的可能性——问题甚至会漂移到离源头很远的地方。

第二个反模式只会增加干扰——虽然记录了错误消息，但没真正处理发生的问题——在系统高层的某部分代码中还是要处理这个问题。

5.6 Java 编程的安全性

有些编程语言被称为类型安全语言；但程序员使用这个术语时要表达的涵义却很宽松。"类型安全"有很多解读和定义方式，而且各种方式之间并不都有关联。对我们要讨论的话题来说，类型安全最适合理解为编程语言的一个属性，其作用是避免运行时将数据识别为错误的类型。类型安全与否是相对的，正确的理解方式应该是，一门语言可能比另一门语言更（或更不）安全，而不能直接断言一门语言绝对安全或绝对不安全。

Java 的类型系统是静态的，这可以避免很多问题，例如，如果程序员试图将不兼容的值赋值给变量，会导致编译错误。但是，Java 的类型安全并不完美，因为任何两种引用类型之间都可以进行强制转换——如果值之间不兼容，这种转换在运行时会失败，并抛出 ClassCastException 异常。

本书所说的安全性和更宽泛的正确性分不开。也就是说，使用者应站在程序的角度，而不是语言的角度来探讨安全性。这强调了一个问题，即代码的安全不是由任何一门语言决定的，而要由程序员付出足够的努力（并严格遵守编程准则），确保写出的代码真正安全且正确。

为了得到安全的程序，我们要使用图 5-1 表示的抽象状态模型。安全的程序具有以下特征：

- 所有对象在创建后都处于一种合法状态。

- 外部可访问的方法在合法状态之间转换对象。

- 外部可访问的方法绝对不能返回状态不一致的对象。

- 弃用对象之前，外部可访问的方法必须把对象还原为合法状态。

其中，"外部可访问"的方法是指声明为 public、protected 或者对包私有的方法。上述特征为安全的程序定义了一个合理的模型，并且按照这种模型定义的抽象类型，它的方法能保证状态的一致性。满足上述条件的程序就可以称为"安全的程序"，而不用管它使用何种语言实现。

 私有方法不用保证对象在使用前后都处于合法状态，因为私有方法不能被外部代码调用。

读者可能想到了，如果想在大量代码中让状态模型和方法都满足上述特征，需要付出相当多的精力。对 Java 等语言来说，因为程序员能直接创建操作多个线程的抢占式多任务程序，所以要付出更多的精力。

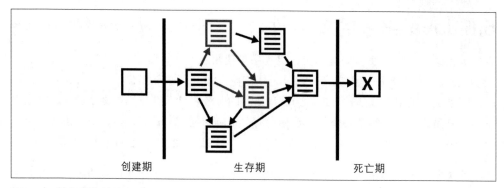

图 5-1：程序状态转换图

介绍完 Java 的面向对象设计概要之后，关于 Java 语言和平台还有一个方面需要去深入理解——内存管理和并发编程。这是 Java 平台最复杂的知识点，但掌握之后会获益良多。这是下一章要讨论的话题，介绍第 6 章之后本书第一部分也就完结了。

第 6 章

Java 实现内存管理和
并发编程的方式

本章将介绍 Java 处理并发（多线程）编程和内存管理的方式。这是两个联系紧密的话题，所以放在一起介绍。本章包含以下内容：

- Java 管理内存的方式。

- 标记清除垃圾回收（Garbage Collection，GC）算法基础。

- HotSpot JVM 根据对象生命周期优化垃圾回收的方式。

- Java 并发原语。

- 数据的可见性和可变性。

6.1 Java 内存管理的基本概念

在 Java 中，对象占用的内存在不需要时会自动回收。该过程叫作垃圾回收（或自动内存管理）。垃圾回收这项技术在 Lisp 等语言中已经存在多年。习惯 C、C++ 等编程语言的程序员可能要花点儿时间去适应，因为在这些语言中必须调用 `free()` 函数或使用 `delete` 运算符才能回收已分配的内存。

使用 Java 的编程体验极佳，最主要原因之一是不用程序员动手销毁自己创建的每一个对象。也正是基于这个原因，与其他不支持自动垃圾回收机制的编程语言相比，使用 Java 编写的程序缺陷更少。

不同的虚拟机实现垃圾回收的方式迥异，而且规范没有对如何实现垃圾回收做强制约束。本章后面将讨论 HotSpot JVM（Oracle 和 OpenJDK 都以它为基础）。虽然它不是你会用到的唯一的 JVM，但部署服务器端应用时最常使用该 JVM，而且 HotSpot 是现代化生产环境中使用的最典型 JVM。

6.1.1 Java 中的内存泄漏

Java 支持垃圾回收，因此可以显著减少内存泄漏的发生概率。如果分配的内存没有被回收，就会发生内存泄漏。垃圾回收似乎能杜绝一切内存泄漏的发生，因为这个机制能回收所有不再使用的对象。

事实上并非如此，在 Java 中，如果不再使用的对象存在有效（但不再使用）的引用，仍会发生内存泄漏。例如，如果某个方法运行的时间很长（或一直运行下去），那么该方法中的局部变量会一直保存对象的引用，对象生存期远超实际所需的时间。如下述代码所示：

```java
public static void main(String args[]) {
  int bigArray[] = new int[100000];

  // Do some computations with bigArray and get a result.
  int result = compute(bigArray);

  // We no longer need bigArray. It will get garbage collected when
  // there are no more references to it. Because bigArray is a local
  // variable, it refers to the array until this method returns. But
  // this method doesn't return. So we've got to explicitly get rid
  // of the reference ourselves, so the garbage collector knows it can
  // reclaim the array.
  bigArray = null;

  // Loop forever, handling the user's input
  for(;;) handle_input(result);
}
```

使用 HashMap 或类似的数据结构关联两个对象时，也可能会发生内存泄漏。就算某个对象不再被使用了，哈希表中仍然存储了两个对象之间的关联，因此在回收哈希表之前，这两个对象始终存在。如果哈希表的生命周期比其中的对象长得多，就可能会导致内存泄漏。

6.1.2 标记清除算法简介

为解释 JVM 中标记清除算法的基本形式，不妨假设 JVM 维护两个基本的数据结构。它们分别是：

分配表

　　存储对已分配但尚未收集的所有对象（以及数组）的引用

空闲表

　　存储可供分配并使用的内存块列表

这是一个简化的模型，纯粹是为了帮助新手对垃圾回收有一个直观的认识。实际上，它与真正的生产级的垃圾回收器的工作方式存在很大差别。

了解了这些定义之后，很明显垃圾回收是不可或缺的；当一个 Java 线程试图分配一个对象（使用 new 运算符）且空闲表中不存在包含足够空间的内存块时，就必须进行垃圾回收。还需注意，JVM 会跟踪所有已分配的类型信息，可以借此确定每个栈帧（frame stack）中的哪些局部变量引用堆中的哪些对象和数组。此外，JVM 还能追踪堆中对象和数组保存的引用，不管引用关系多么复杂，都能找到所有仍然被引用的对象和数组。

因此，运行时能判断已经分配内存的对象什么时候不再被其他活动对象或变量引用。遇到这类对象时，解释器知道可以放心地标记对象的内存为可回收状态，然后执行内存回收。注意，垃圾回收程序还能检测到相互引用的对象，如果没有其他活动对象引用这些对象，就将其内存回收。

对应用线程的栈跟踪，从其中一个方法的某个局部变量开始，沿着引用链，如果最终能找到一个对象，则称这个对象为可达对象（reachable object）。这种对象也叫活性对象[注1]。

除了局部变量之外，引用链还可以从其他几个地方开始。通向可达对象的引用链根部一般称为 GC Root。

知道这些简单的定义之后，我们来看一种基于这些原则回收垃圾的简单方式。

6.1.3 基本的标记清除算法

垃圾回收过程经常使用（也是最简单）的算法是标记清除（mark and sweep）。全过程分为三个步骤。

1. 迭代分配表，将每个对象都标记为"已死亡"。

2. 从指向堆的局部变量开始，沿着遇到的每个对象的全部引用向下遍历，每遇到一个之前没见过的对象或数组，就把它标记为"存活"。像这样一直向下，直到找出能从局部变量到达的所有引用为止。

3. 再次迭代分配表，回收所有没有被标记为"存活"的对象在堆中占用的内存，然后将这些内存放回可用内存列表中，最后把这些对象从分配表中删除。

注 1：　从 GC Root 对象开始向下遍历的探索过程称为活性对象的传递闭包（transitive closure）——这个术语从图论抽象数学中借用而来。

上面描述的标记清除流程是这个算法理论上最简单的形式。在后面的几节中将了解到，真正的垃圾回收程序做的事情比这要复杂得多。上面的简要描述是为了奠定理论基础，目的就是便于读者理解。

由于所有对象的内存都由分配表分配，因此堆内存耗完之前会触发垃圾回收程序。在上述标记清除算法的描述中，垃圾回收程序需要对整个堆内存的读写互斥存取，因为应用代码一直在运行中，会不断创建和修改对象，如果不这样做会导致错误的结果。

在一个真正的 JVM 中，堆内存可能会被划分为多个不同的区域，而真正的程序在正常操作中将使用所有这些区域。如图 6-1 所示，它展示了堆内存的典型布局，其中有两个线程（T1 和 T2）保存指向堆的引用。

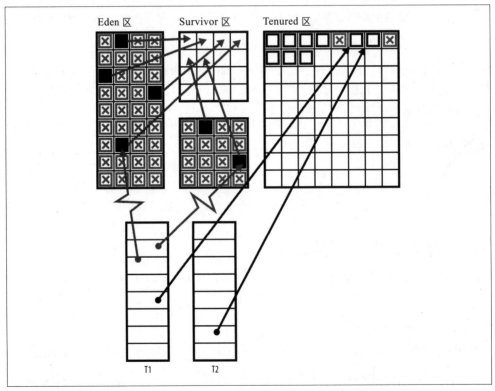

图 6-1: 堆内存的结构

该图揭示了，在程序运行过程中，移动应用程序线程引用的对象是非常危险的。

为了避免出现这种问题，在上述简单的垃圾回收过程中，应用线程会停顿一下（这个停顿叫 Stop-The-World，STW）——先挂起所有应用线程，然后执行垃圾回收，最后继续运行应用线程。应用线程执行到一个安全点（safepoint）时，例如循环的开始处或即将调用方法时，运行时会让应用线程停顿一下，因为运行时知道在安全点可以放心地停止运行应用线程。

开发者可能会担心这种停顿，但是对大多数主流应用场景来说，Java 都运行在操作系统之上，进程会不断交替进出处理器内核，因此通常无须担心这些短暂的停顿的额外代价。HotSpot 会做大量工作来优化垃圾回收，减少 STW 时间，这对减轻应用的工作负担来说十分重要。下一节将介绍一些优化措施。

6.2 JVM 优化垃圾回收的方式

对第 1 章中介绍的那些软件来说，运行时会对其做些处理，其中一个很好的例子是弱代假设（Weak Generational Hypothesis，WGH）。简单来说，在该假设中，对象常常处于少数几个预定义的生命周期之一（这些生命周期被称为"代"）。

一般来说，对象的存活期非常短（有时将这种对象叫瞬时对象），不久就会被当作垃圾回收。然而，有些少量对象会存活得久一点，因此注定会成为程序长期状态的一部分（程序的长期状态有时被称为程序的工作集）。这种现象可通过图 6-2 来描述，这幅图绘制的是预期生命周期中内存用量的变化。

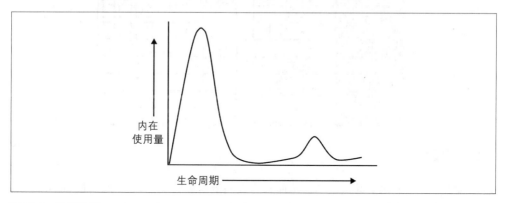

内在使用量

生命周期

图 6-2：弱代假设

这种变化趋势不是由静态分析推导出来的，在监测软件运行时行为时可以看到，各种应用场景中，这都是显而易见的事实。

HotSpot JVM 有一个垃圾回收子系统，专门为利用弱代假设的优点而设计。本节，我们要讨论如何在生命期较短的对象（大多数情况下对象的寿命都很短）上使用这些技术。这些论述默认针对 HotSpot，不过其他服务器端使用的 JVM 一般也都使用类似或相关的技术。

最简单的分代垃圾回收程序只侧重弱代假设，因为分代垃圾回收程序认为，与充分使用弱代假设相比，做额外的簿记来监控内存会事半功倍。在最简单的分代垃圾回收程序中，往往只有两代，这两代一般称为新生代和老年代。

筛选回收

在上述标记清理算法的清理阶段，逐个回收对象，然后将每个对象占用的空间归还给可用内存列表。然而，如果弱代假设成立，而且在任何一个垃圾回收循环中大多数对象都已"死亡"，那么使用另一种方式回收内存似乎更合理。

新的回收方式将堆内存分成多个独立的内存空间。每次回收垃圾时，只为活性对象分配空间，并将这些对象移动到另一个内存空间，这个过程被称为筛选回收（evacuation）。执行这个过程的回收程序叫作筛选回收程序。这种回收程序回收完毕后会清理整个内存空间，供以后重复使用。

图 6-3 显示了一个正在运行的筛选回收器，其中实心块表示幸存对象，阴影框表示已分配但现在已死亡（且无法访问）对象。

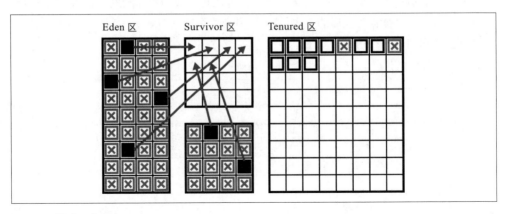

图 6-3：筛选回收器

这种回收方式可能比前面提及的简单回收方式高效得多，因为根本不用理会已死对象。垃圾回收循环执行的时间长短与活性对象的数量成正比，而不是与已分配空间的对象数量成正比。这种回收方式只有一个缺点，就是要稍微花点儿时间簿记，因为要复制活性对象，但这点儿时间成本与获得的巨大收益相比不值一提。

压缩回收器是筛选回收器的一种代替品。它的一个主要特性是在收集周期结束时，已分配的内存（即存活对象）会被放置在收集区域内的单个连续区域中。

通常情况下，所有的存活对象都已在内存池（或区）中，并且被随机放置在内存地址起始位置，现在又有一个指针指向空白空间的起点位置，在应用程序线程重新启动后可供对象写入。

压缩回收器可以避免出现内存碎片，但是其 CPU 开销通常比筛选回收器高许多。这两种算法在设计上是有取舍的（其细节超出了本书的范围），但是这两种技术都在 Java（以及许多其他编程语言）的回收器中使用。

 HotSpot 完全在用户空间中自主管理 JVM 堆，而且分配内存和释放内存时不用执行系统调用。对象一开始在 Eden 区（或叫 Nursery 区）创建，大多数生产环境使用的 JVM（至少 SE/EE 使用的 JVM）都会使用筛选回收策略回收 Eden 区的垃圾。

使用筛选回收程序时，每个线程都可单独分配内存。这意味着，每个应用线程都有一块连续的内存（被称为线程私有的分配缓冲区），专门供这个线程分配新对象。为新对象分配内存时，只需将指针指向分配缓冲区，非常简单。

如果对象在回收操作即将开始之前创建，那么该对象没有时间完成使命，在垃圾回收循环开始前就会"死亡"。在只有两代的垃圾回收程序中，这种生命期短的对象会被移入长存区，几乎相当于宣布"死缓"，然后等待下次回收循环将其回收。因为这种情况很少见（往往也很费事），执行上述操作似乎非常浪费资源。

为了缓和这种浪费，HotSpot 引入了 Survivor 区。Survivor 区用于保存上一次回收新生对象后存活下来的对象。筛选回收程序会在多个 Survivor 区之间来回复制存活下来的对象，直到超过保有阈值后，再将这些对象推送给老年代。

关于 Survivor 空间和 GC 调优的全部内容超出了本书的讨论范围。对于生产级应用，应查询更专业的材料。

6.3 HotSpot 堆

HotSpot JVM 的代码相当复杂，由一个解释器、一个即时编译器和一个用户空间内存管理子系统构成。HotSpot JVM 的代码使用 C 和 C++ 编写，还有很多针对特定平台的汇编代码。

现在，我们来总结一下什么是 HotSpot 堆，再回顾一下它的基本特性。Java 堆是一块连续的内存，在启动 JVM 时创建，但一开始只会将部分堆分配给各个内存池。在应用运行的过程中，内存池会按需扩容。扩容由垃圾回收子系统完成。

> **堆中的对象**
>
> 应用线程在 Eden 区中创建对象，移除这些对象的垃圾回收循环是非确定性的。这个垃圾回收循环在需要时（即内存不够用时）才会运行。堆分为两代：新生代和老年代。新生代由三个区组成：Eden 区和两个 Survivor 区；而老年代只有一个内存空间。

> 多次垃圾回收循环后存活下来的对象，最终会被推送给老年代。只回收新生代的回收操作消耗（就所需计算量而言）通常不大。HotSpot 使用的标记清除算法是目前为止我们见到中最先进的，而且还会做额外的簿记以提升垃圾回收的性能。

讨论垃圾回收程序时，开发者还要知道两个重要的术语：

并行回收程序

　　使用多个线程执行回收操作的垃圾回收程序。

并发回收程序

　　可以跟应用线程同时运行的垃圾回收程序。

到目前为止，我们见到的回收程序都是并行回收程序，而不是并发回收程序。

 在现代的 GC 方法中，使用部分并发算法的趋势越来越强。与 STW 算法相比，这些类型的算法要复杂得多，计算成本也高，而且需要权衡。然而，它们被认为是目前应用的一条更好的技术路径。

不仅如此，在 Java 版本 8 及更低版本中，堆有一个简单的结构：每个内存池（Eden、Survivor 和 Tenured）是一个连续的内存块。这些旧版本的默认回收器称为并行回收器。然而，随着 Java 9 的来临，一种称为 G1 的新回收算法成为默认的回收器。

Garbage First 回收程序（简称为 G1）是一种新的垃圾回收程序，在 Java 7 时代开发（Java 6 时代完成了部分准备工作）。随 Java 8 Update 40 的发布，它达到了生产级质量，官方也完全支持，并且成为 Java 9 以后的默认版本（尽管仍然可用使用其他回收器替代）。

 G1 在各个 Java 版本中使用不同版本的算法，不同版本之间在性能和其他行为方面存在一些重要的差异。当从 Java 8 升级到新版本并采用 G1 时，进行全面的性能测试是非常有必要的。

G1 具有不同的堆布局，是基于区域的回收器的一个示例。区域是一个内存区块（通常大小为 1M，但较大的堆可能有大小为 2、4、8、16 或 32M 的区域），其中所有对象都属于同一个内存池。然而，在区域回收器中，组成内存池的各个不同的区域不一定在内存中彼此相邻。这与 Java 8 堆不同，在 Java 8 堆中，每个池都是连续的，尽管在这两种情况下，整个堆都是连续的。

G1 专注于大部分是垃圾的区域，因为它们具有最佳的空闲内存恢复潜力。它是一个筛选回收器，在筛选单个区域时进行增量压缩。

G1 最初被设计为取代之前的 CMS 回收器，作为低暂停回收器，它允许用户根据在执行 GC 时暂停的时间和频率来指定暂停目标。

JVM 提供了一个命令行开关，用于控制回收器的目标暂停时间：-XX:MaxGCPauseMilis= 200。这意味着默认的暂停时间目标为 200 毫秒，但用户可以根据需要进行调整。

回收器的作用是有限度的。Java GC 是由分配新内存的速率驱动的，因此这对于许多 Java 应用程序来说是高度不可预测的。这可能会限制 G1 达成用户暂停时间的目标，实际上，小于 100ms 的暂停时间很难可靠地实现。

如上所述，G1 最初打算作为替换的低暂停回收器。然而，其行为的总体特征意味着它实际上已经演变成了一个更通用的回收器（这就是为什么它现在已经成为默认回收器）。

读者请注意，开发适合一般用途的新产品级回收器是一个较为漫长的过程。在下一节，我们将继续讨论 HotSpot 提供的可选回收器（包括 Java 8 的并行回收器）。

6.3.1 其他回收程序

本节主要是关于 HotSpot 的内容，但不会深入介绍，因为这超出本书范围，不过读者还是有必要了解一些其他的回收程序。如果不使用 HotSpot，应阅读 JVM 文档，看看还有什么其他选择。

6.3.2 ParallelOld 回收程序

在 Java 8 中，默认的老年代回收器是并行（但不是并发）的标记清除回收器。乍看起来，它似乎与新生代的回收器相似。然而，它在一个非常重要的方面有所不同：它不是一个筛选回收器。所以当发生垃圾回收时，老年代被压缩。这一点很重要，这样内存空间就不会随着时间的推移而变得碎片化。

ParallelOld 回收器非常高效，但它有两个特性，这使得它不太适合现代应用。它们分别是：

- 完全的 STW。
- 暂停时间与堆大小成线性关系。

这意味着一旦 GC 启动，就不能提前中止它，必须等待循环完成。随着堆的大小增加，这使得 ParallellOld 比 G1 更不受欢迎，G1 可以保持一个恒定的暂停时间，而与堆的大小无关（假设分配速率是可管理的）。

在撰写本书时，G1 为以前使用 ParallelOld 的大多数应用程序提供了可接受的性能，并在多数情形下性能会优异。ParallelOld 在 Java 11 中仍然可用，对于那些仍然需要它的应用程序（尽管极少），但是平台的方向是明确的，将尽可能使用 G1。

并发标记清除

HotSpot 中最常使用的其他回收程序是并发标记清除（Concurrent Mark and Sweep, CMS）回收程序。这个回收程序只能用来回收老年代，与一个回收新生代的并行回收程序配合使用。

 CMS 仅适用于需要短暂暂停的应用，这些应用不能处理超过几毫秒的 STW。这类应用极少，除了金融贸易类应用之外，很少有应用真正需要这么短的暂停时间。

CMS 是个很复杂的回收程序，往往很难进行有效调优。CMS 是个非常有用的工具，但部署时不能掉以轻心。CMS 有一些基本特性（如下所列）读者需熟知，但详细说明已经超出本书范围。有兴趣的读者可以参阅专门的博客和邮件列表（例如，"Friends of jClarity"邮件列表经常讨论 GC 性能方面的问题）。

* CMS 只能回收老年代。

* 在多数 GC 循环中，CMS 都与应用线程一起运行，以便减少暂停时间。

* 应用线程不会像之前那样暂停很久。

* CMS 分为六个阶段，目的是缩减 STW 暂停时间。

* 将一次较长的 STW 暂停变成两次（往往很短的）STW 暂停。

* 簿记工作越多，耗费的 CPU 时间也更长。

* 总体来说，GC 循环的时间更长。

* 默认情况下，并发运行时，GC 使用一半的 CPU 时间。

* 除了需要短暂暂停的应用之外，不应使用 CMS。

* 绝不能在吞吐量大的应用中使用 CMS。

* 不会整理内存，如果内存碎片很多，会回滚到默认的（并行）回收程序。

最后，HotSpot 还有一个串行回收器（和 SerialOld 回收器）和一个被称为"增量 CMS"的回收器。这些回收器都被视为已弃用，不应继续使用。

6.4 终结机制

有一种古老的资源管理技术叫终结（finalization），开发者应该知道有这么一种技术。因为这种技术几乎完全被废弃了，所以大多数 Java 开发者在任何情况下都不应该直接使用它。

只有少量应用场景适合使用终结，也只有少数 Java 开发者会遇到这种场景。如果有任何疑问，就不要使用终结，处理资源的 try 语句往往是正确的替代品。

终结机制作用是自动释放不再使用的资源。垃圾回收自动释放的是对象使用的内存资源，但对象中可能会保存其他类型的资源，例如打开的文件和网络连接。垃圾回收程序不会为你释放这些额外的资源，因此，终结机制的作用是让开发者执行清理任务，例如关闭文件、中断网络连接、删除临时文件等。

终结机制的工作方式是：如果对象有 finalize() 方法（一般叫作终结方法），那么将不再使用该对象（或称对象不可达）后的某个时间会调用这个方法，但要在垃圾回收程序回收分配给这个对象的空间之前调用。终结方法用于清理对象使用的所有资源。

在 Oracle 或 OpenJDK 中，按下述方式使用终结技术。

1. 如果可终结的对象不可达，则会在内部终结队列中放置一个引用，指向该对象。并且为了回收垃圾，这个对象会被标记为"存活"。

2. 对象一个接着一个从终结队列中被移除，然后调用各自的 finalize() 方法。

3. 调用终结方法后，并不会立即释放对象，因为终结方法可能会将 this 引用存储在某个地方（例如在某个类的公开静态字段中），让对象再次被引用而被复活。

4. 因此，在调用 finalize() 方法后，垃圾回收子系统在回收对象之前，必须重新判断对象是否可达。

5. 不过，即便对象复活了，也不会再次调用终结方法。

6. 综上所述，定义了 finalize() 方法的对象一般（至少）会多存活一个 GC 循环（如果是生命期长的对象，会再多存活一个完整的 GC 循环）。

终结机制的主要问题在于，Java 不确定何时回收垃圾，或者以何种顺序回收对象。因此，Java 平台无法确认什么时候（甚至是否）调用终结方法，或者以什么顺序调用终结方法。

终结机制的细节

考虑到少数适合使用终结机制的场景，下面再列出一些细节，以及使用过程中需要额外注意的事项：

- 在没有回收全部重要对象之前，JVM 可能就会退出，所以根本不会调用某些终结方法。遇到这种情况，操作系统会关闭网络连接等资源，并将其回收。读者仍需注意，如果要删除文件的终结方法没有运行，操作系统将不会删除那个文件。

- 为了确保在虚拟机退出前执行某些操作，Java 提供了 `Runtime::addShutdownHook`，它可以确保在 JVM 退出前安全执行任意代码。

- `finalize()` 方法是实例方法，作用在实例上。没有等效的机制用于终结类。

- 终结方法是实例方法，没有参数，也不返回值。每个类只能有一个终结方法，而且必须命名为 `finalize()`。

- 终结方法可以抛出任何类型的异常或错误，但垃圾回收子系统自动调用终结方法时，终结方法抛出的任何异常或错误都会被忽略，这些异常或错误只会导致终结方法返回。

其他语言或平台中存在与终结机制类似的概念。特别是，C++ 中有一种编程模式，称为 RAII（资源获取初始化），它以类似的方式实现资源的自动管理。在该模式中，程序员会开发一个析构函数（在 Java 中称为 `finalize()` 方法），用于在对象被销毁时执行资源清理释放逻辑。

这方面的基本用例相当简单：当一个对象被创建时，它获得了某个资源的所有权，并且该对象对资源的所有权与该对象的生命周期绑定。当对象消亡时，资源的所有权将自动被放弃，因为平台会自动调用析构函数而无须程序员进行干预。

虽然终结机制表面上看起来与上述机制非常类似，但实际上它们之间有着很大的差异。事实上，由于 Java 与 C++ 的内存管理方案的不同，终结机制这一语言特性存在严重的缺陷。

在 C++ 中，内存是手动管理的，在程序员的控制下，能够对对象进行显式的生命周期管理。这意味着，在对象被删除后可以立即调用析构函数（由平台保证），因此资源的获取和释放直接与对象的生命周期相关。

反之，Java 的内存管理子系统是一个垃圾回收器，它按需运行，对可用内存不足的情况进行响应。因此，它的运行间隔可变（且不确定），并且 `finalize()` 方法只在回收对象时运行，这导致运行的时间无法确定。

如果 `finalize()` 机制被用于自动释放资源（例如文件句柄），则无法保证这些资源何时真正可用。其结果是，终结机制根本无法满足既定目标——自动资源管理。因此无法保证终结的速度足够快，以防止资源耗尽。

 作为一种用于保护稀缺资源（如文件句柄）的自动清理机制，终结机制在设计上存在很大的缺陷。

终结器的唯一实际用例是用一个具有 native() 方法的类，来保持一些非 Java 资源的打开状态。即使在这种情形下，处理资源的 try 语句的块结构方法也是可取的，但是也可以声明一个 public native finalize()（它将被 close() 方法调用）；这将释放 native 资源，包括不受 Java 垃圾回收器控制的堆外内存。这使得终结机制能够在程序员无法调用 close() 时，起到一种"碰运气"式的保护作用。然而，即使在这里，对于块结构代码，TWR 也是更好的机制，并且能够自动支持。

6.5 Java 对并发编程的支持

线程的作用是提供一个轻量级执行单元——比进程颗粒度小，但仍可以执行任意 Java 代码。一般情况下，对操作系统来说，一个线程是一个完整的执行单元，但仍属于一个进程，进程的地址空间在组成该进程的所有线程之间共享。也就是说，每个线程都可以独立调度，而且有自己的栈和程序计数器，但会和同一个进程中的其他线程共享内存和对象。

Java 平台从第 1 版开始就支持多线程编程。同时也向开发者开放了创建新线程的功能。

为了理解这一点，首先我们必须深入思考，当 Java 程序启动并且原始应用程序线程（通常称为主线程）出现时，会发生什么：

1. 用户运行 java Main。

2. Java 虚拟机（所有 Java 程序运行的上下文环境）启动。

3. JVM 进行参数检查，感知到用户已请求从 Main.Class 的入口点（main() 方法）开始执行。

4. 假设 Main 通过类加载检查，则启动用于执行程序的专用线程（主线程）。

5. JVM 字节码解释器在主线程上启动。

6. 主线程的解释器读取 Main::main() 的字节码，然后开始执行，每次执行一个字节码。

每个 Java 程序都是这样启动的，但这也意味着：

- 每个 Java 程序都作为托管模型的一部分启动，每个线程有一个解释器。

- JVM 具有一定的控制 Java 应用程序线程的能力。

在此基础上，要创建新线程并执行它，非常简单，如下所示：

```
Thread t = new Thread(() -> {System.out.println("Hello Thread");});
t.start();
```

这段简短的代码创建并启动一个新线程，然后执行 lambda 表达式的主体，然后退出。

用过旧版 Java 的读者请注意，lambda 表达式其实会被转换成 Runnable 接口的实例，然后再传递给 Thread 类的构造方法。

线程机制允许新线程和原有的应用线程以及 JVM 为不同目的而创建的多个线程一起并发运行。

对于主流的 Java 平台实现，每次调用 Thread::start() 时，这个调用都被委托给操作系统，并创建一个新的操作系统线程。这个新的操作系统调用的其实是 JVM 字节码解释器的新副本。解释器开始在 run() 方法处执行（或者等效地在 lambda 的主体上执行）。

这说明应用线程都能访问操作系统调度程序控制的 CPU，调度程序是操作系统原生的一部分，用于管理处理器时间片调度（也能禁止应用线程超时）。

在最近几版 Java 中，运行时托管并发越来越流行。由于多种原因，由开发者自行管理线程已经不能满足实际需求了。而运行时应该提供"发射后不用管"的能力，让程序指定需要做什么，但怎么做这种的低层细节交给运行时完成。

此种观点从 java.util.concurrent 包含的并发工具包中可以窥探一二，本书不会详细介绍这个包，有兴趣的读者可以阅读 Brian Goetz 等人撰写的 *Java Concurrency in Practice* 一书（Addison-Wesley 出版）。

本章剩下的内容将介绍 Java 平台提供的低层并发机制，每个 Java 开发者都应该对此有所了解。

6.5.1 线程的生命周期

先来看看应用线程的生命周期。不同的操作系统看待线程的视角有所不同，所以在某些细节上可能有所不同（不过，从某种高度上来看，大多数情况下基本类似）。Java 做了很多尝试，力求将这些细节抽象化，Java 提供了一个名为 Thread.State 的枚举类型，囊括了操作系统视角下的线程状态。借助 Thread.State 中的枚举值可以完全了解一个线程的全生命周期。

NEW

　　新线程已创建，但还没在线程对象上调用 start() 方法。所有线程一开始都处于这种状态。

RUNNABLE

　　线程正在运行中，或者当操作系统调度到线程（处于就绪状态）时就可运行。

BLOCKED

线程中止运行，因它正在等待获得一个锁，以便进入声明为 synchronized 的方法或代码块。本节后面会详细介绍声明为 synchronized 的方法和代码块。

WAITING

线程中止运行，因为它调用了 Object.wait() 或 Thread.join() 方法。

TIMED_WAITING

线程中止运行，因为它调用了 Thread.sleep() 方法，或调用了 Object.wait() 或 Thread.join() 方法，同时指定了超时时间。

TERMINATED

线程执行完毕。线程对象的 run() 方法正常退出，或者抛出了异常。

这些是常见的线程状态（至少对主流操作系统而言是这样的)，线程的生命周期如图 6-4 所示。

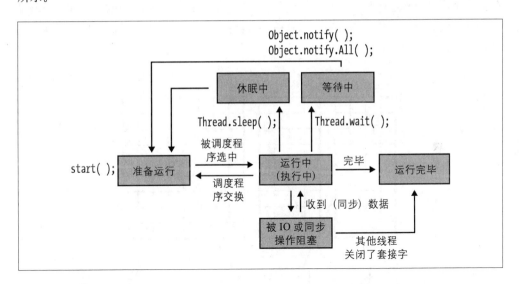

图 6-4：线程的生命周期

使用 Thread.sleep() 方法可以让线程休眠。该方法有一个参数，可指定线程休眠的时长，单位为毫秒，如下面代码所示：

```
try {
    Thread.sleep(2000);
} catch (InterruptedException e) {
    e.printStackTrace();
}
```

参数中指定的休眠时长是对操作系统的请求，而不是要求。例如，休眠的时间可能比请求时间更长。具体休眠的时间，取决于系统装载和运行时环境相关的其他因素。

本章稍后部分将介绍 Thread 类的其他方法，在此之前，我们要介绍一些重要的理论，学习线程如何访问内存，了解为什么多线程编程如此之难，以及会给开发者带来哪些问题。

6.5.2 可见性和可变性

在主流的 Java 平台中，其实进程中的每个 Java 应用线程都有自己的栈（和局部变量），但是这些线程共用同一个堆。因此可以轻易在线程间共享对象，毕竟需要做的只是将引用从一个线程传到另一个线程。如图 6-5 所示。

由此引出 Java 的一个通用设计原则——对象默认可见。如果有一个对象的引用，就可以复制一个副本，然后将其交给另一个线程，而不受任何限制。Java 中的引用其实就是类型指针，指向内存中的某个位置，而且所有线程都共享同一个地址空间，所以默认可见是自然的模型。

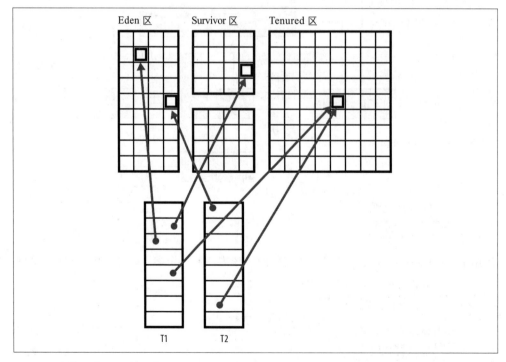

图 6-5：在线程之间共享内存

除默认可见外，Java 还有一个特性对理解并发很重要——对象是可变的（mutable），对象的内容（即实例字段的值）一般都可以被修改。使用 `final` 关键字可以将变量或引用声明为常量，但这种处理方式并不适用于对象的内容。

在阅读本章剩余部分时，读者将发现，这两个特性（跨线程可见性和对象可变性）混杂在一起时，会大幅增加了理解 Java 并发编程的难度。

并发编程的安全性

想要编写正确的多线程代码，需要让程序满足一个重要的条件。

在第 5 章，我们将安全的面向对象程序定义为通过调用对象的存取方法，将对象从一个合法状态转换成另一个合法状态。这个定义对单线程代码来说没问题，然而扩展到并发编程领域，会遇到特殊而棘手的问题。

 在程序中，不管调用什么方法，也不管操作系统如何调度应用线程，一个对象看到的任何其他对象都处于合法或一致的状态，这样的程序才称得上是安全的多线程程序。

在大部分主流应用场景中，操作系统会根据系统装载和系统中运行的其他程序做出决策，在不同的时期把线程调度到不同的处理器内核中运行。如果系统装载高，说明还有其他进程需要运行。

若需要，操作系统会把 Java 线程从 CPU 内核中强制切换出来，不管线程正在做什么，哪怕某个方法刚好执行了一半，都会立即挂起。然而，我们在第 5 章说过，在方法执行的过程中，可以临时先将对象变成非法状态，等方法退出后再变成合法状态。

因此，即便程序遵守了安全规则，如果一个长时间运行的方法还没退出线程就被切换出来了，也可能会让对象处于不一致的状态。这意味着，即便为单线程正确建模了数据类型，还是要考虑如何避免并发的影响。添加这层额外的保护措施之后，才能称为并发安全（更正式的说法是线程安全）的代码。

下一节介绍获取这种安全性的主要方式，本章末尾还将介绍在某些情况下起作用的其他机制。

6.5.3 互斥和状态保护

只要在修改或读取对象的过程中，对象的状态可能存在不一致，这段代码就必须受到保护。为了保护这种代码，Java 平台只提供了一种机制，那就是互斥。

假如某个方法包含了一连串操作，那么在执行过程中被中断，就可能会导致某个对象处于不一致或非法状态。如果这个非法状态对另一个对象可见，代码执行时就可能会出错。

例如，在 ATM 系统或其他柜员机系统中可能有如下代码：

```java
public class Account {
    private double balance = 0.0; // Must be >= 0
    // Assume the existence of other field (e.g., name) and methods
    // such as deposit(), checkBalance(), and dispenseNotes()

    public Account(double openingBal) {
        balance = openingBal;
    }

    public boolean withdraw(double amount) {
        if (balance >= amount) {
            try {
                Thread.sleep(2000); // Simulate risk checks
            } catch (InterruptedException e) {
                return false;
            }
            balance = balance - amount;
            dispenseNotes(amount);
            return true;
        }
        return false;
    }
}
```

withdraw() 方法中的一系列操作就可能会让对象处于不一致状态。具体来说，查看余额之后，在模拟风险评估的阶段，第一个线程休眠时，可能会出现第二个线程继续执行代码，导致账户透支，违背 balance >= 0 这个约束条件。

在上述例子中，系统对对象的操作虽然在单线程中安全（因为在单线程中对象不可能变成非法状态，即 balance < 0），但并发时却并非如此。

为了让此类代码在并发运行时也安全，Java 为开发者提供了 synchronized 关键字。这个关键字可以用在代码块或方法上，使用时，Java 平台会限制访问代码块或方法中的代码。

 因为代码被 synchronized 关键字包围起来，所以很多人认为，Java 的并发与代码有关。有些资料甚至将 synchronized 修饰的块或方法中的代码称为临界区，还认为临界区是并发的关键所在。其实不然，稍后会了解到其实要防范的是数据的不一致性。

Java 平台会为它创建的每个对象维持一个特殊的标记，这个标记叫作监视器（monitor）。synchronized 使用这些监视器（或叫作锁）来指示，随后的代码可以临时将对象渲染成不一致的状态。synchronized 修饰的代码块或方法会发生一系列事件，如下所述：

1. 线程需要修改对象时，会临时将对象变成不一致状态。

2. 线程获取监视器，指明它需要临时互斥存储该对象。

3. 线程修改对象，修改完毕后对象处于一致的合法状态。

4. 线程释放监视器。

若在修改对象的过程中，其他线程尝试获取锁，那么 Java 会阻塞这次尝试，直到拥有锁的线程释放锁为止。

请读者注意，如果程序没有创建共享数据的多个线程，就无须使用 synchronized 语句。如果自始至终只有一个线程访问某个数据结构，就没有必要使用 synchronized 保护这个数据结构。

有一点至关重要，即获取监视器不能避免访问对象，只能避免其他线程声称拥有这个锁。为了正确编写并发安全的代码，开发者需要确保修改或读取可能处于不一致状态的对象之前，得先获取对象的监视器。

换个角度来说，如果 synchronized 修饰的方法正在处理一个对象，并且将该对象变成非法状态，那么读取该对象的另一个方法（没使用 synchronized 修饰）仍能看到不一致的状态。

 同步是保护状态的一种合作机制，因此非常脆弱。一个缺陷（比如说，需要使用 synchronized 修饰的方法却没有使用）就可能为系统的整体安全性带来灾难性的后果。

之所以使用 synchronized 这个词作为表述"需要临时互斥存储"的关键词，除了说明需要获取监视器之外，还表明进入代码块时，JVM 会从主内存中重新读取对象的当前状态。类似地，退出 synchronized 修饰的代码块或方法时，JVM 会刷新所有修改过的对象，将新状态保存到主内存。

如果不同步，系统中不同的 CPU 内核看到的内存状态可能不一样，而这种差异可能会破坏运行中程序的状态。前面的 ATM 示例就是比较典型的例子。

一个最简单的例子是 lost update，如以下代码所示：

```java
public class Counter {
    private int i = 0;

    public int increment() {
        return i = i + 1;
    }

}
```

上述代码可以通过一个简单的控制程序来驱动：

```
Counter c = new Counter();
int REPEAT = 10_000_000;
Runnable r = () -> {
    for (int i = 0; i < REPEAT; i++) {
        c.increment();
    }
};
Thread t1 = new Thread(r);
Thread t2 = new Thread(r);

t1.start();
t2.start();
t1.join();
t2.join();

int anomaly = (2 * REPEAT + 1) - c.increment();
double perc = ((anomaly + 0.0) * 100) / (2 * REPEAT);
System.out.println("Lost updates: "+ anomaly +" ; % = " + perc);
```

如果这个并发程序是正确的，那么 lost update 的值为 0。然而实际上却不是，因此我们可以得出结论，非同步访问从根本上就是不安全的。

与此相对应的是，我们还发现添加关键字 synchronized 到 increment 方法，就能够让 lost update 符合预期（其值为 0），也就是说，即使在多线程环境中，方法也可以正确工作。

6.5.4 volatile 关键字

Java 还提供了一个关键字，用于处理并发数据访问。这个关键字就是 volatile，在代码中使用 volatile 意味着，应用代码使用字段或变量前，必须重新从主内存读取值。同样地，修改使用 volatile 修饰的值后，在写入变量之后，必须存回主内存。

volatile 关键字的主要用途之一是在"关闭前一直运行"模式中使用。在编写多线程程序时，如果外部用户或系统需要向处理中的线程发出信号，指示线程在完成当前作业后优雅地关闭线程，那么就需要使用 volatile 关键字。这个过程有时被称为"优雅结束"模式。下面来察看看一个典型的示例，假设应用线程中有如下代码，而这段代码在一个实现 Runnable 接口的类中定义：

```
private volatile boolean shutdown = false;

public void shutdown() {
    shutdown = true;
}

public void run() {
    while (!shutdown) {
        // ... process another task
    }
}
```

只要没有其他线程调用 shutdown() 方法，处理中的线程就会继续处理任务（通常与 BlockingQueue 配套使用，BlockingQueue 接口用于分配工作）。一旦有其他线程调用 shutdown() 方法，处理中的线程就会发现 shutdown 的值变成了 true。这个变化其实并不影响运行中的任务，不过一旦这个任务结束，处理中的线程就不会再接受其他任务，而是优雅地关闭。

然而，尽管 volatile 关键字很有用，但它并没有提供完整的状态保护，我们可以使用它将 Counter 中的字段标记为 volatile。读者可能想当然地认为这会保护 Counter 中的代码。不幸的是，异常的观测值（仍然存在 lost update 问题）表明情况并非如此。

6.5.5 Thread 类中有用的方法

创建新的应用线程时，开发者可以使用 Thread 类中的许多方法，以减少劳动量。这里没有列出全部方法，Thread 类还有许多其他方法，但本节主要介绍最常用的那些方法。

getId()

该方法返回线程 ID 值，其类型为 long。线程 ID 在线程的整个生命周期中都不会变。

getPriority() 和 setPriority()

这两个方法控制线程的优先级。调度程序处理线程优先级的策略之一是，如果有优先级高的线程在等待，就不运行优先级低的线程。不过，大多数情况下都无法影响调度程序解释优先级的方式。线程的优先级用 1~10 之间的整数表示，数值越大表示优先级越高，10 的优先级最高。

setName() 和 getName()

开发者使用这两个方法设置或取回单个线程的名称。为线程起名字是个好习惯，因为这样处理，调试时更方便，尤其是使用 jvisualvm 等工具，13.2 节将介绍 jvisualvm。

getState()

返回一个 Thread.State 对象，用于说明线程处于何种状态，表示状态的各个值在 6.5.1 节中已经介绍过了。

isAlive()

用来测试线程是否处于活跃状态。

start()

该方法用来创建一个新应用线程，然后再调用 run() 方法调度这个线程，run() 方法是线程执行的起点。正常情况下，执行到 run() 方法的末尾或者执行 run() 方法中的一个 return 语句后，线程就会结束运行。

interrupt()

如果调用 sleep()、wait() 或 join() 方法时阻塞了某个线程，那么在表示这个线程的 Thread 对象上调用 interrupt() 方法，会让该线程抛出一个 InterruptedException 异常（并唤醒该线程）。

如果线程中涉及可中断的 I/O 操作，那么这个 I/O 操作会终止，而且线程会收到 ClosedByInterruptException 异常。即便线程没有从事任何可中断的操作，线程的中断状态也会被设为 true。

join()

在调用 join() 方法的 Thread 对象"死亡"之前，当前线程一直处于等待状态。可以将该方法理解为一个指令，在其他线程结束之前，当前线程不会继续向前运行。

setDaemon()

用户线程具备某种特性：只要它还"活着"，进程就无法退出。这是线程的默认行为。有时，开发者希望线程不要阻止进程退出——这种线程叫守护线程。一个线程是守护线程还是用户线程，由 setDaemon() 方法控制。

setUncaughtExceptionHandler()

线程因抛出异常而退出时，默认的行为是打印线程的名称、异常的类型、异常消息及栈跟踪。如果这么做还不够，可以在线程中添加一个自定义的处理程序，用于处理未捕获的异常。例如：

```
// This thread just throws an exception
Thread handledThread =
  new Thread(() -> { throw new UnsupportedOperationException(); });

// Giving threads a name helps with debugging
handledThread.setName("My Broken Thread");

// Here's a handler for the error.
handledThread.setUncaughtExceptionHandler((t, e) -> {
    System.err.printf("Exception in thread %d '%s':" +
        "%s at line %d of %s%n",
        t.getId(),    // Thread id
        t.getName(),  // Thread name
        e.toString(), // Exception name and message
        e.getStackTrace()[0].getLineNumber(),
        e.getStackTrace()[0].getFileName()); });
handledThread.start();
```

这个方法在某些情况下很有用，例如一个线程在监管一组其他工作线程，那么可以使用这种模式重启已"死亡"的线程。

此外还有 setDefaultUncaughtExceptionHandler() 方法，它是一个静态方法，设置一个备份处理程序来捕获任何线程的未捕获异常。

6.5.6 Thread 类弃用的方法

Thread 类除了提供一些有用的方法之外，还有一些危险的方法，我们不应该继续使用。这些方法是 Java 线程 API 很久以前提供的，但很快就发现不适合我们使用。可惜的是，由于 Java 要向后兼容，因此不能将这些方法从 API 中移除。我们应知道这些方法的存在，而且在任何情况下都不能使用它们。

stop()

如若不违背并发安全的要求，几乎不可能正确使用 Thread.stop()，因为 stop() 方法会立刻"杀死"线程，而不会给线程任何机会将对象恢复成合法状态。这与并发安全等原则背道而驰，因此绝对不能使用 stop() 方法。

suspend()、resume() 和 countStackFrames()

调用 suspend() 方法挂起线程时，不会释放该线程拥有的任何一个监视器，因此，如果其他线程试图访问这些监视器，这些监视器会变成死锁。其实，这种机制会导致死锁之间的条件竞争，而且 resume() 会导致这几个方法不能使用。

destroy()

这个方法一直没有实现，如果实现了，会遇到与 suspend() 方法一样的条件竞争。

开发者始终应该避免使用这些被弃用的方法。为了达到与上述方法的等同的预期效果，Java 开发了一些安全的替代模式。前面提到的"关闭前一直运行"模式就是这些模式之一。

6.6 使用线程

若想有效使用多线程代码，要对监视器和锁有起码的认知。读者需要掌握以下要点：

- 使用同步的目的是保护对象的状态和内存，而不是代码。

- 同步是线程间的合作机制。一个缺陷就可能破坏这种合作模型，从而导致严重的后果。

- 获取监视器只能避免其他线程再次获取这个监视器，并不能确保保护对象。

- 即便对象的监视器锁定了，不同步的方法也能看到（和修改）不一致的状态。

- 锁定 `Object[]` 不会锁定其中的单个对象。

- 基本类型的值不可变，因此不能（也无须）锁定。

- 接口中声明的方法不能使用 `synchronized` 关键字修饰。

- 内部类只是句法糖，因此内部类的锁对外层类无效（反之亦然）。

- Java 的锁可重入（reentrant）。这也就是说，若一个线程拥有一个监视器，那么这个线程遇到具有同一个监视器的同步代码块时，仍然可以进入这个代码块[注2]。

此外，线程可以休眠一段时间。但有时不需要指定具体的休眠时长，而是等到满足某个条件时才唤醒。在 Java 中，这种操作通过 `wait()` 和 `notify()` 方法来完成，这两个方法都在 `Object` 类中定义。

就像每个 Java 对象都跟一个锁关联一样，每个对象还会维护一个等待线程列表。在一个线程中，如果某个对象调用了 `wait()` 方法，那么这个线程会临时释放它拥有的所有锁，并且这个线程会被添加到这个对象的等待线程列表中，然后停止运行。其他线程在这个对象上调用 `notifyAll()` 方法时，这个对象会唤醒等待线程，然后让这些线程继续运行。

例如，下面是一个简化版队列，在多线程环境中可以安全使用：

```java
/*
 * One thread calls push() to put an object on the queue.
 * Another calls pop() to get an object off the queue. If there is no
 * data, pop() waits until there is some, using wait()/notify().
 */
public class WaitingQueue<E> {
    LinkedList<E> q = new LinkedList<E>(); // storage
    public synchronized void push(E o) {
        q.add(o);           // Append the object to the end of the list
        this.notifyAll();   // Tell waiting threads that data is ready
    }
    public synchronized E pop() {
        while(q.size() == 0) {
            try { this.wait(); }
            catch (InterruptedException ignore) {}
        }
        return q.remove();
    }
}
```

这个类在队列为空时（此时 `pop()` 操作会失败）在 `WaitingQueue` 实例上调用 `wait()` 方法。等待的线程会临时释放监视器，允许其他线程声称拥有这个监视器，然后该线程可能会调用 `push()` 方法，将新对象添加到队列中。原来的线程被唤醒时，会从它之前开始休眠的地方继续运行，而且会重新获取监视器。

注2: 除 Java 外，其他语言实现的锁并非都有这种特性。

wait() 和 notify() 方法必须在 synchronized 修饰的方法或代码块中使用，因为只有临时放弃锁，这两个方法才能正常工作。

一般情况下，大多数开发者都不需要自己编写类似这个示例的类，使用 Java 提供的库和组件即可。

6.7 小结

本章介绍了 Java 实现内存管理和并发编程的方式，以及这两个话题之间的内在联系。处理器的内核数量变得越来越多，因此需要使用并发编程技术合理利用这些内核。在未来，良好的并发处理是实现高性能应用的关键。

Java 的线程模型基于三个基本概念。

状态是共享的、可变的，而且默认是可见的
　　也就是说，在同一个进程中，对象可轻而易举地在不同的线程间共享，而且只要线程中有对象的引用，就可以修改对象。

抢先式线程调度
　　几乎任何时候，操作系统的线程调度程序都能把线程调入和调出内核。

对象的状态只能由锁保护
　　锁很难正确使用，而且状态十分脆弱，即便是读取操作也可能会得到不可思议的结果。

　　Java 实现并发的这三个方面放在一起，解释了为什么多线程编程会让开发者如此头痛。

第二部分

使用 Java 平台

第二部分介绍 Java 原生的一些核心库，以及中高级 Java 程序员常用的一些编程技术。

第 7 章

编程和文档约定

本章包含一些重要而有效的 Java 编程和文档约定,包含以下内容:

- 一般的命名以及大小写约定。

- 可移植性的技巧和约定。

- javadoc 注释文档的句法和约定。

7.1 命名和大小写约定

下述的命名约定应用广泛,适用于 Java 中的包、引用类型、方法、字段和常量。这些约定几乎可以在全球通用,同时会影响所定义的类的公开 API,因此要认真遵守。

模块

由于模块是 Java 9 以后 Java 应用程序的首选发布单位,因此在命名模块时需要尤其注意。

模块系统基于一个基本假设,那就是模块名必须是全局唯一的。由于模块实际上是超级包(或包的聚合),模块名应该与分组到模块中的包名密切相关。一种建议的方法是将模块中的包组合在一起,并使用包的根名称作为模块名称。

包

公开可见的包通常需要尽量使用唯一的包名。常见的做法是把网站的域名倒置,放在包名前(例如 com.oreilly.javanutshell)。

现在这个约定没有以前那么严格了,有些项目仅仅采用了一个简单、可辨识的且唯一的前缀。所有包名都应该使用小写字母。

类

类型的名称应该以大写字母开头，而且要混用大小写（例如 String）。如果类名包含多个单词，每个单词的第一个字母都要大写（例如 StringBuffer）。如果类型名称或类型名称中有一部分是简称，那么简称可以全用大写字母（例如 URL 和 HTMLParser）。

类和枚举类型是为了表示对象，因此类名要多使用名词（例如 Thread、Teapot 和 FormatConverter）。

枚举类型是类的一种特殊情况，其中只有有限多个实例。除非是极特殊的情况，否则它们都应被命名为名词。根据下文中常量的规则，enum（枚举）类型定义的常量通常也都用大写字母书写。

接口

Java 程序员使用接口通常有两种方式：一种是表示类具有附加的、补充的方面或行为；另一种是表示类是接口的一种可能实现，该接口有多个有效的实现选择。

如果接口是用来为实现这个接口的类提供额外信息的，那么一般应该用形容词命名这个接口（例如 Runnable、Cloneable 和 Serializable）。

如果接口的作用偏向抽象超类，则应该使用名词命名（例如 Document、FileNameMap 和 Collection）。

方法

方法名总是以小写字母开头。如果方法名包含多个单词，除了第一个单词，其他单词的第一个字母都要大写（例如 insert()、insertObject() 和 insertObjectAt()）。这种方式一般称为"驼峰"命名。

方法名一般都经过精心构思，选择一个动词作为第一个单词。为了清楚地表明方法的作用，方法名的长度不限，但应该尽量使用简短的名称。应该避免使用过于通用的方法名，例如 performAction()、go() 或者糟糕的 doIt()。

字段和常量

非常量字段名遵循与方法名相同的大小写约定。应该选择一个最能准确描述该字段的用途或它所包含的值的名称。

如果一个字段是一个 static final 修饰的常量，它应该全部用大写字母命名。如果常量的名称包含多个单词，单词之间应该使用下划线分隔（例如 MAX_VALUE）。

参数

方法的参数命名的大小写约定与非常量字段是一样的。方法的参数名会出现在方法的文档中，因此，需要选择一个能尽量清楚表达参数作用的名称。尽量使用一个单词命名参数，并在所有用到这个参数的地方使用相同的名称。例如，如果 `WidgetProcessor` 类定义的方法中，有多个方法的第一个参数都是一个 `Widget` 对象，那么可以在每个方法中都把这个参数命名为 `widget`。

局部变量

局部变量的名称属于实现细节，在类外部不可见。尽管这样，选择一个好的名称依然会让代码更易于阅读、理解和维护。变量的命名方式往往与方法和字段的命名约定一样。

除了名称的种类有专门的约定之外，名称中可以使用的字符也有约定。Java 虽然允许在标识符中使用 $ 字符，但根据约定，$ 字符专门用于源代码处理程序生成的合成名称。例如，Java 编译器使用 $ 字符实现内部类。用户编写的任何名称中都不应该用到 $ 字符。

Java 允许名称使用 Unicode 字符集中的任何字母数字字符。这对于非英语母语的程序员而言虽然方便，却始终没有流行开来，极少见到有人这么做。

7.2 实用的命名方式

我们为结构起的名字十分重要。向同事表述我们的抽象构思时，命名是一个关键。把软件设计从一个头脑中转移到另一个头脑中很难，多数情况下，甚至比转移到执行该设计的机器中还要难。

因此，我们必须竭尽所能，让这个过程变得简单易行，而名称是关键所在。评审代码时（所有代码都应该评审），评审人员应该特别留意代码中使用的名称。

- 类型的名称能否表明类型的作用？
- 各个方法的实现逻辑是否和方法名表达的意思完全一致？理想情况下，应该不多也不少。
- 名称的表述是否到位？是否需要换成更具体的名称？
- 名称是否适用于所描述的领域？
- 同一领域中使用的名称是否一致？
- 名称中是否混杂着隐喻？
- 名称是否重用了软件工程常用的术语？

混杂隐喻在软件中十分常见，尤其是应用发布了几个版本之后。一开始，系统的组件可能会使用完全合理的名称，例如 `Receptionist`（处理进入的连接）、`Scribe`（持久化存储订单）和 `Auditor`（检查和调整订单），但是很快，在下一版本中就会出现一个名为

Watchdog 的类，用于重启进程。这个命名并不糟糕，但破坏了以前建立起来的命名模式——根据职务头衔取名。

需要认识到，随着时间的推移，软件经常要发生变化。这一点非常重要。版本 1 中使用的名称完全贴切，然而在版本 4 中则可能变得含糊不清。注意，随着系统关注点和目标的变化，重构代码时也要重构名称。现代化 IDE 可以全局搜索并替换符号，因此完全不必固守过时的隐喻。

最后要提醒的是，过于严格地解读这些规则，可能会导致开发者使用非常奇怪的命名结构。如果一成不变地使用这些约定，也可能会导致一些荒唐的结果，有些资料对此做了生动的描述。

换句话说，这里所述的约定，都不是强制要求。如果遵守，绝大多数情况下都能让代码变得更易于阅读和维护。然而，只要能让代码更加易于阅读，也可以打破这些准则。

> "文章不可能完全按照规则来，有时候不得不打破规则以便于更好地写作。"
>
> ——乔治·奥威尔

最重要的是，需要对编写的代码能存活多久有理性认识。银行的风险计算系统可能要工作十年或更久，而初创项目的原型则可能只存在几周时间。因此，要根据代码的存活时间相应地编写文档，代码存在的时间越长，文档就要写得越好。

7.3 Java 文档注释

Java 代码中的大多数普通注释用于说明代码的实现细节。不过，Java 语言规范还定义了一种特殊的注释，叫作文档注释（doc comment），这种注释用于编写代码 API 的文档。

文档注释是普通的多行注释，以 /** 开头（不是通常使用的 /*），以 */ 结尾。文档注释放在类型或成员定义的前面，其中的内容是那个类型或成员的文档。文档中可以包含简单的 HTML 格式化标签，还可以包含其他特殊的关键字，来提供额外的信息。

编译器会忽略注释，但 javadoc 程序能把文档注释提取出来，自动转换成 HTML 格式的在线文档（javadoc 的更多信息参见第 13 章）。

下面这个示例定义一个类，其中包含适当的文档注释：

```
/**
 * This immutable class represents <i>complex numbers</i>.
 *
 * @author David Flanagan
 * @version 1.0
 */
```

```
public class Complex {
    /**
     * Holds the real part of this complex number.
     * @see #y
     */
    protected double x;

    /**
     * Holds the imaginary part of this complex number.
     * @see #x
     */
    protected double y;

    /**
     * Creates a new Complex object that represents the complex number
     * x+yi. @param x The real part of the complex number.
     * @param y The imaginary part of the complex number.
     */
    public Complex(double x, double y) {
        this.x = x;
        this.y = y;
    }

    /**
     * Adds two Complex objects and produces a third object that
     * represents their sum.
     * @param c1 A Complex object
     * @param c2 Another Complex object
     * @return  A new Complex object that represents the sum of
     *          <code>c1</code> and <code>c2</code>.
     * @exception java.lang.NullPointerException
     *              If either argument is <code>null</code>.
     */
    public static Complex add(Complex c1, Complex c2) {
        return new Complex(c1.x + c2.x, c1.y + c2.y);
    }
}
```

7.3.1 文档注释的结构

文档注释主体的开头是一句话,概述类型或成员的作用。这句话可能会在文档的概述中显示,因此应该自成一体。第一句话后面可以跟着其他句子或段落,数量不限,这些内容用来详细阐述类、接口、方法或字段。

在这些描述性段落之后,还可以有其他段落,数量也不限,而且每段都以一个特殊的文档注释标签开头,例如 @author、@param 或 @returns。这些包含标签的段落提供类、接口、方法或字段的特殊信息,javadoc 程序会以一种标准的方式显示这些信息。全部文档注释标签在下一节列出。

文档注释的描述性内容可以包含简单的 HTML 标记标签,例如:<i> 用于强调,<code> 用于显示类、方法和字段的名称,<pre> 用于显示多行代码示例。除此之外,也可以包

含 `<p>` 标签，把说明分成多个段落；还可以使用 `<ul>` 和 `<li>` 等相关标签，显示无序列表等结构。不过，要记住，你编写的内容会嵌入复杂的大型 HTML 文档，因此，文档注释不能包含 HTML 主结构标签，例如 `<h2>` 和 `<hr>`，以免影响那个大型 HTML 文档的结构。

在文档注释中，要避免使用 `<a>` 标签加入超链接或交叉引用。如果有这类需求，可以使用特殊的文档注释标签 `{@link}`。这个标签和其他文档注释标签不同，可以在文档注释的任何位置使用。下一节会介绍，`{@link}` 标签的作用是插入指向其他类、接口、方法或字段的超链接，但不需要知道 javadoc 程序使用的 HTML 结构约定和文件名。

如果想在文档注释中插入图片，要把图片文件放在源码目录里的 *doc-files* 子目录中，而且要使用类名和一个整数后缀命名这个图片。例如，Circle 类文档注释中的第二张图片，可以使用下述 HTML 标签插入：

```
<img src="doc-files/Circle-2.gif">
```

文档注释中的各行都嵌在一个 Java 注释里，因此，在处理之前每一行注释前面的空格和星号都会被删除。所以，不用担心星号会出现在生成的文档中，也不用担心注释的缩进会影响带 `<pre>` 标签的注释中代码示例的缩进。

7.3.2 文档注释标签

javadoc 程序能识别一些特殊的标签（每个标签均以 @ 字符开头）。这类文档注释标签以一种标准的方式在注释中插入特殊的信息，javadoc 会根据标签选择合适的格式输出信息。例如，@param 标签用于指定方法中一个参数的名称和意义。javadoc 会把这些信息提取出来，根据具体情况，将其显示在 HTML 的 `<dl>` 列表或 `<table>` 表格中。

javadoc 能识别的文档注释标签如下所示，文档注释一般也应该按照下述顺序使用这些标签。

@author *name*

　　添加一个"Author:"条目，内容是作者的名字。每个类和接口定义都应该使用这个标签，但单个方法和字段一定不能使用它。如果一个类有多位作者，则在相邻的几行中使用多个 @author 标签。例如：

```
@author Ben Evans
@author David Flanagan
```

　　多位作者按照时间顺序列出，先列出最初的作者。如果不知道作者是谁，可以使用"unascribed"。如果不指定命令行参数 -author，javadoc 不会输出作者信息。

@version *text*

插入一个"Version:"条目，内容是指定的文本。例如：

```
@version 1.32, 08/26/04
```

每个类和接口的文档注释中都应该包含这个标签，但单个方法和字段不能使用它。这个标签经常和支持自动排序版本号的版本控制系统一起使用，例如 git、Perforce 或 SVN。如果不指定命令行参数 `-version`，`javadoc` 不会在其生成的文档中输出版本信息。

@param *parameter-name description*

把指定的参数及其说明添加到当前方法的"Parameters:"区域。在方法和构造方法的文档注释中，每个参数都要使用一个 `@param` 标签列出，而且应该按照参数顺序排列。这个标签只能出现在方法或构造方法的文档注释中。

鼓励使用短语和句子片段，保持说明简洁。不过，如果需要详细说明参数，说明文字可以分成多行，需要多少字就写多少字。为了在源码中易于阅读，可以使用空格对齐所有说明。例如：

```
@param o      the object to insert
@param index  the position to insert it at
```

@return *description*

插入一个"Returns:"区域，内容是指定的说明。每个方法的文档注释中都应该使用这个标签，除非方法返回 `void`，或者是构造方法。说明需要多长就可以写多长，但为了保持简短，建议使用句子片段。例如：

```
@return <code>true</code> if the insertion is successful, or
        <code>false</code> if the list already contains the object.
```

@exception *full-classname description*

添加一个"Throws:"条目，内容是指定的异常名称和说明。方法和构造方法的文档注释应该为 throws 子句中的每个已检异常编写一个 `@exception` 标签。例如：

```
@exception java.io.FileNotFoundException
           If the specified file could not be found
```

如果方法的用户基于某种原因想捕获当前方法抛出的未检异常（即 Runtime-Exception 的子类），`@exception` 标签也可以为这些未检异常编写文档。如果方法能抛出多个异常，要在相邻的几行使用多个 `@exception` 标签，而且按照异常名称的字母表顺序对其排列。根据需要，说明可长可短，只要能说清楚异常的意思就行。这个标签只能出现在方法和构造方法的文档注释中。`@throws` 标签是 `@exception` 标签的别名。

@throws *full-classname description*

　　这个标签是 @exception 标签的别名。

@see *reference*

　　添加一个"See Also:"条目，内容是指定的引用。这个标签可以出现在任何文档注释中。*reference* 的句法在 7.3.4 节说明。

@deprecated *explanation*

　　这个标签指明随后的类型或成员弃用了，要避免使用。javadoc 会在文档中添加一个明显的"Deprecated"条目，内容为指定的 *explanation* 文本。这个文本应该说明这个类或成员从何时开始弃用，如果可能的话，还应该推荐替代的类或成员，并且添加指向替代的类或成员的链接。例如：

```
@deprecated As of Version 3.0, this method is replaced
            by {@link #setColor}.
```

　　一般情况下，javac 会忽略所有注释，但 @deprecated 标签是个例外。当该标签出现时，编译器会在它生成的类文件中记录下来。这样它就可以对依赖于这些已经弃用的特性的其他类做出警告。

@since *version*

　　指明类型或成员何时添加到 API 中。这个标签后面应该跟着版本号或其他形式的版本信息。例如：

```
@since JNUT 3.0
```

　　类型的文档注释都应该包含一个 @since 标签；类型初始版本之后新添加的任何成员，都要在其文档注释中加上 @since 标签。

@serial *description*

　　严格来说，类序列化的方式是公开 API 的一部分。如果你编写的类可以序列化，就应该在文档注释中使用 @serial 标签和下面列出的相关标签说明序列化的格式。在实现 Serializable 接口的类中，组成序列化状态的每个字段，都应该在其文档注释中使用 @serial 标签。

　　对于使用默认序列化机制的类来说，除了声明为 transient 的字段，其他所有字段（包括声明为 private 的字段）都要在文档注释中使用 @serial 标签。*description* 应该简要说明字段及其在序列化对象中的作用。

　　在类和包的文档注释中也可以使用 @serial 标签，以指明是否为当前的类或包生成"serialized form"页面。句法如下：

```
@serial include
@serial exclude
```

@serialField *name type description*

实现 Serializable 接口的类可以声明一个名为 serialPersistentFields 的字段，以定义序列化格式。serialPersistentFields 字段的值是一个数组，由 ObjectStreamField 对象组成。对这样的类来说，在 serialPersistentFields 字段的文档注释里，数组中的每个元素都要包含一个 @serialField 标签，该标签会指明元素在类序列化状态中的名称、类型和作用。

@serialData *description*

实现 Serializable 接口的类可以定义一个用于写入数据的 writeObject() 方法，以代替默认序列化机制提供的写入方式。实现 Externalizable 接口的类可以定义一个 writeExternal() 方法，从而把对象的完整状态写入序列化流。writeObject() 和 writeExternal() 方法的文档注释中应该使用 @serialData 标签，*description* 需要说明这个方法使用的序列化格式。

7.3.3 行内文档注释标签

除了上述标签外，javadoc 还支持几个行内标签。在文档注释中，能使用 HTML 文本的地方都可以使用行内标签。因为这些标签直接出现在 HTML 文本流中，所以要使用花括号把标签中的内容和周围的 HTML 文本隔开。javadoc 支持的行内标签包括如下几个：

{@link *reference***}**

{@link} 标签和 @see 标签的作用类似，但 @see 标签是在专门的 "See Also:" 区域放置一个指向特定的 reference 的链接，而 {@link} 标签在行内插入链接。在文档注释中，只要能使用 HTML 文本的地方都可以使用 {@link} 标签。因此，{@link} 标签可以出现在类、接口、方法或字段的第一句话中，也能出现在 @param、@returns、@exception 和 @deprecated 标签的说明中。{@link} 标签中的 *reference* 使用专门的句法，7.3.4 节会介绍。例如：

```
@param regexp The regular expression to search for. This string
              argument must follow the syntax rules described for
              {@link java.util.regex.Pattern}.
```

{@linkplain *reference***}**

{@linkplain} 标签和 {@link} 标签的作用类似，不过，在 {@linkplain} 标签生成的链接中链接文字使用普通的字体，而 {@link} 标签使用代码字体。如果 *reference* 包含要链接的 *feature* 和指明链接中要显示的替代文本的 *label*，就要使用 {@linkplain} 标签。7.3.4 节会讨论 *reference* 参数中的 *feature* 和 *label* 两部分。

{@inheritDoc}

如果一个方法覆盖了超类的方法，或者实现了接口中的方法，那么这个方法的文档注释可以省略一些内容，让 javadoc 自动从被覆盖或被实现的方法中继承。{@inheritDoc} 标签可以继承单个标签的文本，还能在继承的基础上再添加一些说明。继承单个标签的方式如下：

```
@param index {@inheritDoc}
@return {@inheritDoc}
```

{@docRoot}

这个行内标签没有参数，javadoc 生成文档时会把它替换成文档的根目录。这个标签在引用外部文件的超链接中很有用，例如引用一张图片或者一份版权声明：

```
<img src="{@docroot}/images/logo.gif">
This is <a href="{@docRoot}/legal.html">Copyrighted</a> material.
```

{@literal *text*}

这个行内标签按照字面形式显示 *text*，*text* 中的所有 HTML 都会转义，而且所有 javadoc 标签都会被忽略。虽然不保留空白格式，但仍适合在 <pre> 标签中使用。

{@code *text*}

这个标签和 {@literal} 标签的作用类似，但会使用代码字体显示 *text* 的字面量。等价于：

```
&lt;code&gt;{@literal <replaceable>text</replaceable>}&lt;/code&gt;
```

{@value}

没有参数的 {@value} 标签在 static final 字段的文档注释中使用，会被替换成当前字段的常量值。

{@value *reference*}

这种 {@value} 标签的变体有一个 *reference* 参数，指向一个 static final 字段，会被替换成指定字段的常量值。

7.3.4 文档注释中的交叉引用

@see 标签以及行内标签 {@link}、{@linkplain} 和 {@value} 都可以创建指向文档中其他内容的交叉引用，并且一般指向其他类型或成员的文档注释。

reference 参数有三种不同的格式。如果 *reference* 以引号开头，表示书名或其他出版物的名称，参数的值是什么就显示什么。如果 *reference* 以 < 符号开头，表示使用 <a> 标签标记的任意 HTML 超链接，这个超链接会原封不动地插入生成的文档。@see 标签

使用这种形式插入指向其他在线文档的链接，例如程序员指南或用户手册。

如果 *reference* 既不是放在引号中的字符串，也不是超链接，那么应该具有下述格式：

> *feature* [*label*]

此时，javadoc 会把 *label* 当成超链接的文本，指向 *feature* 指定的内容。如果没指定 *label*（通常都不指定），javadoc 会使用 *feature* 的名称作为超链接的锚文本。

feature 可以使用下述格式中的一种指向包、类型或类型的成员。

pkgname

    指向指定的包。例如：

    `@see java.lang.reflect`

pkgname.typename

    指定完整的包名，指向对应的类、接口、枚举类型或注解类型。例如：

    `@see java.util.List`

typename

    不指定包名，指向对应的类型。例如：

    `@see List`

    javadoc 会搜索当前包和 *typename* 类导入的所有类，以解析这个引用。

typename#methodname

    指向指定类型中指定名称对应的方法或构造方法。例如：

    `@see java.io.InputStream#reset`
    `@see InputStream#close`

    如果类型不包含包名，会按照 *typename* 使用的方式解析。如果方法重载或类中定义有同名字段，这种句法会引起歧义。

typename#methodname(paramtypes)

    指向某个方法或构造方法，而且明确指定参数的类型。交叉引用重载的方法时可以使用这种格式。例如：

    `@see InputStream#read(byte[], int, int)`

#methodname

    指向一个没有重载的方法或构造方法，这个方法在当前类或接口中，或者在当前类或接口的某个外层类、超类或超接口中。这种简捷格式用于指向同一个类中的其他方法。例如：

```
@see #setBackgroundColor
```

#*methodname*(*paramtypes*)

指向当前类、接口或者某个超类、外层类中的方法或构造方法。这种格式可以指向重载的方法，因为它明确列出了方法参数的类型。例如：

```
@see #setPosition(int, int)
```

typename*#*fieldname

指向指定类中的指定字段。例如：

```
@see java.io.BufferedInputStream#buf
```

如果类型不包含包名，会按照 *typename* 使用的方式解析。

#*fieldname*

指向一个字段，这个字段在当前类型中，或者在当前类型的某个外层类、超类或超接口中。例如：

```
@see #x
```

7.3.5 包的文档注释

类、接口、方法、构造方法和字段的文档注释在 Java 源代码中放在这些结构的定义体之前。javadoc 也能读取并显示包的概述文档。包在一个目录中定义，而不是在单个源码文件中定义，因此，javadoc 会在包的目录（存放包中各个类的源码）中寻找一个名为 *package.html* 的文件，这个文件中的内容就是该包的文档。

package.html 文件可以包含简单的 HTML 格式的文档，也可以使用 @see、@link、@deprecated 和 @since 标签。因为 *package.html* 不是 Java 源码文件，所以其中的文档应该是 HTML，而不是 Java 注释（即不能包含在 /** 和 */ 之间）。最后，在 *package.html* 文件中，所有 @see 和 @link 标签都必须使用完全限定的类名。

除了可以为每个包定义 *package.html* 文件之外，还可以为一组包提供概括性文档，方法是在这组包所在的源码树中创建一个 *overview.html* 文件。javadoc 解析这个源码树时，会提取 *overview.html* 文件中的内容，作为最高层概览显示出来。

7.4 doclet

doclet 是基于标准 API 来生成 HTML 文档的 javadoc 工具。自 Java 9 以来，这个标准接

口已经在 jdk 模块中交付。javadoc 和依赖 javadoc 的 API 的工具通常称为 doclet（其中 javadoc 被称为标准 doclet）。

Java 9 版本还带来了对标准 doclet 的重大升级。特别是，现在（从 Java 10 开始）默认生成现代 HTML5。这使得其他重要提升成为可能，例如实现 WAI-ARIA 标准以获得可访问性。这个标准使得有视觉或其他障碍的人士更容易使用诸如屏幕阅读器之类的工具接受 javadoc 的输出。

javadoc 也得到了提升，以理解新的平台模块，因此构成 API 的语义（以及应该文档化内容）现在得以与模块化 Java 定义保持一致。

标准 doclet 现在会在生成文档同时自动索引代码，并在 JavaScript 中创建客户端索引。生成的网页具有搜索功能，使得开发人员很容易找到常见的程序组件，例如：

- 模块

- 包

- 类型和成员

- 方法以及参数类型

开发人员可以使用 javadoc 的行内标签 @index 添加搜索词语或句子的功能。

7.5 可移植程序的约定

Java 最早使用的宣传语之一是"一次编写，到处运行。"这个宣传语强调了使用 Java 编写可移植的程序很容易，但 Java 程序可能仍然无法自动在所有 Java 平台中运行成功。下列技巧有助于避免移植性问题。

本地方法

可移植的 Java 代码可以使用 Java 核心 API 中的任何方法，包括本地方法。但是，在可移植的代码中不能定义本地方法。就其本质而言，本地方法必须移植到每一种新平台中，因此直接违背了 Java "一次编写，到处运行"的承诺。

Runtime.exec() 方法

在可移植代码中很少允许调用 Runtime.exec() 方法来生成进程并在本机系统上执行外部命令。这是因为要执行的原生 OS 命令永远不能保证在所有平台上都存在，即便是存在，也不能保证以相同的方式运行。

只有在允许用户指定要运行的命令，或者在运行时键入该命令，或者在配置文件或对话框中指定该命令时，在可移植代码中使用 Runtime.exec() 才是合法的。

如果程序员希望控制外部进程，那么应该通过 Java 9 中引入的增强的 ProcessHandle 功能来实现，而不是使用 Runtime.exec() 执行并解析输出。这不是完全可移植的，但至少减少了控制特定平台的外部进程所需的逻辑复杂性。

System.getenv() 方法

使用 System.getenv() 方法的代码一定不可移植。

没有文档的类

可移植的 Java 代码只能使用 Java 平台中有文档的类和接口。多数 Java 实现都包含了一些没有文档的公开类，这些类虽是实现的一部分，但不属于 Java 平台规范。

模块系统阻止了程序使用和依赖这些实现类，但是从 Java 11 开始，仍然可以通过使用反射或运行时开关来避开这种保护。

然而，这样做是不可移植的，因为不能保证实现类存在于所有 Java 实现或所有平台中，而且它们可能的目标实现会在未来的版本中改变或消失。

在这些类中要特别注意 sun.misc.Unsafe 类，这个类提供了一些"不安全"的方法，可以让开发者避开 Java 平台的一些重要限制。在任何情况下，开发者都不应该直接使用 Unsafe 类。

某个实现特有的特性

可移植的代码绝对不能依赖某个实现特有的特性。例如，在 Java 早期，微软提供了一个 Java 运行时系统，这个系统包含一些 Java 平台规范中没有定义的方法。使用这些扩展特性的程序显然不能移植到其他平台。

某个实现特有的缺陷

就像不能依赖某个实现特有的特性一样，可移植的代码也绝对不能依赖某个实现特有的缺陷。如果类或方法的行为和规范中所述的有所不同，可移植的程序就不能依赖这种行为，因为它们在不同的平台可能有不同的表现，而且最终可能会被修复。

某个实现特有的行为

有时，不同的平台和不同的实现会有不同的行为，根据 Java 规范，这种差异是合法的，但可移植的代码绝对不能依赖某种特定的行为。例如，Java 规范没有规定具有相同优先级的程序能否共享 CPU，也没有规定长时间运行的线程能不能排挤具有相同优先级的其他线程。如果应用假定了这类行为，那么它可能无法在全部平台中正常运行。

定义系统类

可移植的 Java 代码决不能在任何系统包或标准扩展包中定义类。这么做会破坏包的保护界线，而且会暴露包可见的实现细节，即使在模块系统不禁止的情况下也是如此。

硬编码文件名

可移植的程序不能使用硬编码的文件名或目录名，因为不同的平台使用十分不同的文件系统组织方式，而且使用不同的目录分隔符。如果要使用文件或目录，让用户指定文件名，至少也要让用户指定文件所在的基目录。这个操作可在运行时完成（在配置文件或程序的命令行参数中指定文件名）。需要把文件名或目录名连接到目录名上时，要使用 File() 构造方法或 File.separator 常量。

换行符

不同的系统使用不同的字符或字符序列做换行符。在程序中不要把换行符硬编码成 \n、\r 或 \r\n，而要使用 PrintStream 或 PrintWriter 类中的 println() 方法，这个方法换行时会自动使用适用于当前平台的换行符，或者使用系统属性 line.separator 的值。在 java.util.Formatter 及相关类的 printf() 和 format() 方法中，还可以使用"%n"格式化字符串。

第 8 章

使用 Java 集合

本章将介绍 Java 语言提供的那些基本数据结构——Java 集合（Java collection）。Java 集合是对很多（也可能是大多数）编程方式的抽象，是程序员基本工具包的重要组成部分。因此，本章是全书最重要的章节之一，几乎所有的 Java 程序员都应该了解这些知识。

本章将介绍基本的接口及其层次结构，说明如何使用这些接口，探讨其总体设计要略。本章还涵盖了处理集合的"经典"方式和全新方式（使用 Java 8 中新出现的流 API 和 lambda 表达式）。

8.1 集合 API 简介

Java 集合由一系列泛型接口组成，用来描述最常见的数据结构。Java 为每种典型的数据结构都提供了多种实现方式，而且这些类型都通过接口来实现，因此开发团队可以自行开发专用的实现方式，以更好地适配手头的项目。

Java 集合定义了两种基本的数据结构，一种是 Collection，用来表示一组对象的集合；另一种则是 Map，用来表示对象间的一系列映射或关联关系。Java 集合的基本架构如图 8-1 所示。

在图 8-1 这种简单的描述中，Set 是一种 Collection，不过 Set 中没有重复的元素；List 也是一种 Collection，其中的元素按顺序排列（可能有重复）。

SortedSet 和 SortedMap 是特殊的 Set 和 Map，其中的元素按某种顺序排列。

Collection、Set、List、Map、SortedSet 和 SortedMap 都是接口，不过 java.util 包中提供了多种具体实现，例如基于数组和链表的列表，基于哈希表或二叉树的 Map 和 Set。除此之外，还有两个重要的接口 Iterator 和 Iterable，用于遍历集合中的对象，稍后将会介绍它们。

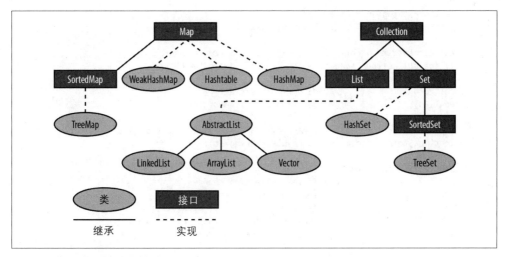

图 8-1：集合类及其继承关系

8.1.1 Collection 接口

Collection<E> 是参数化接口，用来表示一组泛型对象的集合，这里的 E 为对象的类型。我们可以创建任意引用类型的集合。

 为了让集合的行为符合期望，在定义 hashCode() 和 equals() 方法时必须小心，在第 5 章中将会深入讨论该话题。

该接口定义了很多方法，用来将对象添加到集合中，或是将对象从集合中移除，或是测试对象是否在集合中，以及遍历集合中的所有元素。还有一些方法可以把集合中的元素转换成数组，以及返回集合的大小。

 集合中的元素可能重复，也可能不重复；可能是有序的，也可能是无序的。

Java 集合之所以提供 Collection 接口，是因为常见的数据结构都具备该接口定义的那些特性。JDK 提供的 Set、List 和 Queue 等接口都是 Collection 的子接口。下面的代码描述了可以在 Collection 对象上执行的各种操作。

```
// Create some collections to work with.
Collection<String> c = new HashSet<>();  // An empty set

// We'll see these utility methods later. Be aware that there are
// some subtleties to watch out for when using them
```

```
Collection<String> d = Arrays.asList("one", "two");
Collection<String> e = Collections.singleton("three");

// Add elements to a collection. These methods return true
// if the collection changes, which is useful with Sets that
// don't allow duplicates.
c.add("zero");           // Add a single element
c.addAll(d);             // Add all of the elements in d

// Copy a collection: most implementations have a copy constructor
Collection<String> copy = new ArrayList<String>(c);

// Remove elements from a collection.
// All but clear return true if the collection changes.
c.remove("zero");        // Remove a single element
c.removeAll(e);          // Remove a collection of elements
c.retainAll(d);          // Remove all elements that are not in d
c.clear();               // Remove all elements from the collection

// Querying collection size
boolean b = c.isEmpty(); // c is now empty, so true
int s = c.size();        // Size of c is now 0.

// Restore collection from the copy we made
c.addAll(copy);

// Test membership in the collection. Membership is based on the equals
// method, not the == operator.
b = c.contains("zero");  // true
b = c.containsAll(d);    // true

// Most Collection implementations have a useful toString()  method
System.out.println(c);

// Obtain an array of collection elements.  If the iterator guarantees
// an order, this array has the same order. The array is a copy, not a
// reference to an internal data structure.
Object[] elements = c.toArray();

// If we want the elements in a String[], we must pass one in
String[] strings = c.toArray(new String[c.size()]);

// Or we can pass an empty String[] just to specify the type and
// the toArray method will allocate an array for us
strings = c.toArray(new String[0]);
```

请记住，上述方法均适用于 Set、List 或 Queue。这些子接口可能对集合的元素施加成员限制或排序限制，但仍然提供相同的基本方法。

那些可对集合进行修改的方法，例如 add(All)、remove()、clear() 和 retainAll() 等，是可选的 API。不过，这种设计在很久以前就已经固定下来了，当时认为如果具体的集合实现不提供这些方法，明智的做法是抛出 UnsupportedOperationException 异常。因此，某些实现（尤其是只读方法）可能会抛出未检查异常。

Collection 和 Map 及其子接口并没扩展 Cloneable 或 Serializable 接口。不过，在 Java 集合框架中，实现集合和映射的所有类都实现了这两个接口。

有些集合对其可以包含的元素做了某些限制。例如，有的集合禁止使用 null 作为它的元素。EnumSet 则要求其中的元素只能为特定的枚举类型。

如果尝试把禁止使用类型的元素添加到集合中，会抛出未检查异常，如 NullPointer-Exception 或 ClassCastException。检查集合中是否包含禁止使用类型的元素，可能也会抛出这种异常，或者仅仅返回 false。

8.1.2 Set 接口

集（set）是由无重复对象组成的集合：不允许存在指向同一个对象的两个引用，或两个指向 null 的引用，如果对象 a 和 b 的引用满足条件 a.equals(b)，那么这两个对象也不允许同时出现在集中。虽然多数通用的 Set 实现都不会对元素进行排序，但并不禁止使用有序集（SortedSet 和 LinkedHashSet 是有顺序的）。集与列表等有序集合不同，一般认为，集的 contains 方法性能为常数或对数时间复杂度，比列表等有序集合的 contains 方法运行效率更高。

除了 Collection 接口定义的方法之外，Set 并没有定义其他方法，但对现有的方法做了一些额外的限制。Set 接口要求 add() 和 addAll() 方法必须遵守无重复原则：如果集中已经存在某个元素，就不能再次添加它。前面说过，Collection 接口定义的 add() 和 addAll() 方法在对集合进行修改后会返回 true，否则返回 false。对 Set 对象而言，也会返回 true 或 false，因为无重复原则意味着添加元素不一定会修改集。

表 8-1 中列举了一些实现了 Set 接口的类，而且总结了各个类的内部表示方式、排序特性、对成员的限制，以及 add()、remove()、contains 等基本操作和遍历操作的性能。这些类的详细信息，请参考对应的文档。请注意，CopyOnWriteArraySet 类在 java.util.concurrent 包中，其他类则在 java.util 包中。还应注意，java.util.BitSet 类并没有实现 Set 接口，这个类已经过时了，它是一种紧凑而高效的布尔值列表，但它不是 Java 集合框架的一部分。

表 8-1：实现 Set 接口的类

类	内部表示	首次出现的版本	元素顺序	成员限制	基本操作	迭代性能	备注
HashSet	哈希表	1.2	无	无	O(1)	O(capacity)	最佳通用实现
LinkedHashSet	哈希链表	1.2	插入的顺序	无	O(1)	O(n)	保留插入的顺序

表 8-1：实现 Set 接口的类（续）

类	内部表示	首次出现的版本	元素顺序	成员限制	基本操作	迭代性能	备注
EnumSet	位域	5.0	枚举声明	枚举类型的值	O(1)	O(n)	只能保存不是 null 的枚举值
TreeSet	红黑树	1.2	升序排列	可比较	O(log(n))	O(n)	元素所属的类型要实现 Comparable 或 Conparator 接口
CopyOnWrite ArraySet	数组	5.0	插入的顺序	无	O(n)	O(n)	不使用同步方法也能保证线程安全

TreeSet 类中，使用红黑树 (red-black tree) 数据结构来维护集，在这里，集中的元素按照 Comparable 对象的自然顺序升序遍历，或者按照 Comparator 对象指定的顺序遍历。实际上，TreeSet 实现的是 Set 的子接口：SortedSet 接口。

SortedSet 接口提供了多个有趣的方法，这些方法都考虑到了集合元素的有序性，如下面代码所示：

```java
public static void testSortedSet(String[] args) {
    // Create a SortedSet
    SortedSet<String> s = new TreeSet<>(Arrays.asList(args));

    // Iterate set: elements are automatically sorted
    for (String word : s) {
        System.out.println(word);
    }

    // Special elements
    String first = s.first();  // First element
    String last = s.last();    // Last element

    // all elements but first
    SortedSet<String> tail = s.tailSet(first + '\0');
    System.out.println(tail);

    // all elements but last
    SortedSet<String> head = s.headSet(last);
    System.out.println(head);

    SortedSet<String> middle = s.subSet(first+'\0', last);
    System.out.println(middle);
}
```

 必须加上 \0 字符，因为 tailSet() 及相关方法要使用某个元素的后继元素，对字符串来说，则需要在后面追加 NULL 字符（对应的是 ASCII 码中的 0）。

从 Java 9 开始，此 API 也通过 Set 接口上的辅助静态方法进行了升级，如下所示：

```
Set<String> set = Set.of("Hello", "World");
```

这个 API 有好几个重载版本，其中某些版本有固定数量的参数，另外还有一个变长参数重载版本。后者适用于集合中需要任意多个元素的情况，该版本依赖标准的变长参数机制（在方法调用之前将元素集打包为数组）。

8.1.3 List 接口

列表（list）是有序对象的集合。列表中每个元素都有特定的位置，而且 List 接口定义了一些方法，用于查询或设定特定位置（或称之为索引）上的元素。从这个角度来看，List 对象和数组非常类似，但是列表的大小可以动态变化，以适应其中元素的数量的变换。与集不同，列表允许出现重复元素。

除了基于索引的 get() 和 set() 方法之外，List 接口还定义了一些方法，用于将元素添加到特定的位置，或是将元素从特定的位置移除，或者返回指定元素在列表中首次或最后出现的位置。它从 Collection 接口继承了 add() 和 remove() 方法，前者将元素添加到列表末尾，而后者则将指定元素从列表中首次出现的位置移除。继承的 addAll() 方法将指定集合中的所有元素添加到列表的末尾，或者将它们插入到指定的位置。retainAll() 和 removeAll() 方法的表现与其他 Collection 对象一样，如果需要，会保留或删除多个相同的值。

List 接口没有定义操作列表索引区间的方法，但是定义了一个 subList() 方法。这个方法返回一个 List 对象，用来表示原列表指定范围内的元素。子列表的变化会反馈给父列表，只要修改了子列表，在父列表就能立即察觉到变化。下面的代码演示了 subList() 方法和其他操作 List 对象的基本方法：

```
// Create lists to work with
List<String> l = new ArrayList<String>(Arrays.asList(args));
List<String> words = Arrays.asList("hello", "world");
List<String> words2 = List.of("hello", "world");

// Querying and setting elements by index
String first = l.get(0);          // First element of list
String last = l.get(l.size -1);   // Last element of list
l.set(0, last);                   // The last shall be first

// Adding and inserting elements.  add  can append or insert
l.add(first);          // Append the first word at end of list
l.add(0, first);       // Insert first at the start of the list again
l.addAll(words);       // Append a collection at the end of the list
l.addAll(1, words);    // Insert collection after first word

// Sublists: backed by the original list
```

```
List<String> sub = l.subList(1,3);  // second and third elements
sub.set(0, "hi");                    // modifies 2nd element of l
// Sublists can restrict operations to a subrange of backing list
String s = Collections.min(l.subList(0,4));
Collections.sort(l.subList(0,4));
// Independent copies of a sublist don't affect the parent list.
List<String> subcopy = new ArrayList<String>(l.subList(1,3));
// Searching lists
int p = l.indexOf(last);  // Where does the last word appear?
p = l.lastIndexOf(last);  // Search backward

// Print the index of all occurrences of last in l.  Note subList
int n = l.size();
p = 0;
do {
    // Get a view of the list that includes only the elements we
    // haven't searched yet.
    List<String> list = l.subList(p, n);
    int q = list.indexOf(last);
    if (q == -1) break;
    System.out.printf("Found '%s' at index %d%n", last, p+q);
    p += q+1;
} while(p < n);

// Removing elements from a list
l.remove(last);           // Remove first occurrence of the element
l.remove(0);              // Remove element at specified index
l.subList(0,2).clear();   // Remove a range of elements using subList
l.retainAll(words);       // Remove all but elements in words
l.removeAll(words);       // Remove all occurrences of elements in words
l.clear();                // Remove everything
```

1. 遍历循环和迭代

集合有一种重要的操作：依次处理每个元素，这种方式叫迭代。这种处理方式历史悠久，但时至今日依旧很有用（尤其是用来处理小数据集合），而且易于理解。迭代最适合使用 for 循环，配合 List 对象来演示最简单不过来，如下所示：

```
ListCollection<String> c = new ArrayList<String>();
// ... add some Strings to c

for(String word : c) {
    System.out.println(word);
}
```

这段代码的意图很明显——每次读取 c 中的一个元素，然后将这个元素作为变量传入循环体。说得更正式一些，这段代码的作用是遍历数组或集合（或者其他实现了 java.lang.Iterable 接口的对象）中的元素。每次迭代都会把数组或 Iterable 对象中的一个元素赋值给声明好的循环变量，然后执行循环体，一般都会去处理表示元素的循环变量。迭代的过程中不需要使用循环计数器或 Iterator 对象，遍历循环会自动迭代，无须担心初始化或循环终止的方式是否正确。

这种 for 循环一般被称为遍历循环 (forech loop)。我们来看一下它的运作方式。下述代码重写了前面的 for 循环（它们作用是等价的），但展示了显式的方法调用：

```
// Iteration with a for loop
for(Iterator<String> i = c.iterator(); i.hasNext();) {
    System.out.println(i.next());
}
```

Iterator 对象 i 通过集合实例获取，用于逐个获取集合中的元素。在 while 循环中也可以使用 Iterator 对象：

```
//Iterate through collection elements with a while loop.
//Some implementations (such as lists) guarantee an order of iteration
//Others make no guarantees.
Iterator<String> iterator() = c.iterator();
while (iterator.hasNext()) {
    System.out.println(iterator.next());
}
```

关于遍历循环的句法，有些需要特别注意的事项。

- 前面提到过，*expression* 必须是数组或是实现了 java.lang.Iterable 接口的对象。并且，*expression* 的类型必须要在编译时确定，这样才能生成合适的循环代码。

- 数组或 Iterable 对象中元素的类型必须与 *declaration* 中声明的变量类型兼容。如果使用的 Iterable 对象没有使用元素的类型参数化，那么变量必须声明为 Object 类型。

- *declaration* 一般只包含变量的类型和名称，不过也可以包含 final 修饰符和任何适当的注解（见第 4 章）。使用 final 可以防止循环变量接受循环分配给它的数组或集合元素以外的任何值，并强调不能通过循环变量更改数组或集合。

- 遍历循环中，循环变量必须被声明为循环的一部分，变量的类型和名称都要明确。不能像 for 循环那样使用循环外声明的变量。

为了深入理解遍历循环处理集合的方式，要了解两个接口——java.util.Iterator 和 java.lang.Iterable：

```
public interface Iterator<E> {
    boolean hasNext();
    E next();
    void remove();
}
```

Iterator 接口定义了一种遍历集合或其他数据结构中元素的方式。遍历的过程是这样的：只要集合中还有剩余的元素（hasNext() 方法返回 true），就调用 next() 方法获取集合中下一个元素。对于有序集合（例如列表），其迭代器一般能保证有序返回集合元素。无序集合（例如 Set）只能保证不断调用 next() 方法后能返回集中的所有元素，没有遗漏也没有重复，但是元素返回时不遵循特定的顺序。

 Iterator 接口中的 next() 方法有两个作用：向前移动集合的游标，然后返回游标移动前集合的头元素的值。如果使用函数式不可变 (immutable) 的编程风格，这两个操作可能导致问题，因为 next() 可能会修改集合。

引入 Iterable 接口是为了支持遍历循环。如果一个类可以实现这个接口，表明它提供了 Iterator 对象，可以对集合进行迭代：

```
public interface Iterable<E> {
    java.util.Iterator<E> iterator();
}
```

如果某个对象是 Iterable<E> 类型，表明它拥有一个能返回 Iterator<E> 对象的 iterator() 方法，而 Iterator<E> 对象有一个 next() 方法，它能返回一个类型为 E 的对象。

 请注意，如果使用遍历循环迭代 Iterable<E> 对象，循环变量必须是 E 类型，或者是用类型 E 特化的超类或接口实现。

例如，迭代 List<String> 对象中的元素时，循环变量必须声明为 String 类型或 Object 类型特化的超类，或者是 String 特化的某个接口实现，如以下接口：CharSequence、Comparable 或 Serializable。

2. 随机访问列表

通常，用户期望获得能高效迭代的 List 接口实现，而且所用时间与列表的大小成正比。然而，并不是所有列表实现都能高效地随机访问任意位置上的元素。可顺序访问的列表，如 LinkedList 类，提供了高效的插入和删除操作，但它的随机访问性能较差。提供高效随机访问的类都实现了标记接口 RandomAccess，因此，如果需要确定某实现是否能高效处理列表，可使用 instanceof 运算符测试它是否实现了该接口：

```
// Arbitrary list we're passed to manipulate
List<?> l = ...;

// Ensure we can do efficient random access.  If not, use a copy
// constructor to make a random-access copy of the list before
// manipulating it.
if (!(l instanceof RandomAccess)) l = new ArrayList<?>(l);
```

在 List 对象上调用 iterator() 方法会返回一个 Iterator 对象，这个对象按照元素在列表中的顺序去遍历。List 实现了 Iterable 接口，因此列表可以像其他集合一样使用遍历循环来遍历。

如果只想遍历列表中的部分元素，可使用 subList() 方法创建子列表：

```
List<String> words = ...;  // Get a list to iterate

// Iterate just all elements of the list but the first
for(String word : words.subList(1, words.size ))
    System.out.println(word);
```

表 8-2 总结了 Java 平台中五种通用的 List 实现。其中 Vector 和 Stack 类已经过时，读者可忽略。CopyOnWriteArrayList 类在 java.util.concurrent 包中，只适合在多线程环境中使用。

表 8-2：实现 List 接口的类

类	表示方式	首次出现的版本	随机访问	备注
ArrayList	数组	1.2	能	最佳全能实现
LinkedList	双向链表	1.2	否	高效插入和删除
CopyOnNrite-ArrayList	数组	5.0	能	线程安全：遍历快，修改慢
Vector	数组	1.0	能	过时的类：同步的方法。不要使用
Stack	数组	1.0	能	扩展 Vector 类：添加了 push()、pop() 和 peek() 方法 . 过时了，用 Deque 替代

8.1.4 Map 接口

映射（map）是键值对的集合，一个键对应一个值。Map 接口定义了用于定义和查询映射的 API。Map 是 Java 集合框架中的接口，但它并没有扩展 Collection 接口，因此 Map 只是一种集合，而不是 Collection 类型。Map 是参数化类型，有两个类型变量。类型变量 K 代表映射中键的类型，类型变量 V 代表与键对应的值的类型。例如，如果有一个映射，其键是 String 类型，值为 Integer 类型，那么这个映射可以表示为 Map<String,Integer>。

Map 接口定义了几个最有用的方法：put() 方法用于定义映射中的一个键值对，get() 方法用于查询与指定键对应的值，remove() 方法则用来删除与指定键对应的键值对。一般来说，实现了 Map 接口的类需要能高效执行这三个基本方法（时间复杂度通常为常数，而且绝不能弱于对数时间复杂度）。

Map 的重要特性之一是可以把它视为集合。理由如下：

- Map 对象不是 Collection 类型。

- 映射的键可以看成 Set 对象。

- 映射的值可以看成 Collection 对象。

- 映射的键值对可以看成由 Map.Entry 对象组成的 Set 对象。

 Map.Entry 是 Map 接口中定义的嵌套接口，简单来说，它就是一个键值对。

下面的代码展示了如何使用 get()、put() 和 remove() 等方法操作 Map 对象，还演示
Map 的集合视图下的一些常见用法：

```java
// New, empty map
Map<String,Integer> m = new HashMap<>();

// Immutable Map containing a single key/value pair
Map<String,Integer> singleton = Collections.singletonMap("test", -1);

// Note this rarely used syntax to explicitly specify the parameter
// types of the generic emptyMap method. The returned map is immutable
Map<String,Integer> empty = Collections.<String,Integer>emptyMap();

// Populate the map using the put method to define mappings
// from array elements to the index at which each element appears
String[] words = { "this", "is", "a", "test" };
for(int i = 0; i < words.length; i++) {
    m.put(words[i], i);  // Note autoboxing of int to Integer
}

// Each key must map to a single value. But keys may map to the
// same value
for(int i = 0; i < words.length; i++) {
    m.put(words[i].toUpperCase(), i);
}

// The putAll() method copies mappings from another Map
m.putAll(singleton);

// Query the mappings with the get()  method
for(int i = 0; i < words.length; i++) {
    if (m.get(words[i]) != i) throw new AssertionError();
}

// Key and value membership testing
m.containsKey(words[0]);        // true
m.containsValue(words.length);  // false
```

```java
// Map keys, values, and entries can be viewed as collections
Set<String> keys = m.keySet();
Collection<Integer> values = m.values();
Set<Map.Entry<String,Integer>> entries = m.entrySet();

// The Map and its collection views typically have useful
// toString  methods
System.out.printf("Map: %s%nKeys: %s%nValues: %s%nEntries: %s%n",
                  m, keys, values, entries);

// These collections can be iterated.
// Most maps have an undefined iteration order (but see SortedMap)
for(String key : m.keySet()) System.out.println(key);
for(Integer value: m.values()) System.out.println(value);

// The Map.Entry<K,V> type represents a single key/value pair in a map
for(Map.Entry<String,Integer> pair : m.entrySet()) {
    // Print out mappings
    System.out.printf("'%s' ==> %d%n", pair.getKey(), pair.getValue());
    // And increment the value of each Entry
    pair.setValue(pair.getValue() + 1);
}

// Removing mappings
m.put("testing", null);    // Mapping to null can "erase" a mapping:
m.get("testing");          // Returns null
m.containsKey("testing");  // Returns true: mapping still exists
m.remove("testing");       // Deletes the mapping altogether
m.get("testing");          // Still returns null
m.containsKey("testing");  // Now returns false.

// Deletions may also be made via the collection views of a map.
// Additions to the map may not be made this way, however.
m.keySet().remove(words[0]);   // Same as m.remove(words[0]);

// Removes one mapping to the value 2 - usually inefficient and of
// limited use
m.values().remove(2);
// Remove all mappings to 4
m.values().removeAll(Collections.singleton(4));
// Keep only mappings to 2 & 3
m.values().retainAll(Arrays.asList(2, 3));

// Deletions can also be done via iterators
Iterator<Map.Entry<String,Integer>> iter = m.entrySet().iterator();
while(iter.hasNext()) {
    Map.Entry<String,Integer> e = iter.next();
    if (e.getValue() == 2) iter.remove();
}

// Find values that appear in both of two maps.  In general, addAll()
// and retainAll() with keySet() and values() allow union and
// intersection
Set<Integer> v = new HashSet<>(m.values());
v.retainAll(singleton.values());

// Miscellaneous methods
```

Java 集合

```
    m.clear();              // Deletes all mappings
    m.size();               // Returns number of mappings: currently 0
    m.isEmpty();            // Returns true
    m.equals(empty);        // true: Maps implementations override equals
```

随着 Java 9 的到来，Map 接口也得到了增强，使用工厂方法可以轻松地玩转集合：

```
Map<String, Double> capitals =
        Map.of("Barcelona", 22.5, "New York", 28.3);
```

与 Set 和 List 相比，Map 类型的情况稍微复杂一些，因为 Map 类型同时具有键和值，而且 Java 在方法声明中不允许同时使用多个变长参数。解决方案是提供一些重载方法，每个方法的参数个数是固定的，最多接收 10 个键值对，同时还提供一个新的静态方法 entry()，该方法用于构造表示键值对的对象。

因此代码可以写成变长参数风格：

```
Map<String, Double> capitals = Map.ofEntries(entry("Barcelona", 22.5),
        entry("New York", 28.3));
```

注意，由于参数类型不同，方法名必须与 of() 有所区别。目前，它是 Map.Entry 中的一个变长参数方法。

Map 接口有一些通用和专用的实现，表 8-3 中对此做了总结。和之前一样，完整的细节可参考 JDK 文档和 javadoc。在表 8-3 中，除了 ConcurrentHashMap 和 Concurrent-SkipListMap 这两个类在 java.util.concurrent 包中，其余的类都在 java.util 包中。

表 8-3：实现 Map 接口的类

类	表示方式	首次出现的版本	null 键	null 值	备注
HashMap	哈希表	1.2	是	是	通用实现
Concurrent-HashMap	哈希表	5.0	否	否	通用的线程安全实现，参见 ConcurrentMap 接口
Concurrent-SkipListMap	哈希表	6.0	否	否	专用的线程安全实现：参见 ConcurrentNavigableMap 接口
EnumMap	数组	5.0	否	是	键是枚举类型
LinkedHash-Map	哈希表加列表	1.4	是	是	保留插入或访问顺序
TreeMap	红黑树	1.2	否	是	按照键排序。操作耗时为 O(log(n))。参见 SortedMap 接口
IdentityHash-Map	哈希表	1.4	是	是	比较时使用 ==，而不使用 equals()

表 8-3: 实现 Map 接口的类（续）

类	表示方式	首次出现的版本	null 键	null 值	备注
WeakHashMap	哈希表	1.2	是	是	不会阻止垃圾回收键
Hashtable	哈希表	1.0	否	否	过时的类，同步的方法。不要使用
Properties	哈希表	1.0	否	否	使用 String 类的方法扩展 Hashtable 接口

java.util.concurrent 包中的 ConcurrentHashMap 和 ConcurrentSkipListMap 两个类实现了同一个包中的 ConcurrentMap 接口。ConcurrentMap 接口扩展了 Map 接口，并且定义了一些对多线程编程非常重要的原子操作方法。例如，putIfAbsent() 方法，它的作用与 put() 方法类似，不过，只有当指定的键未被映射时，才会把键值对添加到映射中。

TreeMap 类实现了 SortedMap 接口。这个接口扩展了 Map 接口，并添加了一些利用映射的有序特性的方法。SortedMap 接口和 SortedSet 接口非常相似。firstKey() 和 lastKey() 方法分别返回 keySet() 所得键集的第一个和最后一个键。而 headMap()、tailMap() 和 subMap() 方法都返回一个新映射（由原映射特定区间内的键值对组成）。

8.1.5 Queue 接口和 BlockingQueue 接口

队列（queue）是一种有序集合，它提供了从队列头部抽取元素的方法。队列实现通常基于插入顺序，比如先进先出 (first-in，first-out，FIFO) 队列或后进先出 (last-in，first-out，LIFO) 队列。

 LIFO 队列也叫栈（stack），Java 提供了 Stack 类，但强烈不建议使用——应使用实现了 Deque 接口的类。

队列也可以基于其他顺序：优先队列（priority queue）根据外部传入的 Comparator 对象或 Comparable 类型元素的自然顺序对元素排序。与 Set 不同的是，Queue 的实现往往允许出现重复元素。而与 List 不同的是，Queue 接口没有定义处理任意位置的元素的方法，只有队首元素能访问。Queue 的所有实现都需要确定队列的容量：当队列已满时，不能再向它添加元素。类似地，队列为空时，不能再删除元素。很多基于队列的算法都会用到满和空这两种状态，因此 Queue 接口会定义相关方法返回这两种状态值，而不是抛出异常。具体而言，peek() 和 poll() 方法返回 null 表示队列为空。因此，多数 Queue 接口的实现不允许插入 null 元素。

阻塞式队列（blocking queue）是一种定义了阻塞式 put() 和 take() 方法的队列。put() 方法的作用是将元素添加到队列中，如果需要，该方法会一直等待调用返回，直到队列中有存储元素的空间为止。而 take() 方法的作用是从队首移除元素，如果需要，该方法会一直等待调用返回，直到队列中有元素可供移除为止。阻塞式队列是很多多线程算法的重要组成部分，因此 BlockingQueue 接口（扩展了 Queue 接口）被定义为 java.util. concurrent 包的一部分。

队列不像集、列表和映射那么常用，通常仅在特定的多线程编程范式中会被用到。在这里，我们并不打算列举各种实例，而是试着去厘清一些令人困惑的队列插入和移除操作。

1. 向队列添加元素

add()

    该方法在 Collection 接口中定义，是常规的添加元素的方法。对有界的队列来说，如果队列已满，这个方法可能会抛出异常。

offer()

    该方法在 Queue 接口中定义与 add() 方法类似，不过，在有界队列已满而无法添加元素时，这个方法返回 false，而不会抛出异常。

    BlockingQueue 接口定义了一个超时版的 offer() 方法，如果队列已满，会在指定时间范围内等待可用空间。它与基本版一样，成功插入元素时返回 true，否则返回 false。

put()

    这个方法在 BlockingQueue 接口中定义，会阻塞操作：如果因为队列已满而无法插入元素，put() 方法会一直等待，直到其他线程从队列中移除元素，有空间插入新元素为止。

2. 从队列中移除元素

remove()

    Collection 接口中定义了 remove() 方法，用于从队列中移除指定元素。除此之外，Queue 接口还定义了一个无参的 remove() 方法，用于移除并返回队首的元素。如果队列为空，该方法会抛出 NoSuchElementException 异常。

poll()

    本方法在 Queue 接口中定义，作用与 remove() 方法类似，即移除并返回队头的元素，不过，如果队列为空，这个方法会返回 null，而不是抛出异常。

    BlockingQueue 接口定义了一个超时版的 poll() 方法，它会在指定的时间内等待某个元素被添加到空队列中。

take()

本方法在 BlockingQueue 接口中定义，用于删除并返回队首的元素。如果队列为空，该方法会阻塞操作，直到其他线程将元素添加到队列中为止。

drainTo()

本方法在 BlockingQueue 接口中定义，作用是移除队列中所有元素，然后把这些元素添加到指定的 Collection 对象中。该方法不会阻塞操作以等待有元素被添加到队列中。它有一个变体，接受一个参数，用于指定最多移除多少个元素。

3. 查询

就队列而言，"查询"意味着访问队首元素，但不将其从队列中移除。

element()

本方法在 Queue 接口中定义，其作用是返回队首元素，但不将其从队列中移除。如果队列为空，该方法会抛出 NoSuchElementException 异常。

peek()

本方法在 Queue 接口中定义，作用与 element() 方法类似，但当队列为空时，返回 null。

使用队列时，最好选定一种处理失败的方式。例如，如果想在操作成功之前一直阻塞，应选择 put() 和 take() 方法；如果想检查方法的返回值，以判断操作是否成功，则应选择 offer() 和 poll() 方法。

LinkedList 类也实现了 Queue 接口，提供的是无界 FIFO 实现，插入和移除操作为常数时间复杂度。LinkedList 对象可以将 null 作为元素，不过，当列表用作队列时不建议使用 null。

java.util 包中还有另外两种 Queue 接口实现。其中一种是 PriorityQueue 类，这种队列根据 Comparator 对象对元素排序，或者根据 Comparable 类型元素的 compareTo() 方法对元素排序。PriorityQueue 对象的队首始终是根据指定排序方式得到的最小值。另外一种是 ArrayDeque 类，实现的是双端队列，一般在需要用到栈的情况下使用它。

java.util.concurrent 包中也包含一些 BlockingQueue 接口的实现，目的是为多线程编程提供支持。有些实现很高级，甚至无须使用同步方法。

8.1.6 实用方法

java.util.Collections 类定义了一些用于处理集合的静态实用方法。其中有一类方法很重要，即集合的包装（wrapper）方法：这些方法包装指定的集合，返回特殊的集合。

包装集合的目的是将集合本身没有提供的功能绑定到集合上。包装集合提供的功能有：线程安全、写保护和运行时类型检查。包装集合都以原始集合为基础，因此，在包装集合上调用的方法其实会分派给原始集合的等价方法去完成。这意味着，通过包装集合修改集合后，改动也会体现在原始集合之上；反之亦然。

第一种包装方法为被包装的集合提供线程安全性。`java.util` 包中的集合实现，除了过时的 `Vector` 和 `Hashtable` 类之外，都没有提供 `synchronized`（同步）方法，不能禁止多个线程并发访问。如果想使用线程安全的集合，而且不介意同步带来的额外开销，可以像下面这样创建集合：

```
List<String> list =
    Collections.synchronizedList(new ArrayList<>());
Set<Integer> set =
    Collections.synchronizedSet(new HashSet<>());
Map<String,Integer> map =
    Collections.synchronizedMap(new HashMap<>());
```

第二种包装方法创建的集合对象不能修改底层集合，得到的集合是只读的，只要试图去修改集合的内容，就会抛出 `UnsupportedOperationException` 异常。如果是将集合传入不允许修改集合，也不允许使用任何方式改变集合的内容的方法，就可以使用这种包装集合：

```
List<Integer> primes = new ArrayList<>();
List<Integer> readonly = Collections.unmodifiableList(primes);
// We can modify the list through primes
primes.addAll(Arrays.asList(2, 3, 5, 7, 11, 13, 17, 19));
// But we can't modify through the read-only wrapper
readonly.add(23);    // UnsupportedOperationException
```

`java.util.Collections` 类中还定义了一些用来操作集合的方法。其中最值得关注的是对集合元素进行排序和搜索的方法：

```
Collections.sort(list);
// list must be sorted first
int pos = Collections.binarySearch(list, "key");
```

`Collections` 类中还有些方法值得关注：

```
// Copy list2 into list1, overwriting list1
Collections.copy(list1, list2);
// Fill list with Object o
Collections.fill(list, o);
// Find the largest element in Collection c
Collections.max(c);
// Find the smallest element in Collection c
Collections.min(c);

Collections.reverse(list);       // Reverse list
Collections.shuffle(list);       // Mix up list
```

读者最好去全面了解 Collections 和 Arrays 类中的各种实用方法，这样在遇到常见任务时就不用重复编写自己的实现方法了。

特殊集合

除了包装方法之外，java.util.Collections 类还定义了其他实用方法，一些用于创建只包含单个元素的不可变集合实例，一些用于创建空集合。singleton()、singletonList() 和 singletonMap() 方法分别返回不可变的 Set、List 和 Map 对象，而且其中只包含一个指定的对象或键值对。如果想将单个对象作为集合传递方法，可以使用这些方法。

Collections 类还定义了一些返回空集合的方法。如果编写的方法要返回一个集合，当遇上没有返回值的情况时，最好返回空集合，而不是返回 null 等特殊值：

```
Set<Integer> si = Collections.emptySet();
List<String> ss = Collections.emptyList();
Map<String,Integer> m = Collections.emptyMap();
```

最后还有一个 nCopies() 方法。该方法返回一个不可变的 List 对象，其中包含指定数量个指定对象的副本：

```
List<Integer> tenzeros = Collections.nCopies(10, 0);
```

8.1.7 数组和辅助方法

由对象组成的数组的作用与集合类似，而且二者之间可以相互转换：

```
String[] a ={ "this", "is", "a", "test" };  // An array
// View array as an ungrowable list
List<String> l = Arrays.asList(a);
// Make a growable copy of the view
List<String> m = new ArrayList<>(l);

// asList() is a varargs method so we can do this, too:
Set<Character> abc =
    new HashSet<Character>(Arrays.asList('a', 'b', 'c'));

// Collection defines the toArray  method.  The no-args version creates
// an Object[] array, copies collection elements to it and returns it
// Get set elements as an array
Object[] members = set.toArray();
// Get list elements as an array
Object[] items = list.toArray();
// Get map key objects as an array
Object[] keys = map.keySet().toArray();
// Get map value objects as an array
Object[] values = map.values().toArray();
```

```
// If you want the return value to be something other than Object[],
// pass in an array of the appropriate type. If the array is not
// big enough, another one of the same type will be allocated.
// If the array is too big, the collection elements copied to it
// will be null-filled
String[] c = l.toArray(new String[0]);
```

除此之外，还有一些用于处理 Java 数组的有用的辅助方法。考虑到知识的完整性，这里也会对它们做一些介绍。

java.lang.System 类中定义了一个 arraycopy() 方法，其作用是将一个数组中的指定元素拷贝到另一个数组的指定位置。两个数组的类型必须相同，甚至可以是同一个数组：

```
char[] text = "Now is the time".toCharArray();
char[] copy = new char[100];
// Copy 10 characters from element 4 of text into copy,
// starting at copy[0]
System.arraycopy(text, 4, copy, 0, 10);

// Move some of the text to later elements, making room for insertions
// If target and source are the same,
// this will involve copying to a temporary
System.arraycopy(copy, 3, copy, 6, 7);
```

Arrays 类还定义了一些有用的静态方法：

```
int[] intarray = new int[] { 10, 5, 7, -3 }; // An array of integers
Arrays.sort(intarray);                        // Sort it in place
// Value 7 is found at index 2
int pos = Arrays.binarySearch(intarray, 7);
// Not found: negative return value
pos = Arrays.binarySearch(intarray, 12);

// Arrays of objects can be sorted and searched too
String[] strarray = new String[] { "now", "is", "the", "time" };
Arrays.sort(strarray);   // sorted to: { "is", "now", "the", "time" }

// Arrays.equals  compares all elements of two arrays
String[] clone = (String[]) strarray.clone();
boolean b1 = Arrays.equals(strarray, clone);  // Yes, they're equal

// Arrays.fill  initializes array elements
// An empty array; elements set to 0
byte[] data = new byte[100];
// Set them all to -1
Arrays.fill(data, (byte) -1);
// Set elements 5, 6, 7, 8, 9 to -2
Arrays.fill(data, 5, 10, (byte) -2);
```

在 Java 中，数组可以被视为对象，也可以作为对象来处理。假如有一个对象 o，可以使用类似下面的代码判断该对象是否为数组。如果是，则进一步判断是什么类型的数组：

```
Class type = o.getClass();
if (type.isArray()) {
  Class elementType = type.getComponentType();
}
```

8.2 Java 流和 lambda 表达式

Java 8 引入 lambda 表达式的一个主要原因是为了对集合 API 做大刀阔斧的改动，以便让 Java 开发者使用更现代化的编程风格。在 Java 8 发布之前，使用 Java 处理数据结构的方式有点过时。现在，很多编程语言都支持将集合作为一个整体来处理，而不是穿针引线式的遍历。

事实上，很多 Java 开发者已经开始使用替代的数据结构库，以获取他们认为集合 API 缺乏的表现力和生产力。升级集合 API 的关键是引入新的类和方法，接受 lambda 表达式作为参数（只需定义做什么，而不用管具体的实现）。这是函数式编程范式中的理念。

引入称为 Java stream 的函数集合，并明确它们与之前的集合方法的区别，这是向前迈出的重要一步。只需在现有集合上调用 stream() 方法，就可以从集合中创建流。

 有默认方法（default method）这个新语言特性的支持，才能在现有的接口中添加新方法（见 4.1.4 节）。没有这个新机制的话，集合接口的原有实现在 Java 8 中将不能编译，而且在 Java 8 的运行时中加载也无法链接。

但是，Streams API 的到来不会颠覆一切。Collections API 深深植入了 Java 世界，但是它并不是函数式风格。Java 对向后兼容性和严格的句法的保证意味着集合永远不会消亡。Java 代码即使是以函数式风格编写的，也永远不会给人焕然一新的感觉，永远不会有我们在 Haskell 或 Scala 等语言中看到的句法那么简洁。

这是语言设计中不可避免的折中考虑——Java 在命令式的设计和基础之上对函数式功能进行了改进。这与从头开始设计函数式编程技术是不同的。一个更重要的问题是从 Java 8 开始提供的函数式编程功能是一线程序员构建应用程序所需要的吗？

与以前版本相比，Java 8 的快速采用和社区的反应似乎表明这些新特性是成功的，并且它们提供了生态系统一直在努力寻找的东西。

本节简要介绍如何在 Java 集合框架中使用 Java 流及 lambda 表达式。完整的说明请参考 Richard Warburton 写的 *Java 8 Lambdas* 一书（O'Reilly 出版，*http://shop.oreilly.com/product/0636920030713.do*）。

8.2.1 函数式方式

Java 8 Streams 想实现的特性源于函数式编程语言和风格。我们在 4.5.1 节已经介绍过一些关键的模式,这里将会再次介绍,并枚举一些例子。

1. 过滤器

该模式为集合中的每个元素执行一段代码(执行返回 true 或 false),然后基于"通过测试"(返回 true)的元素构建一个新集合。

例如,下面这段代码处理一个由猫科动物名组成的集合,并选出与老虎对应的元素:

```
String[] input = {"tiger", "cat", "TIGER", "Tiger", "leopard"};
List<String> cats = Arrays.asList(input);
String search = "tiger";
String tigers = cats.stream()
                        .filter(s -> s.equalsIgnoreCase(search))
                        .collect(Collectors.joining(", "));
System.out.println(tigers);
```

上述代码的关键是对 filter() 方法的调用。filter() 方法的参数是一个 lambda 表达式,这个 lambda 表达式接受一个字符串参数,返回布尔值。整个 cats 集合中的元素都会被传入这个表达式,然后创建一个新集合,其中只包含与老虎相关的元素(不区分大小写)。

filter() 方法的参数是一个 Predicate 接口的实例。Predicate 接口在 java.util.function 中定义。这是个函数式接口,只有一个非默认方法,因此特别适合使用 lambda 表达式。

请注意,最后还调用了 collect() 方法。这个方法是流 API 的重要部分,作用是在 lambda 表达式执行之后"收集"结果。下一节将会深入介绍该方法。

Predicate 接口提供了一些十分有用的默认方法,例如对逻辑操作进行组合判断。假如想把豹子纳入老虎种群,可使用 or() 方法:

```
Predicate<String> p = s -> s.equalsIgnoreCase(search);
Predicate<String> combined = p.or(s -> s.equals("leopard"));
String pride = cats.stream()
                        .filter(combined)
                        .collect(Collectors.joining(", "));
System.out.println(pride);
```

请注意,必须显式创建 Predicate<String> 类型的对象 p,这样才能在 p 上调用默认方法 or(),并把另一个 lambda 表达式(也会被自动转换成 Predicate<String> 类型对象)传给 or() 方法。

---

2. 映射

Java 8 中的映射模式使用了 `java.util.function` 中的新接口 `Function<T,R>`。这个接口和 `Predicate<T>` 接口一样，是函数式接口，因此只有一个非默认方法——`apply()`。映射模式将一种类型元素组成的集合转换成另一种类型元素组成的集合。这一点在 API 中就体现得很明显，因为 `Function<T,R>` 接口有两个不同类型的参数，其中类型 R 表示这个方法的返回类型。

下面来看一个使用 `map()` 方法的范例：

```
List<Integer> namesLength = cats.stream()
                .map(String::length)
                .collect(Collectors.toList());
System.out.println(namesLength);
```

这是在之前的 `cats` 变量（它是一个 `Stream <String>` 类型变量）上调用的，并依次将函数 `String :: length`（一个方法引用）应用于每个字符串。其结果是得到一个新的流，但这次流中是整型数据。请注意，与集合 API 不同，`map()` 方法并不会改变流，而是返回一个新值。这正是函数式编程起到的关键作用。

3. 遍历

映射和过滤器模式的作用是以一个集合为基础，创建另一个集合。在完全支持函数式编程的语言中，除了这种方式之外，还要求 lambda 表达式的主体在处理各个元素时不影响原来的集合。用计算机科学术语来说，这意味着 lambda 表达式的主体 "不能有副作用"。

当然，在 Java 中需要经常处理可变数据，因此，新的集合 API 提供了一个方法，用于在遍历集合时修改元素——`forEach()` 方法。该方法的参数是一个 `Consumer<T>` 类型的对象。`Consumer<T>` 是函数式接口，使用该接口执行操作时会有副作用（然而，是否会修改数据并不重要）。因此，lambda 表达式的签名能转换成 `Consumer<T>` 类型，用法为 `(T t) ->void`。下面是一个使用 `forEach()` 方法的简单示例：

```
List<String> pets =
  Arrays.asList("dog", "cat", "fish", "iguana", "ferret");
pets.stream().forEach(System.out::println);
```

在这个示例中，只是将集合中的每个元素打印出来。不过，我们是通过将一种特殊的方法引用作为 lambda 表达式使用来实现的。这种方法引用被称为受限的方法引用（bound method reference），因为需要指定对象（这里指定的对象是 `System.out`，`System` 类的公开的静态字段）。这个方法引用和下面的 lambda 表达式等效：

```
s -> System.out.println(s);
```

当然，根据方法签名的要求，这样写能明确表明 lambda 表达式要转换成一个实现了 Consumer<? super String> 接口类型的实例。

 并不是说 map() 或 filter() 方法一定不能修改元素。禁止使用这两个方法修改元素只是一种约定，但每个 Java 程序员都应遵守。

在结束本节之前，最后再介绍一种函数式技术。这种技术将集合中的元素聚合成一个值，详情请阅读下一小节。

4. 化简

下面介绍 reduce() 方法。这个方法实现的是化简模式，它包含了一系列相关的类似运算，有时也称为合拢 (fold) 或聚合 (aggregation) 运算。

在 Java 8 中，reduce() 方法有两个参数：一个是初始值，一般叫作单位值（或零值）；另一个参数是一个函数，按"step by step"方式执行。该函数属于 BinaryOperator<T> 类型。BinaryOperator<T> 也是函数式接口，它有两个类型相同的参数，且返回值类型与参数类型相同。reduce() 方法的第二个参数是一个 lambda 表达式，接受两个参数。在 Java 的文档中，reduce() 方法的定义如下：

```
T reduce(T identity, BinaryOperator<T> aggregator);
```

reduce() 方法的第二个参数可以简单地理解为在处理流的过程中"累积计数"：首先合并单位值和流中的第一个元素的值，得到第一个结果，然后再合并这个结果和流中第二个元素，依次类推。

将 reduce() 方法的实现设想成下面这样有助于读者理解其作用：

```java
public T reduce(T identity, BinaryOperator<T> aggregator) {
    T runningTotal = identity;
    for (T element : myStream) {
        runningTotal = aggregator.apply(runningTotal, element);
    }

    return result;
}
```

 实际上，reduce() 方法的实现远比这复杂，如果数据结构和操作有需要，甚至还可以并行执行。

下面来看一个使用 reduce() 方法的简单示例，该示例对几个质数求和：

```
double sumPrimes = ((double)Stream.of(2, 3, 5, 7, 11, 13, 17, 19, 23)
        .reduce(0, (x, y) -> {return x + y;}));
System.out.println("Sum of some primes: " + sumPrimes);
```

细心的读者可能注意到了，本节列举的所有示例中，都是在 List 实例上调用 stream()
方法。这也是集合 API 演进的一部分——最开始选择这种方式是因为部分 API 有这方面
的需求，但实践证明，这是极好的抽象。下面将详细讨论流 API。

8.2.2 流 API

Java 库的设计者之所以新增流 API，是因为集合核心接口的大量实现早已被广泛使用。
这些实现在 Java 8 和 lambda 表达式出现之前就已存在，因此不具备执行任何函数式运
算的能力。更糟的是，map() 和 filter() 等方法从未出现在集合 API 的接口中，已有
实现很可能已经定义了与它们同名的方法。

为了解决这个问题，设计师引入了一种新的抽象——Stream。可通过 stream() 方法基
于集合对象上生成 Stream 对象。设计者引入这个全新的 Stream 对象是为了避免方法名
冲突，这确实在一定程度上减少了产生冲突的概率，因为只有包含 stream() 方法的实
现才会受到影响。

在处理集合的新范式中，Stream 对象的作用和 Iterator 对象类似。基本思想是让开发
者将一系列操作（也称为"管道"，例如映射、过滤器或化简）当成一个整体运用在集合
上。具体执行时，各种操作一般使用 lambda 表达式来表示。

在管道的末尾需要收集结果，或者是将中间结果转化为最终的集合。这一步可以使用
Collector 对象来完成，或者以"终结方法"（例如 reduce()）结束管道来完成，"终结
方法"会返回一个具体的值，而不是返回另一个流。总的来说，新的集合处理方式与下
面类似：

```
            stream()   filter()   map()   collect()
Collection -> Stream -> Stream -> Stream -> Collection
```

Stream 类相当于一个元素序列，每次仅访问一个元素（不过有些类型的流也支持并行访
问，可以使用多线程技术处理大型集合）。Stream 对象与 Iterator 对象的工作方式类似，
对元素依次进行处理。

与 Java 中的大多数泛型类一样，Stream 类也使用参数化的引用类型。不过，多数情
况下，其实只需要使用基本类型，尤其是由 int 和 double 类型构成的流，但是又没
有 Stream<int> 类型，因此 java.util.stream 包提供了专用的（非泛型）类，例如
IntStream 和 DoubleStream。这些类是 Stream 类针对基本类型的特化，其 API 与一般
的 Stream 类十分类似，只不过在适当的情况下会使用基本类型。

例如，如前面 reduce() 方法的示例所示，大多数时候，管道中使用的其实是 Stream 类针对基本类型的特化类型。

1. 延迟求值

事实上，流比迭代器（甚至是集合）更通用，因为流不用去管理数据的存储空间。在早期的 Java 版本中，总是假定集合中的所有元素都存在（通常存储在内存中）。不过，有些处理方式也能避开这个问题，例如坚持在所有地方都使用迭代器，或者让迭代器即时构建元素。然而，这些方式既不便利，也不那么常用。

然而，流是数据管理的一种抽象，不用关心存储细节。因此，除了有限集合之外，流还能处理更复杂的数据结构。例如，使用 Stream 接口可以轻松实现无限流，生成所有平方数。实现方式如下所示：

```java
public class SquareGenerator implements IntSupplier {
    private int current = 1;

    @Override
    public synchronized int getAsInt() {
        int thisResult = current * current;
        current++;
        return thisResult;
    }
}

IntStream squares = IntStream.generate(new SquareGenerator());
PrimitiveIterator.OfInt stepThrough = squares.iterator();
for (int i = 0; i < 10; i++) {
    System.out.println(stepThrough.nextInt());
}
System.out.println("First iterator done...");

// We can go on as long as we like...
for (int i = 0; i < 10; i++) {
    System.out.println(stepThrough.nextInt());
}
```

通过构建上述无限流，可以得出一个重要结论：collect() 这样的方法并不奏效。这是因为无法将整个流具化为一个集合（在创建所需的无限个对象之前就会耗光内存）。因此，我们采取的方式是在需要时再从流中取出元素。实际上，我们需要的是按需读取下一个元素。为了实现这种操作，需要使用一个关键技术——延迟求值（lazy evaluation）。这个技术的本质是在需要时再进行计算。

延迟求值对 Java 来说是个重大的变化，在 JDK 8 之前，表达式赋值给变量（或传入方法）后会立即对它求值。这种立即计算值的方式我们已经熟知，术语叫"及早求值"(eager evaluation)。在大多数主流编程语言中，"及早求值"都是计算表达式的默认方式。

幸运的是，实现延迟求值的重担几乎都落在了库的编写者身上，而开发者则轻松得多，而且在使用流 API 时，大多数情况下 Java 开发者都无须为延迟求值操心。下面用一个示例来结束对流的讨论。该示例使用 reduce() 方法计算几则莎士比亚语录中单词的平均长度：

```java
String[] billyQuotes = {"For Brutus is an honourable man",
    "Give me your hands if we be friends and Robin shall restore amends",
    "Misery acquaints a man with strange bedfellows"};
List<String> quotes = Arrays.asList(billyQuotes);


// Create a temporary collection for our words
List<String> words = quotes.stream()
        .flatMap(line -> Stream.of(line.split(" +")))
        .collect(Collectors.toList());
long wordCount = words.size();

// The cast to double is only needed to prevent Java from using
// integer division
double aveLength = ((double) words.stream()
        .map(String::length)
        .reduce(0, (x, y) -> {return x + y;})) / wordCount;
System.out.println("Average word length: " + aveLength);
```

这个示例用到了 flatMap() 方法。在这个示例中，向 flatMap() 方法传入一个字符串 line 得到的是一个由字符串组成的流，流中的数据是对一句话进行切分后得到的所有单词。然后再"整平"这些单词，把这几句话对应的流都合并到一个流中。

这样做的目的是把每句话都拆分为一组单词，然后将它们汇总成一个流。为了计算单词数量，我们创建了一个对象 words。实际上，在管道处理流的过程中会"暂停"，再次具化，将单词存储到集合中，在流操作恢复之前获取单词的数量。

完成这一步之后，我们可以进行化简运算，然后计算所有语录中的单词总长度再除以已经获取的单词数量。请记住，流是对延迟操作的抽象，如果要执行及早操作（例如，计算流底层集合的大小），需要将流重新具化为集合。

2. 处理流的实用默认方法

借着引入流 API 的机会，Java 8 向集合库引入了一些新方法。现在，Java 已经支持默认方法，因此可以向集合接口中添加新的方法，而不会破坏其向后兼容性。

新添加的方法中有一些是"基架方法"，用于创建抽象的流，例如 Collection::stream、Collection::parallelStream 和 Collection::spliterator（该方法可以细分为 List::spliterator 和 Set::spliterator）。

另外一些则是"缺失方法"，如 Map::remove 和 Map::replace。其中一些已经从 java. util. concurrent 中进行了反向移植，这是最初它们被定义的地方。List::sort 也属于"缺失方法"，它在 List 接口中的定义如下所示：

```
// Essentially just forwards to the helper method in Collections
public default void sort(Comparator<? super E> c) {
    Collections.<E>sort(this, c);
}
```

Map::putIfAbsent 也是缺失方法，根据 java.util.concurrent 包中 ConcurrentMap 接口的同名方法改写而来。

另一个值得关注的缺失方法是 Map::getOrDefault，程序员使用这个方法能省掉很多 null 值检验的烦琐操作，如果找不到要查询的键，这个方法将会返回指定的值。

其余的方法则使用 java.util.function 接口提供额外的函数式技术。

Collection::removeIf

该方法的参数是一个 Predicate 对象，它会遍历整个集合，移除满足判断条件的元素。

Map::forEach

该方法只接收一个 lambda 表达式作为参数；而这个 lambda 表达式有两个参数（一个是键的类型，另一个是值的类型），返回类型为 void。这个 lambda 表达式会被转换成 BiConsumer 对象，应用在映射中的每个键值对之上。

Map::computeIfAbsent

该方法有两个参数：键和 lambda 表达式。lambda 表达式的作用是将键映射到值上。如果映射中没有指定的键（第一个参数），则使用 lambda 表达式计算得到一个默认值，然后存入映射。

（其他值得学习的方法还有：Map::computeIfPresent、Map::compute 和 Map::merge。）

8.3 小结

在本章中，我们介绍了 Java 集合库，也说明了如何开始使用 Java 的基本和经典数据结构。学习了通用的 Collection 接口，以及 List、Set 和 Map 接口；也学习了处理集合的原始迭代方式，也介绍了 Java 8 从函数式编程语言借鉴来的新范式。最后，我们还学习了流 API，这种新方式更通用，而且在处理复杂的编程概念时比经典方式更具表现力。

前面的介绍只触及了表面——流 API 是 Java 代码编写和架构方式的根本变革。在 Java 中实现函数式编程能达到的程度受设计本身的限制。话虽如此，流代表"恰到好处的函数式编程"的说法是令人信服的。

步履不停，下一章将继续聚焦于数据处理，并介绍一些常见任务的处理方式，例如文本和数值数据的处理，此外还会介绍 Java 8 引入的新日期和时间库。

第 9 章

处理常见的数据格式

大多数编程任务都是在处理不同格式的数据。本章将介绍 Java 处理两大类数据（文本和数字）的方式。本章后半部分则集中介绍处理日期和时间的方式。这一部分特别有趣，因为 Java 8 提供了全新的处理日期和时间的 API。我们首先会稍微深入地介绍新接口，然后再简要讨论旧有的日期和时间 API。

很多应用仍在使用以前的 API，因此开发者需要知道旧的处理方式。不过，新版 API 非常好用，建议尽早转向使用新版。在讨论这些复杂的格式之前，先来探讨一下文本数据和字符串。

9.1 文本

我们已经在很多场合了解过 Java 字符串了。字符串由一系列 Unicode 字符组成，它是 String 类的实例。字符串是 Java 程序中最常见的数据类型之一（可以使用第 13 章中介绍的 jmap 工具来证实这一点）。

本节将会深入介绍 String 类，帮助读者理解为什么字符串在 Java 语言中占据如此重要的地位。本节末尾还会介绍正则表达式，这是一种十分常用的抽象方式，用于在文本中搜索匹配的模式（也是程序员的传统工具）。

9.1.1 字符串的特殊句法

Java 语言使用某种特殊的方式来处理 String 类。虽然字符串不是基本类型，但十分常用，所以 Java 的设计者认为有必要提供一些特殊的句法特性，以便处理字符串。下面通过一些示例介绍 Java 为字符串提供的那些特殊的句法特性。

1. 字符串字面量

第 2 章中介绍过，Java 允许通过将一系列字符放在双引号中的方式来创建字面量字符串对象。例如：

```
String pet = "Cat";
```

如果没有这种特殊的句法，就要编写大量啰唆的代码，例如：

```
char[] pullingTeeth = {'C', 'a', 't'};
String pet = new String(pullingTeeth);
```

如果是这样，代码很快会变得冗长乏味，因此，Java 与所有现代编程语言一样，提供了简洁的字符串字面量句法。字符串字面量是完全有效的对象，因此类似下面这种代码是完全合法的：

```
System.out.println("Dog".length());
```

2. toString() 方法

该方法在 Object 类中定义，作用是能够方便地将任意对象转换为字符串。有了这个方法，就可以利用 System.out.println() 方法轻而易举地打印任何对象。System.out.println() 方法其实是 PrintStream::println，因为 System.out 是 PrintStream 类型的静态字段。我们来看一下这个方法是如何被定义的：

```
public void println(Object x) {
    String s = String.valueOf(x);
    synchronized (this) {
        print(s);
        newLine();
    }
}
```

该方法使用静态方法 String::valueOf() 创建了一个新字符串，如下面代码所示：

```
public static String valueOf(Object obj) {
    return (obj == null) ? "null" : obj.toString();
}
```

 println() 方法并没有直接使用 toString() 方法，而是使用了静态方法 valueOf()，这么做是为了避免 obj 为 null 时抛出 NullPointerException 异常。

这种定义方式使得任意对象都能调用 toString() 方法，这也便于 Java 提供另一种重要的句法特性——字符串连接。

3. 字符串连接

在 Java 中，可以通过将一个字符串的字符 / 序列"追加"到另一个字符串的末尾来创建新字符串——这是一种语言特性，被称为字符串连接，可以使用运算符 + 来实现。在 Java 截至 Java 8 的各版本（包括 Java 8）中，连接字符串时会先创建一个使用 StringBuilder 对象表示的"工作区"，其中存放了与原始字符串相同的字符序列。

 Java 9 引入了一种新的机制，它使用 invokedy namic 指令而不是直接使用 StringBuilder。这是一项高级功能，超出了本文的讨论范围，但是它不会立即改变 Java 开发人员的习惯。

然后更新 StringBuilder 对象，再将另一个字符串中的字符序列添加到其末尾。最后，在 StringBuilder 对象（现在它包含两个字符串中的字符）上调用 toString() 方法，得到一个包含所有字符的新字符串。使用 + 运算符连接字符串时，javac 会自动构建上述所有代码。

连接后得到的是全新的 String 对象，可以从下面的示例中印证这一点：

```
String s1 = "AB";
String s2 = "CD";

String s3 = s1;
System.out.println(s1 == s3); // Same object?

s3 = s1 + s2;
System.out.println(s1 == s3); // Still same?
System.out.println(s1);
System.out.println(s3);
```

这个连接字符串的示例直接表明，+ 运算符没有立即修改（或改变）s1。该示例也体现了一个通用规则：Java 字符串是不可变的。也就是说，在选定组成字符串的字符并创建 String 对象之后，字符串的内容就不能被改变了。这是 Java 编程语言的一个重要规则，下面将会稍微深入地探讨一下它。

9.1.2 字符串的不可变性

为了像前面连接字符串那样对字符串进行"修改"，其实需要创建一个过渡性的 StringBuilder 对象作为缓存区，然后在该对象上调用 toString() 方法，去创建一个新的字符串实例。下面的代码演示了这个过程：

```
String pet = "Cat";
StringBuilder sb = new StringBuilder(pet);
sb.append("amaran");
String boat = sb.toString();
System.out.println(boat);
```

如果编写的是下述代码与之前的代码功能相同，虽然在 Java 9 及之后的版本中实际的字节码序列不同。

常见数据
格式

```
String pet = "Cat";
String boat = pet + "amaran";
System.out.println(boat);
```

当然，除了能由 javac 间接使用之外，如前面代码所示，也可以直接使用 String-Builder 类。

 除 StringBuilder 类之外，Java 还提供了 StringBuffer 类。StringBuffer 类来自最早的 Java 版本，新编写的程序请不要使用这个类——而应使用 StringBuilder 类，除非确实需要在多个线程之间共享构建的新字符串。

字符串的不可变性是非常有用的语言特性。假设 + 运算符直接修改字符串，而不是创建新字符串，那么只要某个线程连接了两个字符串，其他所有线程都能看到这个变化。对大多数程序来说，这种行为逻辑没任何用处，所以不可变性更合理。

哈希码和事实不可变性

第 5 章对方法必须满足的契约（contract）进行说明时，有提及 hashCode() 方法。我们来看一下 String::hashCode() 方法在 JDK 源码中是如何定义的：

```
public int hashCode() {
    int h = hash;
    if (h == 0 && value.length > 0) {
        char val[] = value;

        for (int i = 0; i < value.length; i++) {
            h = 31 * h + val[i];
        }
        hash = h;
    }
    return h;
}
```

hash 字段保存的是字符串的哈希码，value 字段为 char[] 类型，保存的是组成字符串的字符。从上述代码可以看出，计算哈希码时会遍历字符串中的所有字符。因此，执行的机器指令数量和字符串中的字符数量成正比。对超大型字符串来说，要花点时间才能算出哈希码。不过，Java 不会预先计算好哈希码，只在需要使用时才计算。

运行这个方法时，会迭代数组中的字符，算出哈希码。迭代结束后，退出 for 循环，把算出的哈希码存入 hash 字段。当再次调用这个方法时，因为已经算出了哈希码，所以会直接使用缓存的值。因此，后续再调用 hashCode() 方法，会立即返回 String 类的字段，其中除了 hash 之外都声明为 final。所以，严格来说，Java 的字符串并不是不可变的。不过，hash 字段缓存的值是根据其他字段计算而来的，而这些字段的值都是不可变的，因此，只要选定了字符串的内容，那么表现出来的行为就像是不可变的一样。具有这种特性的类被称为事实不可变的类——现实中很少见到这种类，程序员往往可以忽略真正不可变的数据和事实不可变的数据之间的区别。

计算字符串哈希码的过程是良性数据竞争的一个示例。运行在多线程环境中的程序，多个线程可能会竞相计算哈希码。不过，这些线程最终会得到完全相同的结果，因此才说这种竞争是"良性的"。

9.1.3 正则表达式

Java 支持正则表达式（regular expression，经常简称 regex 或 regexp）。正则表达式表示的是用于扫描和匹配文本的搜索模式。一个正则表达式就是我们想搜索的字符序列。有些正则表达式很简单，例如 abc，这个正则表达式的意思是，在要搜索的文本中查找连在一起的"abc"。注意，搜索模式匹配的文本可以出现零次、一次或多次。

最简单的正则表达式只包含字符字面量序列，例如 abc。不过，正则表达式使用的语言能表达比字面量序列复杂和精细的模式。例如，正则表达式能表示匹配下述内容的模式：

- 一个数字。
- 任何字母。
- 任意个字母，但字母只能在 a 到 j 之间，大小写不限。
- a 和 b 之间有任意四个字符。

编写正则表达式的句法虽然简单，但是因为可能要编写复杂的模式，所以往往写出的正则表达式不能实现真正想要的模式。因此，使用正则表达式时，一定要充分测试，既要有能通过的测试用例，也要有失败的测试用例。

为了表示复杂的模式，在正则表达式中要使用元字符。这种特殊的字符要特别对待。元字符的作用类似于 Unix 或 Windows shell 中使用的 * 字符。在 shell 中，我们知道 * 字符不能按照字面量理解，而是表示"任意字符"。在 Unix 中，如果想列出当前目录中的全部 Java 源码文件，可以执行下述命令：

```
ls *.java
```

正则表达式中的元字符和 * 字符的作用类似，和 shell 中可以使用的特殊字符相比，元字符数量更多，用起来也更灵活，而且有不同的意义，所以不要混淆了。

我们看个例子。假如我们要编写一个拼写检查程序，但不严格限制只能使用英式英语或美式英语的拼写方式。也就是说，honor 和 honour 都是有效的拼写。这个要求通过正则表达式很容易实现。

Java 使用 Pattern 类（在 java.util.regex 包中）表示正则表达式。不过，这个类不能直接实例化，只能使用静态工厂方法 compile() 创建实例。然后，再从模式上创建某个输入字符串的 Matcher 对象，用于匹配输入字符串。例如，我们来研究一下莎士比亚写的戏剧《裘力斯·凯撒》：

```
Pattern p = Pattern.compile("honou?r");

String caesarUK = "For Brutus is an honourable man";
Matcher mUK = p.matcher(caesarUK);

String caesarUS = "For Brutus is an honorable man";
Matcher mUS = p.matcher(caesarUS);

System.out.println("Matches UK spelling? " + mUK.find());
System.out.println("Matches US spelling? " + mUS.find());
```

 使用 Matcher 类时要小心，因为它有个名为 matches() 的方法。这个方法判断模式是否匹配整个输入字符串。如果模式只从字符串的中间开始匹配，这个方法会返回 false。

上述示例第一次用到了正则表达式元字符——honou?r 模式中的 ?。这个元字符的意思是，"前一个字符是可选的"，所以这个模式既能匹配 honour 也能匹配 honor。下面再看个例子。假设我们既想匹配 minimize，又想匹配 minimise（这种拼写在英式英语中较常见），那么，可以使用方括号 [] 表示能匹配一个集中的任意一个字符（只能是一个），如下所示：

```
Pattern p = Pattern.compile("minimi[sz]e");
```

表 9-1 列出了 Java 正则表达式可以使用的一些元字符。

表 9-1：正则表达式元字符

元字符	意义	备注
?	可选字符——出现零次或一次	
*	前一个字符出现零次或多次	
+	前一个字符出现一次或多次	
{M,N}	前一个字符出现 M 到 N 次	
\d	一个数字	
\D	一个不是数字的字符	
\w	一个组成单词的字符	数字、字母和 _
\W	一个不能组成单词的字符	
\s	一个空白字符	
\S	一个不是空白的字符	

表 9-1: 正则表达式元字符 (续)

元字符	意义	备注
\n	换行符	
\t	制表符	
.	任意一个字符	在 Java 中不包含换行符
[]	方括号中的任意一个字符	叫作字符组
[^]	不在方括号中的任意一个字符	叫作排除字符组
( )	构成一组模式元素	叫作组 (或捕获组)
|	定义可选值	实现逻辑或
^	字符串的开头	
$	字符串的末尾	

除此之外还有一些，不过这些是基本的元字符。使用这些元字符可以编写更复杂的正则表达式，匹配本节前面给出的示例：

```java
// Note that we have to use \\ because we need a literal \
// and Java uses a single \ as an escape character
String pStr = "\\d"; // A numeric digit
String text = "Apollo 13";
Pattern p = Pattern.compile(pStr);
Matcher m = p.matcher(text);
System.out.print(pStr + " matches " + text + "? " + m.find());
System.out.println(" ; match: " + m.group());


pStr = "[a..zA..Z]"; //Any letter
p = Pattern.compile(pStr);
m = p.matcher(text);
System.out.print(pStr + " matches " + text + "? " + m.find());
System.out.println(" ; match: " + m.group());

// Any number of letters, which must all be in the range 'a' to 'j'
// but can be upper- or lowercase
pStr = "([a..jA..J]*)";
p = Pattern.compile(pStr);
m = p.matcher(text);
System.out.print(pStr + " matches " + text + "? " + m.find());
System.out.println(" ; match: " + m.group());

text = "abacab";
// 'a' followed by any four characters, followed by 'b'
pStr = "a....b";
p = Pattern.compile(pStr);
m = p.matcher(text);
System.out.print(pStr + " matches " + text + "? " + m.find());
System.out.println(" ; match: " + m.group());
```

本节结束之前，我们还要介绍 Java 8 添加到 Pattern 类中的一个新方法：asPredicate()。

引入这个方法的目的是，让开发者通过简单的方式把正则表达式与 Java 集合以及它们对 lambda 表达式的支持联系起来。

假如我们有一个正则表达式和一个由字符串组成的集合，那么很自然地会问这个问题："哪些字符串匹配这个正则表达式？"为了回答这个问题，我们可以使用过滤器模式，并使用辅助方法 asPredicate() 把正则表达式转换成 Predicate 对象，如下所示：

```java
String pStr = "\\d"; // A numeric digit
Pattern p = Pattern.compile(pStr);

String[] inputs = {"Cat", "Dog", "Ice-9", "99 Luftballoons"};
List<String> ls = Arrays.asList(inputs);
List<String> containDigits = ls.stream()
                               .filter(p.asPredicate())
                               .collect(Collectors.toList());
System.out.println(containDigits);
```

Java 对文本处理的原生支持完全能胜任大多数商业应用对文本处理任务的一般要求。更高级的任务，例如搜索并处理超大型数据集，或复杂的解析操作（包括形式句法），超出了本书范畴，不过要知道，Java 的生态系统很庞大，有很多有用的库，而且有很多用于文本处理和分析的专用技术。

9.2 数字和数学运算

本节深入讨论 Java 对数字类型的支持。具体来说，我们会讨论 Java 使用二进制补码表示的整数类型，还会介绍浮点数的表示方式，以及由此引起的一些问题。最后，还会举些例子，说明如何使用 Java 库提供的函数做标准的数学运算。

9.2.1 Java 表示整数类型的方式

在 2.3 节说过，Java 的整数类型都带符号，也就是说，所有整数类型既可以表示正数，也可以表示负数。因为计算机只能处理二进制数，所以唯一合理的方式是把所有可能的位组合分成两半，使用其中一半表示负数。

我们以 Java 的 byte 类型为例，说明 Java 是如何表示整数的。byte 类型的数字占 8 位，因此能表示 256 个不同的数字（即 128 个正数和 128 个负数）。0b0000_0000 表示的是零（记得吗，在 Java 中可以使用 0b<binary digits> 这样的句法表示二进制数），因此很容易看出表示正数的位组合：

```java
byte b = 0b0000_0001;
System.out.println(b); // 1

b = 0b0000_0010;
```

```
System.out.println(b); // 2

b = 0b0000_0011;
System.out.println(b); // 3

// ...

b = 0b0111_1111;
System.out.println(b); // 127
```

如果设定了 byte 类型数字的第一位，符号应该改变（因为我们已经用完了为非负数预留的所有位组合）。所，0b1000_0000 组合应该表示某个负数，不过是哪个负数呢？

 按照我们定义事物的方式，在这种表示方式中很容易找到一种识别位组合是否表示负数的方式：如果位组合的高位是 1，表示的就是负数。

我们来分析一下所有位都为 1 的位组合：0b1111_1111。如果在这个数字上加 1，那么得到的结果就会超出存储 byte 类型所需的 8 位，变成 0b1_0000_0000。如果我们强制把这个数变成 byte 类型，就要忽略超出的那一位，变成 0b0000_0000，也就是零。因此，顺其自然，我们把所有位都为 1 的位组合认定为 -1。这样也就得到了符合常理的算术规则，如下所示：

```
b = (byte) 0b1111_1111; // -1
System.out.println(b);
b++;
System.out.println(b);

b = (byte) 0b1111_1110; // -2
System.out.println(b);
b++;
System.out.println(b);
```

最后，我们来看一下 0b1000_0000 表示的是什么数字。这个位组合表示的是这个类型能表示的最小负数，所以对 byte 类型来说：

```
b = (byte) 0b1000_0000;
System.out.println(b); // -128
```

这种表示方式叫二进制补码，带符号的正数最常使用这种表示方式。为了有效使用，只需记住两点：

- 所有位都为 1 的位组合表示 -1。

- 如果设定了高位，表示的是负数。

Java 的其他整数类型（short、int 和 long）和 byte 的行为十分相似，只不过位数更多。

但是 char 类型有所不同，因为它表示的是 Unicode 字符，不过可以使用某种方式表示成无符号的 16 位数字类型。Java 程序员一般不会把 char 当成整数类型。

9.2.2 Java 中的浮点数

计算机使用二进制表示数字。我们已经说明了 Java 如何使用二进制补码表示整数，那么分数或小数怎么办？和几乎所有现代编程语言一样，Java 使用浮点运算表示分数和小数。下面说明具体的实现方式，先说十进制（常规小数），再说二进制。Java 在 java.lang. Math 类中定义了两个最重要的数学常数 e 和 π，如下所示：

```
public static final double E = 2.7182818284590452354;
public static final double PI = 3.14159265358979323846;
```

当然，这两个常数其实是无理数，无法通过分数或任何有限的小数精确表示[注1]。也就是说，在计算机中表示时，无论如何想尽办法，都有舍入误差。假如我们只想使用 π 的前八位数，而且想把这些数字表示成一个整数，那么可以像这样表示：

$$314159265 \cdot 10^{-8}$$

这种表示方式显露了实现浮点数的基本方式。我们使用其中几位表示数字的有效位（在这个例子中是 314159265），另外几位则表示底数的指数（在这个例子中是 -8）。有效位表示的是有效数字，而指数说明为了得到所需的数字，要对有效数字做上移操作还是下移操作。

当然，目前举的例子都使用十进制。可是计算机使用二进制，所以我们要以二进制为例说明浮点数的实现方式，由此也增加了一些复杂度。

 0.1 这个数不能使用有限的二进制数位表示。也就是说，人类关心的所有计算，使用浮点数表示时几乎都会失去精度，而且根本无法避免舍入误差。

下面举个例子，说明舍入问题：

```
double d = 0.3;
System.out.println(d); // Special-cased to avoid ugly representation

double d2 = 0.2;
// Should be -0.1 but prints -0.09999999999999998
System.out.println(d2 - d);
```

规范浮点计算的标准是 IEEE-754，Java 就是基于这个标准实现的浮点数。按照这个标

注1： 其实，这是两个已知的超越数。

准，表示标准精度的浮点数要使用 24 个二进制数，表示双精度浮点数要使用 53 个二进制数。

第 2 章简略提到过，如果有硬件特性支持，Java 能表示比标准要求的更精确的浮点数。如果需要完全兼容其他平台（可能是较旧的平台），可以使用 strictfp 关键字禁用这种行为，强制遵守 IEEE-754 标准。但这种情况极其少见，几乎不用这么做，绝大多数程序员都不会用到（甚至见不到）这个关键字。

BigDecimal 类

程序员使用浮点数时，舍入误差始终是个让人头疼的问题。为了解决这个问题，Java 提供了 java.math.BigDecimal 类，这个类以小数形式实现任意精度的计算。使用这个类可以解决有限个二进制位无法表示 0.1 的问题，不过在 BigDecimal 对象和 Java 基本类型之间相互转换时还是会遇到一些边缘情况，如下所示：

```
double d = 0.3;
System.out.println(d);

BigDecimal bd = new BigDecimal(d);
System.out.println(bd);

bd = new BigDecimal("0.3");
System.out.println(bd);
```

可是，就算所有计算都按照十进制进行，仍然有些数，例如 1/3，无法使用有尽小数表示。我们来看一下尝试使用 BigDecimal 表示这种数时会出现什么状况：

```
bd = new BigDecimal(BigInteger.ONE);
bd.divide(new BigDecimal(3.0));
System.out.println(bd); // Should be 1/3
```

因为 BigDecimal 无法精确表示 1/3，所以调用 divide() 方法时会抛出 Arithmetic-Exception 异常。因此，使用 BigDecimal 时一定要清醒地意识到哪些运算的结果可能是无尽小数。更糟的是，ArithmeticException 是运行时的未检异常，所以出现这种异常时，Java 编译器根本不会发出警告。

最后，关于浮点数，所有高级程序员都应该阅读 David Goldberg 写的 "What Every Computer Scientist Should Know About Floating-Point Arithmetic"。网上可以轻易找到这篇文章，而且可以免费阅读。

9.2.3 Java 的数学函数标准库

在结束 Java 对数字数据和数学运算的介绍之前，我们还要简单说明 Java 标准库中的一些函数。这些函数基本上都是静态辅助方法，在 java.lang.Math 类中定义，包括如下。

abs()

返回指定数的绝对值。不同的基本类型都有对应的重载方法。

三角函数

计算正弦、余弦和正切等的基本函数。Java 还提供了双曲线版本和反函数（例如反正弦）。

max()、min()

这两个是重载的函数，分别返回两个参数（属于同一种数字类型）中较大的数和较小的数。

floor()

返回比指定参数（double 类型）小的最大整数。ceil() 方法返回比指定参数大的最小整数。

pow()、exp()、log()

pow() 方法以第一个参数为底数，第二个参数为指数，计算次方；exp() 方法做指数运算；log() 方法做对数运算。log10() 方法计算对数时以 10 为底数，而不是自然常数。

下面举一些简单的示例，说明如何使用这些函数：

```java
System.out.println(Math.abs(2));
System.out.println(Math.abs(-2));

double cosp3 = Math.cos(0.3);
double sinp3 = Math.sin(0.3);
System.out.println((cosp3 * cosp3 + sinp3 * sinp3)); // Always 1.0

System.out.println(Math.max(0.3, 0.7));
System.out.println(Math.max(0.3, -0.3));
System.out.println(Math.max(-0.3, -0.7));

System.out.println(Math.min(0.3, 0.7));
System.out.println(Math.min(0.3, -0.3));
System.out.println(Math.min(-0.3, -0.7));

System.out.println(Math.floor(1.3));
System.out.println(Math.ceil(1.3));
System.out.println(Math.floor(7.5));
System.out.println(Math.ceil(7.5));

System.out.println(Math.round(1.3)); // Returns long
System.out.println(Math.round(7.5)); // Returns long

System.out.println(Math.pow(2.0, 10.0));
```

```
System.out.println(Math.exp(1));
System.out.println(Math.exp(2));
System.out.println(Math.log(2.718281828459045));
System.out.println(Math.log10(100_000));
System.out.println(Math.log10(Integer.MAX_VALUE));

System.out.println(Math.random());
System.out.println("Let's toss a coin: ");
if (Math.random() > 0.5) {
    System.out.println("It's heads");
} else {
    System.out.println("It's tails");
}
```

最后，我们简要讨论一下 Java 的 random() 函数。首次调用这个方法时，会创建一个 java.util.Random 类新实例。这是个伪随机数生成器（Pseudorandom Number Generator，PRNG）：生成的数看起来是随机的，其实是由一个数学公式生成的[注2]。Java 的 PRNG 使用的公式十分简单，例如：

```
// From java.util.Random
public double nextDouble() {
    return ((((long)(next(26)) << 27) + next(27)) * DOUBLE_UNIT;
}
```

如果伪随机数序列总是从同一个地方开始，那么就会生成完全相同的数字流。为了解决这个问题，可以向 PRNG 提供一个尽可能提升随机性的种子值。为了保证种子值的随机性，Java 会使用 CPU 计数器中的值，这个值一般用于高精度计时。

Java 原生的随机数生成机制能满足多数常规应用，但某些专业应用（特别是与密码相关的应用和某些模拟应用）的要求严格得多。如果要开发这类应用，请咨询这些领域中的程序员，寻求专业建议。

对文本和数字数据的介绍结束了，下面介绍另一种最常遇到的数据种类：日期和时间。

9.3 在 Java 8 中处理日期和时间

几乎所有商业应用软件都具有一些日期和时间的概念。建模真实世界的事件或活动时，知道事件什么时候发生对后续报告和域对象的比较都很重要。Java 8 完全改变了开发者处理日期和时间的方式。本节介绍 Java 8 引入的新概念。在之前的版本中，只能通过 java.util.Date 类处理日期和时间，而且这个类没有建模这些概念。使用旧 API 的代码应该尽早转用新 API。

注 2：　在计算机中很难生成真正的随机数，也很少有这方面的需求。如果真想生成真正的随机数，一般都需要特殊的硬件支持。

9.3.1 介绍 Java 8 的日期和时间 API

Java 8 引入了一个新包 java.time，其中包含了多数开发者都会用到的核心类。这个包分为四个子包。

java.time.chrono

开发者使用的历法不符合 ISO 标准时，需要与之交互的其他纪年法，例如日本历法。

java.time.format

这个包中的 DateTimeFormatter 类用于把日期和时间对象转换成字符串，以及把字符串解析成日期和时间对象。

java.time.temporal

包含日期和时间核心类所需的接口，还抽象了一些日期方面的高级操作（例如查询和调节器）。

java.time.zone

底层时区规则使用的类；多数开发者都用不到这个包。

表示时间时，最重要的概念之一是某个实体时间轴上的瞬时点。既然这个概念在狭义相对论等理论中已经有了完善的定义，那么在计算机中表示时间就要做些假设。Java 8 使用一个 Instant 对象表示一个时间点，而且做了下述关键假设：

- 表示的秒数不能超出 long 类型的取值范围；

- 表示的时间不能比纳秒还精细。

因此，能表示的时间受到当前计算机系统的能力的限制。不过，还有一个基本概念需要介绍。

Instant 对象是时空中的单一事件。可是，程序员经常要处理的却是两个事件之间的时间间隔，所以 Java 8 还引入了 java.time.Duration 类。这个类会忽略可能出现的日历效应（例如夏令时）。了解瞬时和事件持续时间的基本概念之后，我们来看一下瞬时的具体表现。

1. 时间戳的组成

图 9-1 展示了使用不同方式分解时间戳得到的各个部分。

关键是要知道，不同的地方适合使用不同的抽象方式。例如，有些商业应用主要处理的是 LocalDate 对象，此时需要的时间粒度是一个工作日。而有些应用需要亚秒级甚至是毫秒级精度。开发者要了解所需的业务逻辑，在应用中使用合适的表示方式。

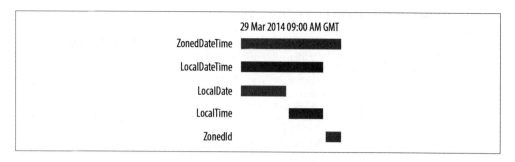

29 Mar 2014 09:00 AM GMT

ZonedDateTime	
LocalDateTime	
LocalDate	
LocalTime	
ZonedId	

图 9-1：分解时间戳

2. 示例

日期和时间 API 不是一朝一夕就能完全掌握的。下面举个例子，这个示例定义了一个日志类以记录生日。如果碰巧你很容易忘记生日，那么这样的类（尤其是 `getBirthdaysInNextMonth()` 这样的方法）可以给你提供很大的帮助：

```java
public class BirthdayDiary {
    private Map<String, LocalDate> birthdays;

    public BirthdayDiary() {
        birthdays = new HashMap<>();
    }

    public LocalDate addBirthday(String name, int day, int month,
                                 int year) {
        LocalDate birthday = LocalDate.of(year, month, day);
        birthdays.put(name, birthday);
        return birthday;
    }

    public LocalDate getBirthdayFor(String name) {
        return birthdays.get(name);
    }

    public int getAgeInYear(String name, int year) {
        Period period = Period.between(birthdays.get(name),
            birthdays.get(name).withYear(year));

        return period.getYears();
    }
    public Set<String> getFriendsOfAgeIn(int age, int year) {
        return birthdays.keySet().stream()
                .filter(p -> getAgeInYear(p, year) == age)
                .collect(Collectors.toSet());
    }

    public int getDaysUntilBirthday(String name) {
        Period period = Period.between(LocalDate.now(),
            birthdays.get(name));
```

```
            return period.getDays();
    }

    public Set<String> getBirthdaysIn(Month month) {
        return birthdays.entrySet().stream()
                .filter(p -> p.getValue().getMonth() == month)
                .map(p -> p.getKey())
                .collect(Collectors.toSet());
    }

    public Set<String> getBirthdaysInCurrentMonth() {
        return getBirthdaysIn(LocalDate.now().getMonth());
    }

    public int getTotalAgeInYears() {
        return birthdays.keySet().stream()
                .mapToInt(p -> getAgeInYear(p,
                        LocalDate.now().getYear()))
                .sum();
    }
}
```

这个类展示了如何使用低层 API 实现有用的功能。这个类还用到了一些新技术，例如
Java 的流 API，而且演示了如何把 LocalDate 类视作不可变的类来使用，以及如何把日
期当成值来处理。

9.3.2 查询

很多情况下，我们要回答一些关于某个时间对象的问题，例如：

- 这个日期在 3 月 1 日之前吗？

- 这个日期所在的年份是闰年吗？

- 今天距我下一次生日还有多少天？

为了回答这些问题，可以使用 TemporalQuery 接口，其定义如下所示：

```
public interface TemporalQuery<R> {
    R queryFrom(TemporalAccessor temporal);
}
```

queryFrom() 方法的参数不能为 null，不过，如果结果表示一个值不存在，可以将
null 作为返回值。

Predicate 接口实现的查询可以理解为只能回答"是"或"否"的问题。而
TemporalQuery 接口实现的查询更普适，除了能回答"是"或"否"之外，
还能回答"有多少"和"哪一个"等问题。

下面看一个查询的具体示例，这个查询回答的问题是："这个日期在一年中的哪个季度？"Java 8 不直接支持季度，因此要使用类似下面的代码：

```
LocalDate today = LocalDate.now();
Month currentMonth = today.getMonth();
Month firstMonthofQuarter = currentMonth.firstMonthOfQuarter();
```

这样写没有把季度单独抽象出来，还需要编写专用的代码。下面我们稍微扩展一下 JDK，定义如下的枚举类型：

```
public enum Quarter {
    FIRST, SECOND, THIRD, FOURTH;
}
```

现在，可以这样编写查询：

```
public class QuarterOfYearQuery implements TemporalQuery<Quarter> {
    @Override
    public Quarter queryFrom(TemporalAccessor temporal) {
        LocalDate now = LocalDate.from(temporal);

        if(now.isBefore(now.with(Month.APRIL).withDayOfMonth(1))) {
            return Quarter.FIRST;
        } else if(now.isBefore(now.with(Month.JULY)
                                 .withDayOfMonth(1))) {
            return Quarter.SECOND;
        } else if(now.isBefore(now.with(Month.NOVEMBER)
                                 .withDayOfMonth(1))) {
            return Quarter.THIRD;
        } else {
            return Quarter.FOURTH;
        }
    }
}
```

TemporalQuery 对象可以直接使用，也可以间接使用。下面各举一个例子：

```
QuarterOfYearQuery q = new QuarterOfYearQuery();

// Direct
Quarter quarter = q.queryFrom(LocalDate.now());
System.out.println(quarter);

// Indirect
quarter = LocalDate.now().query(q);
System.out.println(quarter);
```

多数情况下，最好间接使用，即把查询对象作为参数传给 query() 方法，因为这样写出的代码更易于阅读。

9.3.3 调节器

调节器的作用是修改日期和时间对象。假如我们想获取某个时间戳所在季度的第一天：

```
public class FirstDayOfQuarter implements TemporalAdjuster {
    @Override
    public Temporal adjustInto(Temporal temporal) {

        final int currentQuarter = YearMonth.from(temporal)
                .get(IsoFields.QUARTER_OF_YEAR);

        switch (currentQuarter) {
            case 1:
                return LocalDate.from(temporal)
                        .with(TemporalAdjusters.firstDayOfYear());
            case 2:
                return LocalDate.from(temporal)
                        .withMonth(Month.APRIL.getValue())
                        .with(TemporalAdjusters.firstDayOfMonth());
            case 3:
                return LocalDate.from(temporal)
                        .withMonth(Month.JULY.getValue())
                        .with(TemporalAdjusters.firstDayOfMonth());
            case 4:
                return LocalDate.from(temporal)
                        .withMonth(Month.OCTOBER.getValue())
                        .with(TemporalAdjusters.firstDayOfMonth());
            default:
                return null; // Will never happen
        }
    }
}
```

下面举个例子，看看如何使用调节器：

```
LocalDate now = LocalDate.now();
Temporal fdoq = now.with(new FirstDayOfQuarter());
System.out.println(fdoq);
```

这里的关键是 `with()` 方法，这段代码先读取一个 `Temporal` 对象，然后返回修改后的另一个对象。在处理不可变对象的 API 中经常会见到这种方式。

9.3.4 过时的日期和时间 API

可惜，很多应用还没有转用 Java 8 中优秀的日期和时间库。所以，为了完整性，本节简要介绍一下以前的 Java 版本对日期和时间的支持（以 `java.util.Date` 类为基础）。

 在 Java 8 环境中，别再使用过时的日期和时间类，尤其是 `java.util.Date` 类。建议重写或重构仍在使用过时类的代码。

在较旧的 Java 版本中没有 java.time 包，开发者只能依赖 java.util.Date 类提供的基础支持。以前，这是表示时间戳的唯一方式。虽然这个类的名称是 Date，但其实它为日期和时间都提供了相应的组件，因此也为很多程序员带来了大量困扰。

Date 类提供的过时支持有很多问题。

* Date 类的实现方式不正确。它表示的其实不是日期，更像是时间戳。因此需要使用不同的方式表示日期、日期和时间，以及瞬时时间戳。

* Date 对象是可变的。创建日期的引用后，再次指向这个对象时可以修改它的值。

* Date 类不符合 ISO-8601 标准。这是全球通用的日期标准，规定什么是有效的日期。

* Date 类中有相当多的弃用方法。

这个版本的 JDK 使用两个构造方法创建 Date 对象：其中 void 构造方法不接受参数，用于创建当前时间；另一个构造方法接受一个参数，即距 epoch 时间的毫秒数。

9.4 小结

本节介绍了多种不同类型的数据。文本和数字数据是最常见的，不过现实中的程序员还会遇到很多其他数据类型。下一章介绍存储数据的文件，以及处理 I/O 和网络的新方式。幸运的是，Java 为很多这种抽象都提供了良好的处理方式。

第 10 章

文件处理和 I/O

从第 1 版开始，Java 就支持输入 / 输出（I/O）。可是，由于 Java 极力想实现平台独立性，所以早期版本的 I/O 功能更重视可移植性而不是功能，因此这个功能不那么好用。

本章后面会介绍，原先的 API 已经得到补充，变得更加丰富，功能也更完善，易于使用。首先，我们将介绍 Java 以前处理 I/O 的"经典"方式，这也是现代方式的基础。

10.1 经典的 Java I/O

File 类是 Java 以原始方式处理文件 I/O 的基础。这个抽象既能表示文件，也可以表示目录，不过有时使用起来有些费劲，写出的代码如下所示：

```java
// Get a file object to represent the user's home directory
File homedir = new File(System.getProperty("user.home"));

// Create an object to represent a config file (should
// already be present in the home directory)
File f = new File(homedir, "app.conf");

// Check the file exists, really is a file, and is readable
if (f.exists() && f.isFile() && f.canRead()) {

    // Create a file object for a new configuration directory
    File configdir = new File(f, ".configdir");
    // And create it
    configdir.mkdir();
    // Finally, move the config file to its new home
    f.renameTo(new File(configdir, ".config"));
}
```

上述代码展示了 File 类使用灵活的一面，但也暴露了这种抽象带来的一些问题。一般情况下，需要调用很多方法查询 File 对象才能判断这个对象到底表示的是什么，以及具有什么能力。

10.1.1 文件

File 类中有相当多的方法，但根本没有直接提供一些基本功能（尤其是无法读取文件的内容）。

下述代码简要总结了 File 类中的方法：

```java
// Permissions management
boolean canX = f.canExecute();
boolean canR = f.canRead();
boolean canW = f.canWrite();

boolean ok;
ok = f.setReadOnly();
ok = f.setExecutable(true);
ok = f.setReadable(true);
ok = f.setWritable(false);

// Different views of the file's name
File absF = f.getAbsoluteFile();
File canF = f.getCanonicalFile();
String absName = f.getAbsolutePath();
String canName = f.getCanonicalPath();
String name = f.getName();
String pName = getParent();
URI fileURI = f.toURI(); // Create URI for File path

// File metadata
boolean exists = f.exists();
boolean isAbs = f.isAbsolute();
boolean isDir = f.isDirectory();
boolean isFile = f.isFile();
boolean isHidden = f.isHidden();
long modTime = f.lastModified(); // milliseconds since epoch
boolean updateOK = f.setLastModified(updateTime); // milliseconds
long fileLen = f.length();

// File management operations
boolean renamed = f.renameTo(destFile);
boolean deleted = f.delete();

// Create won't overwrite existing file
boolean createdOK = f.createNewFile();

// Temporary file handling
File tmp = File.createTempFile("my-tmp", ".tmp");
tmp.deleteOnExit();

// Directory handling
boolean createdDir = dir.mkdir();
String[] fileNames = dir.list();
File[] files = dir.listFiles();
```

File 类中还有一些方法不完全符合这种抽象。其中很多方法都要查询文件位于的文件系统（例如，查询可用空间）：

```
long free, total, usable;

free = f.getFreeSpace();
total = f.getTotalSpace();
usable = f.getUsableSpace();

File[] roots = File.listRoots(); // all available Filesystem roots
```

10.1.2 流

I/O 流抽象（注意别跟 Java 8 集合 API 使用的流混淆了）出现在 Java 1.0 中，用于处理硬盘或其他源发出的连续字节流。

这个 API 的核心是一对抽象类，InputStream 和 OutputStream。这两个类应用广泛，事实上，"标准"输入和输出流（System.in 和 System.out）就是这种流。标准输入和输出流是 System 类的公开静态字段，在最简单的程序中也能用到：

```
System.out.println("Hello World!");
```

流的某些特定的子类，例如 FileInputStream 和 FileOutputStream，可以用于操作文件中单独的字节。例如，下述代码的作用是统计文件中 ASCII 97（小写的 a）出现的次数：

```
try (InputStream is = new FileInputStream("/Users/ben/cluster.txt")) {
  byte[] buf = new byte[4096];
  int len, count = 0;
  while ((len = is.read(buf)) > 0) {
    for (int i=0; i<len; i++)
      if (buf[i] == 97) count++;
  }
  System.out.println("'a's seen: "+ count);
} catch (IOException e) {
  e.printStackTrace();
}
```

使用这种方式处理硬盘中的数据缺乏灵活性，因为大多数开发者习惯以字符而不是字节的方式思考问题。因此，这种流经常和高层的 Reader 和 Writer 类结合起来使用。Reader 和 Writer 类处理的是字符流，而不是 InputStream 和 OutputStream 及其子类提供的低层字节流。

10.1.3 Reader 和 Writer 类

把抽象从字节提升到字符后，开发者就更熟悉所面对的 API 了，而且这样也能规避很多由字符编码和 Unicode 导致的问题。

Reader 和 Writer 类架构在字节流相关的类之上，无须再处理低层 I/O 流。这两个类有几个子类，往往都两两结合起来使用，例如：

- FileReader

- BufferedReader

- InputStreamReader

- FileWriter

- PrintWriter

- BufferedWriter

若想读取一个文件中的所有行，并把这些行打印出来，可以在 FileReader 对象的基础上使用 BufferedReader 对象，如下述代码所示：

```java
try (BufferedReader in =
        new BufferedReader(new FileReader(filename))) {
  String line;

  while((line = in.readLine()) != null) {
    System.out.println(line);
  }
} catch (IOException e) {
  // Handle FileNotFoundException, etc. here
}
```

如果想从终端读取行，而不是文件，一般会在 System.in 对象上使用 InputStream-Reader 对象。我们来看个例子，在这个示例中我们想从终端读取输入的行，但特殊对待以特殊字符开头的行——这种行是要处理的命令（"元"），而不是普通文本。很多聊天类程序，包括 IRC，都需要这种特性。这里，我们要借助第 9 章介绍的正则表达式：

```java
Pattern SHELL_META_START = Pattern.compile("^#(\\w+)\\s*(\\w+)?");

try (BufferedReader console =
        new BufferedReader(new InputStreamReader(System.in))) {
  String line;

  READ: while((line = console.readLine()) != null) {
    // Check for special commands ("metas")
    Matcher m = SHELL_META_START.matcher(line);
    if (m.find()) {
      String metaName = m.group(1);
      String arg = m.group(2);
      doMeta(metaName, arg);
      continue READ;
    }

    System.out.println(line);
```

```
    }
  } catch (IOException e) {
    // Handle FileNotFoundException, etc. here
  }
```

如果需要把文本输出到文件中，可以使用如下代码：

```
File f = new File(System.getProperty("user.home")
 + File.separator + ".bashrc");
try (PrintWriter out =
        new PrintWriter(new BufferedWriter(new FileWriter(f)))) {
  out.println("## Automatically generated config file. DO NOT EDIT");
  // ...
} catch (IOException iox) {
  // Handle exceptions
}
```

Java 处理 I/O 的旧风格中部分功能偶尔也能起一些作用。例如，处理文本文件时，
FilterInputStream 类往往非常有用。对于想使用类似于经典"管道"I/O 方式通信的
线程来说，Java 提供了 PipedInputStream 和 PipedReader 类，以及对应的输出类。

到目前为止，本章多次用到了一种语言特性——"处理资源的 try 语句"（try-with-
resources，TWR）。这种语句的句法在 2.5.18 节简单介绍过，但要结合 I/O 等操作才能充
分发挥潜能，而且还给旧风格的 I/O 带来了新生。

10.1.4 再次介绍 TWR

为了充分发挥 Java 的 I/O 能力，一定要理解如何使用 TWR 以及何时使用。何时使用很
好确定，只要允许用就用。

在 TWR 出现之前，必须手动关闭资源，而且处理资源之间复杂交互的代码可能引入缺
陷，无法成功地关闭资源，从而导致资源泄露。

事实上，根据甲骨文工程师的估计，在 JDK 6 的初始版本中，处理资源的代码有 60%
都不正确。因此，既然连平台的作者都无法完全正确地手动处理资源，那么显然所有新
代码都应该使用 TWR。

实现 TWR 的关键是一个新接口——AutoCloseable。这个新接口（在 Java 7 中出现）是
Closeable 的直接超接口，表示资源必须自动关闭。为此，编译器会插入特殊的异常处
理代码。

在 TWR 的资源子句中，只能声明实现了 AutoCloseable 接口的对象，但数量不限：

```
try (BufferedReader in = new BufferedReader(
                            new FileReader("profile"));
```

```
        PrintWriter out = new PrintWriter(
                        new BufferedWriter(
                          new FileWriter("profile.bak")))) {
    String line;
    while((line = in.readLine()) != null) {
      out.println(line);
    }
} catch (IOException e) {
    // Handle FileNotFoundException, etc. here
}
```

这样写，资源的作用域就自动放入 try 代码块中，各个资源（不管是可读的还是可写的）会按照正确的顺序自动关闭，而且编译器插入的异常处理代码会考虑到资源之间的相互依赖关系。

其他语言和环境中的也存在与 TWR 类似的概念，例如 C++ 中的 RAII。然而，正如在终结机制部分所讨论的那样，TWR 仅限于块范围。一个小的限制是由于 TWR 特性是由编译器实现的，它会自动插入字节码，所以无论如何在代码块结束的时候，字节码都会调用资源的 close() 方法。

TWR 的作用不同于 C++ 版的 RAII 大致和 C# 的 using 关键字类似。开发者可以把 TWR 看成"正确的终结方式"。6.4 节说过，新代码绝对不能直接使用终结机制，而一定要使用 TWR。旧代码也应该根据情况尽早重构，换成 TWR，因为它为资源处理代码提供了切实的好处。

10.1.5 经典 I/O 的问题

即便添加了受欢迎的 TWR，File 及其相关的类仍然有一些问题，就算执行标准的 I/O 操作也不理想，因而没有被广泛应用。例如：

- 缺少处理常见操作的方法。

- 在不同的平台中不能使用一致的方式处理文件名。

- 没有统一的文件属性模型（例如，读写模型）。

- 难以遍历未知的目录结构。

- 没有平台或操作系统专用的特性。

- 不支持使用非阻塞方式处理文件系统。

为了改善这些缺点，Java 的 I/O API 在过去的几个主要版本中一直在改进。直到 Java 7，处理 I/O 才真正变得简单而高效。

10.2 现代的 Java I/O

Java 7 引入了全新的 I/O API（一般称为 NIO.2），几乎可以完全取代以前使用 File 类处理 I/O 的方式。新添加的若干类都存在于 `java.nio.file` 包中。

多数情况下，使用 Java 7 引入的新版 API 处理 I/O 更简单。新 API 分为两大部分：第一部分是一个新抽象，Path 接口（这个接口的作用可以理解为表示文件的位置，这个位置可以有内容，也可以没有）；第二部分是很多处理文件和文件系统的新方法，这些新方法既方便又实用，都是 Files 类的静态方法。

10.2.1 Files 类

例如，使用 Files 类的新功能执行基本的复制操作，非常简单，如下所示：

```java
File inputFile = new File("input.txt");
try (InputStream in = new FileInputStream(inputFile)) {
  Files.copy(in, Paths.get("output.txt"));
} catch(IOException ex) {
  ex.printStackTrace();
}
```

我们快速了解一下 Files 类中的一些重要方法，多数方法的操作都一目了然。很多情况下，这些方法都有返回类型。不过，除了人为的个例，或者重复等效 C 代码的行为，很少使用返回类型。

```java
Path source, target;
Attributes attr;
Charset cs = StandardCharsets.UTF_8;

// Creating files
//
// Example of path --> /home/ben/.profile
// Example of attributes --> rw-rw-rw-
Files.createFile(target, attr);

// Deleting files
Files.delete(target);
boolean deleted = Files.deleteIfExists(target);

// Copying/moving files
Files.copy(source, target);
Files.move(source, target);

// Utility methods to retrieve information
long size = Files.size(target);

FileTime fTime = Files.getLastModifiedTime(target);
System.out.println(fTime.to(TimeUnit.SECONDS));
```

```
Map<String, ?> attrs = Files.readAttributes(target, "*");
System.out.println(attrs);

// Methods to deal with file types
boolean isDir = Files.isDirectory(target);
boolean isSym = Files.isSymbolicLink(target);

// Methods to deal with reading and writing
List<String> lines = Files.readAllLines(target, cs);
byte[] b = Files.readAllBytes(target);

BufferedReader br = Files.newBufferedReader(target, cs);
BufferedWriter bwr = Files.newBufferedWriter(target, cs);

InputStream is = Files.newInputStream(target);
OutputStream os = Files.newOutputStream(target);
```

Files 类中的某些方法可以接受可选的参数，为方法执行的操作指定其他行为（可能是针对特定实现的行为）。

这个 API 的某些选择偶尔会导致恼人的行为。例如，默认情况下，复制操作不会覆盖已经存在的文件，而是需要使用一个复制选项来指定这种行为：

```
Files.copy(Paths.get("input.txt"), Paths.get("output.txt"),
        StandardCopyOption.REPLACE_EXISTING);
```

StandardCopyOption 是一个枚举，实现了 CopyOption 接口。而且，LinkOption 枚举也实现了 CopyOption 接口。所以，Files.copy() 方法能接受任意个 LinkOption 或 StandardCopyOption 参数。LinkOption 用于指定如何处理符号链接（当然，前提是底层操作系统支持符号链接）。

10.2.2 Path

Path 接口可用于在文件系统中定位文件。这个接口表示的路径具有下述特性：

- 系统相关。

- 有层次结构。

- 由一系列路径元素组成。

- 假设的（可能还不存在，或者已经删除）。

因此，Path 对象和 File 对象完全不同。特别是，系统依赖性表现为 Path 是一个接口，而不是一个类，这使得不同的文件系统的提供者能够实现 Path 接口，并在保留总体抽象的同时提供系统相关的特性。

组成 Path 对象的元素中有一个可选的根组件，表示实例所属文件系统的层次结构。注意，有些 Path 对象可能没有根组件，例如表示相对路径的 Path 对象。除了根组件之外，每个 Path 实例都有零个或多个目录名和名称元素。

名称元素是离目录层次结构的根最远的元素，表示文件或目录的名称。Path 对象的内容可以理解为使用特殊的分隔符把各个路径元素连接在一起。

Path 对象是个抽象概念，和任何物理文件路径都没关联。因此，可以轻易表示还不存在的文件路径。Java 提供的 Paths 类中有创建 Path 实例的工厂方法。

Paths 类提供了两个 get() 方法，用于创建 Path 对象。普通的版本接受一个 String 对象，使用默认的文件系统提供方。另一个版本接受一个 URI 对象，利用了 NIO.2 能接入其他提供方定制文件系统的特性。这是高级用法，有兴趣的开发者可以参阅相关文档。让我们看一下使用 Path 对象的简单示例：

```
Path p = Paths.get("/Users/ben/cluster.txt");
Path p = Paths.get(new URI("file:///Users/ben/cluster.txt"));
System.out.println(p2.equals(p));

File f = p.toFile();
System.out.println(f.isDirectory());
Path p3 = f.toPath();
System.out.println(p3.equals(p));
```

这个示例还展示了 Path 对象和 File 对象之间可以轻易地相互转换。有了 Path 类中的 toFile() 方法和 File 类中的 toPath() 方法，开发者可以毫不费力地在两个 API 之间切换，而且有了一种直观的方式重构那些使用了 File 类的代码，换到 Path 接口。

除此之外，还可以使用 Files 类中一些有用的"桥接"方法。通过这些方法可以轻易使用旧的 I/O API，例如，有些便利方法可以创建 Writer 对象，把内容写入 Path 对象指定的位置：

```
Path logFile = Paths.get("/tmp/app.log");
try (BufferedWriter writer =
        Files.newBufferedWriter(logFile, StandardCharsets.UTF_8,
                        StandardOpenOption.WRITE)) {
  writer.write("Hello World!");
  // ...
} catch (IOException e) {
  // ...
}
```

这里使用了 StandardOpenOption 枚举，其作用和复制选项类似，不过用于指定打开新文件的行为。

在这个示例中，我们使用 Path API 完成了下述操作：

- 创建一个 Path 对象，对应于一个新文件。

- 使用 Files 类创建那个新文件。

- 创建一个 Writer 对象，打开那个文件。

- 把内容写入那个文件。

- 写入完毕后自动关闭那个文件。

下面再举个例子。这个例子基于前面的代码，把一个 JAR 文件本身当成 FileSystem 对象处理，直接把一个新文件添加到这个 JAR 文件中。JAR 文件其实就是 ZIP 文件，所以这种技术也适用于 .zip 压缩文件。

```
Path tempJar = Paths.get("sample.jar");
try (FileSystem workingFS =
  FileSystems.newFileSystem(tempJar, null)) {
  Path pathForFile = workingFS.getPath("/hello.txt");
  List<String> ls = new ArrayList<>();
  ls.add("Hello World!");

  Files.write(pathForFile, ls, Charset.defaultCharset(),
              StandardOpenOption.WRITE, StandardOpenOption.CREATE);
}
```

这个示例展示了如何使用 getPath() 方法在 FileSystem 对象中创建 Path 对象。使用这种技术，开发者其实可以把 FileSystem 对象当成黑盒。

Files 还提供了处理临时文件和目录的方法，这是一个十分常见的用例（而且可能是安全漏洞的来源）。例如，如何从类路径中加载资源文件，并将其复制到新创建的临时目录中，然后安全地清理临时文件（使用我们在第 5 章介绍的 Reaper 类）：

```
Path tmpdir = Files.createTempDirectory(Paths.get("/tmp"), "tmp-test");
try (InputStream in =
     FilesExample.class.getResourceAsStream("/res.txt")) {
  Path copied = tmpdir.resolve("copied-resource.txt");
  Files.copy(in, copied, StandardCopyOption.REPLACE_EXISTING);
  // ... work with the copy
}
// Clean up when done...
Files.walkFileTree(tmpdir, new Reaper());
```

Java 最初提供的 I/O API 受到的批评之一是不支持本地 I/O 和高性能 I/O。Java 1.4 首次对此提出了解决方案——New I/O(NIO) API，而且在后续版本中也一直在改善。

10.3 NIO 中的通道和缓冲区

NIO 中的缓冲区是对高性能 I/O 的一种低层抽象，为指定基本类型组成的线性序列提供容器。后面的示例都以处理 ByteBuffer 对象（最常见）为例。

10.3.1 ByteBuffer 对象

ByteBuffer 对象是字节序列，理论上，在注重性能的场合中可以代替 byte[] 类型的数组。为了得到最好的性能，ByteBuffer 支持直接使用 JVM 所在平台提供的本地功能处理缓冲区。

这种方式称为"直接缓冲区"，只要可能就会绕过 Java 堆内存。直接缓冲区在本地内存中分配，而不是在标准的 Java 堆内存中。而且，垃圾回收程序对待直接缓冲区的方式和普通堆中的 Java 对象也有所不同。

若想创建 ByteBuffer 类型的直接缓冲区对象，可以调用工厂方法 allocateDirect()。除此之外，还有 allocate() 方法，用于创建堆中的缓冲区，不过现实中不常使用。

创建字节缓冲区的第三种方式是打包现有的 byte[] 数组。这种方式创建的是堆中缓冲区，目的是以更符合面向对象的方式处理底层字节：

```
ByteBuffer b = ByteBuffer.allocateDirect(65536);
ByteBuffer b2 = ByteBuffer.allocate(4096);

byte[] data = {1, 2, 3};
ByteBuffer b3 = ByteBuffer.wrap(data);
```

字节缓冲区只能使用低层方式访问字节，因此开发者要手动处理一些细节，例如需要处理字节的字节顺序和 Java 整数基本类型的符号：

```
b.order(ByteOrder.BIG_ENDIAN);

int capacity = b.capacity();
int position = b.position();
int limit = b.limit();
int remaining = b.remaining();
boolean more = b.hasRemaining();
```

把数据存入缓冲区或从缓冲区中取出有两种操作方式：一种是单值操作，一次读写一个值；另一种是批量操作，一次读写一个 byte[] 数组或 ByteBuffer 对象，处理多个值（可能很多）。要使用批量操作才能获得预期中的性能提升：

```
b.put((byte)42);
b.putChar('x');
b.putInt(0xcafebabe);

b.put(data);
b.put(b2);
```

```
double d = b.getDouble();
b.get(data, 0, data.length);
```

单值形式还支持直接处理缓冲区中绝对位置上的数据：

```
b.put(0, (byte)9);
```

缓冲区这种抽象只存在于内存中，如果想影响外部世界（例如文件或网络），需要使用
Channel（通道）对象。Channel 接口在 java.nio.channels 包中定义，表示支持读写
操作的实体连接。文件和套接字是两种常见的通道，不过我们要意识到，用于低延迟数
据处理的自定义实现也属于通道。

通道在创建时处于打开状态，随后可以将其关闭。一旦关闭，就无法再打开。一般来
说，通道要么可读要么可写，不能既可读又可写。要理解通道，关键是要明白以下内容：

* 从通道中读取数据时会把字节存入缓冲区。

* 把数据写入通道时会从缓冲区中读取字节。

假设我们要计算一个大文件前 16M 数据片段的校验和：

```
FileInputStream fis = getSomeStream();
boolean fileOK = true;

try (FileChannel fchan = fis.getChannel()) {
  ByteBuffer buffy = ByteBuffer.allocateDirect(16 * 1024 * 1024);
  while(fchan.read(buffy) != -1 || buffy.position() > 0 || fileOK) {
    fileOK = computeChecksum(buffy);
    buffy.compact();
  }
} catch (IOException e) {
  System.out.println("Exception in I/O");
}
```

上述代码会尽量使用本地 I/O，不会把大量字节复制进 Java 堆内存。如果 compute-
Checksum() 方法实现得好，上述代码的性能就很高。

10.3.2 映射字节缓冲区

这是一种直接字节缓冲区，包含一个内存映射文件（或内存映射文件的一部分）。这
种缓冲区由 FileChannel 对象创建，不过要注意，内存映射操作之后决不能使用
MappedByteBuffer 对象对应的 File 对象，否则会抛出异常。为了规避这种问题，我们
可以使用 TWR 语句，严格限制相关对象的作用域：

```
try (RandomAccessFile raf =
  new RandomAccessFile(new File("input.txt"), "rw");
    FileChannel fc = raf.getChannel();) {
```

```
MappedByteBuffer mbf =
  fc.map(FileChannel.MapMode.READ_WRITE, 0, fc.size());
byte[] b = new byte[(int)fc.size()];
mbf.get(b, 0, b.length);
for (int i=0; i<fc.size(); i++) {
  b[i] = 0; // Won't be written back to the file, we're a copy
}
mbf.position(0);
mbf.put(b); // Zeros the file
}
```

就算有了缓冲区，Java 在单线程中同步执行大规模 I/O 操作（例如，在文件系统之间传输 10G 数据）时还是会遇到一些限制。在 Java 7 之前，遇到这种操作时往往需要开发者自己编写多线程代码，而且要管理一个单独的线程执行后台复制操作。下面介绍 JDK 7 新引入的异步 I/O 功能。

10.4 异步 I/O

新异步功能的关键组成部分是一些实现 Channel 接口的新子类，这些类可以处理需要交给后台线程完成的 I/O 操作。这种功能还可以应用于长期运行的大型操作，以及其他一些场景。

本节专门介绍处理文件 I/O 的 AsynchronousFileChannel 类，除此之外还需要了解一些其他异步通道。本章最后会介绍异步套接字。本节的内容包括：

*   由 AsynchronousFileChannel 类负责文件 I/O。

*   由 AsynchronousSocketChannel 类负责客户端套接字 I/O。

*   由 AsynchronousServerSocketChannel 类负责能接受连入连接的异步套接字。

和异步通道交互有两种不同的方式：使用 Future 接口的方式和回调方式。

10.4.1 基于 Future 接口的方式

第 11 章会详细介绍 Future 接口，现在你只需知道这个接口表示进行中的任务，可能已经完成，也可能还未完成。这个接口有两个关键的方法。

isDone()
    返回布尔值，表示任务是否已经完成。

get()
    返回结果。如果已经结束，立即返回；如果还未结束，在完成前一直阻塞。

下面看个示例程序。这个程序异步读取一个大型文件（可能有 100Mb）：

```
try (AsynchronousFileChannel channel =
         AsynchronousFileChannel.open(Paths.get("input.txt"))) {
  ByteBuffer buffer = ByteBuffer.allocateDirect(1024 * 1024 * 100);
  Future<Integer> result = channel.read(buffer, 0);

  while(!result.isDone()) {
    // Do some other useful work....
  }

  System.out.println("Bytes read: " + result.get());
}
```

10.4.2 基于回调的方式

处理异步 I/O 的回调方式基于 CompletionHandler 接口实现，这个接口定义了两个方法 completed() 和 failed()，分别在操作成功和失败时调用。

处理异步 I/O 时，如果想立即收到事件提醒，可以使用这种方式。例如，有大量 I/O 操作要执行，但其中某次操作失败不会导致重大错误，这种情况就可以使用回调方式：

```
byte[] data = {2, 3, 5, 7, 11, 13, 17, 19, 23};
ByteBuffer buffy = ByteBuffer.wrap(data);

CompletionHandler<Integer,Object> h =
  new CompletionHandler() {
  public void completed(Integer written, Object o) {
    System.out.println("Bytes written: " + written);
  }
  public void failed(Throwable x, Object o) {
    System.out.println("Asynch write failed: "+ x.getMessage());
  }
};

try (AsynchronousFileChannel channel =
       AsynchronousFileChannel.open(Paths.get("primes.txt"),
         StandardOpenOption.CREATE, StandardOpenOption.WRITE)) {

  channel.write(buffy, 0, null, h);
  Thread.sleep(1000); // Needed so we don't exit too quickly
}
```

AsynchronousFileChannel 对象关联一个后台线程池，所以处理 I/O 操作时，原线程可以继续处理其他任务。

默认情况下，这个线程池由运行时提供并管理。如果需要，线程池也可以由应用创建和管理（通过 AsynchronousFileChannel.open() 方法的某个重载形式），不过一般不需要这么做。

最后，为了完整性，我们还要简单介绍 NIO 对多路复用 I/O 的支持。在多路复用 I/O 中，单个线程能管理多个通道，而且会检测哪个通道做好了读或写的准备。支持多路复用 I/O 的类在 `java.nio.channels` 包中，包括 `SelectableChannel` 和 `Selector`。

编写需要高伸缩性的高级应用时，这种非阻塞式多路复用技术特别有用，不过对这个话题的完整讨论超出了本书的范围。一般来说，非阻塞 API 只应用于真正需要高性能或其他 NFR 的高级用例。

10.4.3 监视服务和目录搜索

要介绍的最后一种异步服务是监视目录，或访问目录（或树状结构）。监视服务会观察目录中发生的所有变化，例如创建或修改文件：

```java
try {
  WatchService watcher = FileSystems.getDefault().newWatchService();

  Path dir = FileSystems.getDefault().getPath("/home/ben");
  WatchKey key = dir.register(watcher,
                      StandardWatchEventKinds.ENTRY_CREATE,
                      StandardWatchEventKinds.ENTRY_MODIFY,
                      StandardWatchEventKinds.ENTRY_DELETE);

  while(!shutdown) {
    key = watcher.take();
    for (WatchEvent<?> event: key.pollEvents()) {
      Object o = event.context();
      if (o instanceof Path) {
        System.out.println("Path altered: "+ o);
      }
    }
    key.reset();
  }
}
```

相比之下，目录流提供的是单个目录中当前所有文件的情况。例如，若想列出所有 Java 源码文件及其大小（以字节为单位），可以使用如下代码：

```java
try(DirectoryStream<Path> stream =
    Files.newDirectoryStream(Paths.get("/opt/projects"), "*.java")) {
  for (Path p : stream) {
    System.out.println(p +": "+ Files.size(p));
  }
}
```

这个 API 有个缺点，即只能返回匹配通配模式的元素，这种模式有时不够灵活。我们可以更进一步，使用新方法 `Files.find()` 和 `Files.walk()` 递归遍历目录，找出每个元素：

```java
final Pattern isJava = Pattern.compile(".*\\.java$");
final Path homeDir = Paths.get("/Users/ben/projects/");
Files.find(homeDir, 255,
  (p, attrs) -> isJava.matcher(p.toString()).find())
    .forEach(q -> {System.out.println(q.normalize());});
```

我们还可以更进一步，使用 `java.nio.file` 包中的 `FileVisitor` 接口编写高级的解决方案，不过，此时需要开发者实现 `FileVisitor` 接口中的全部四个方法，而不能像上述代码那样只使用一个 lambda 表达式。

本章的最后一节要讨论 Java 对网络的支持以及 JDK 中相应的核心类。

10.5 网络

Java 平台支持大量标准的网络协议，因此编写简单的网络应用非常容易。Java 对网络支持的核心 API 在 `java.net` 包中，其他扩展 API 则由 `javax.net` 包（尤其是 `javax.net.ssl` 包）提供。

开发应用时最易于使用的协议是超文本传输协议（HyperText Transmission Protocol，HTTP），这个协议是 Web 的基础通信协议。

10.5.1 HTTP

HTTP 是 Java 原生支持的最高层网络协议。这个协议非常简单，基于文本，在 TCP/IP 标准协议族的基础上实现。HTTP 可以在任何网络端口中使用，不过通常使用 80 端口。

Java 有两个用于处理 HTTP 的独立 API，其中一个可以追溯到平台的早期，另一个是以 Java 9 的孵化器形式出现的更现代的 API。

为了完整起见，让我们快速了解一下旧的 API。在这个 API 中 URL 是关键的类——这个类原生支持 `http://`、`ftp://`、`file://` 和 `https://` 形式的 URL。这个类使用起来非常简单，最简单的示例是下载指定 URL 对应页面的内容。在 Java 8 中，使用下面的代码即可：

```
URL url = new URL("http://www.google.com/");
try (InputStream in = url.openStream()) {
  Files.copy(in, Paths.get("output.txt"));
} catch(IOException ex) {
  ex.printStackTrace();
}
```

若想深入低层控制，例如获取请求和响应的元数据，可以使用 `URLConnection` 类获取更多控制，代码如下：

```
try {
  URLConnection conn = url.openConnection();

  String type = conn.getContentType();
  String encoding = conn.getContentEncoding();
  Date lastModified = new Date(conn.getLastModified());
```

```
      int len = conn.getContentLength();
      InputStream in = conn.getInputStream();
   } catch (IOException e) {
      // Handle exception
   }
```

HTTP 定义了多个"请求方法"，客户端使用这些方法操作远程资源。这些方法是：GET、POST、HEAD、PUT、DELETE、OPTIONS、TRACE。

各个方法的用法稍微不同，例如：

- GET 只能用于取回文档，不能执行任何副作用。

- HEAD 和 GET 作用一样，但是不返回主体——如果程序只想检查 URL 对应的网页是否有变化，可以使用 HEAD。

- 如果想把数据发送给服务器处理，要使用 POST。

默认情况下，Java 始终使用 GET 方法，不过也提供了使用其他方法的方式，以开发更复杂的应用。然而，这需要做一些额外工作。在下面这个示例中，我们使用 BBC 网站提供的搜索函数来搜索关于 Java 的新闻：

```
var url = new URL("http://www.bbc.co.uk/search");
var encodedData = URLEncoder.encode("q=java", "ASCII");
var contentType = "application/x-www-form-urlencoded";

HttpURLConnection conn = (HttpURLConnection) url.openConnection();
conn.setInstanceFollowRedirects(false);
conn.setRequestMethod("POST");
conn.setRequestProperty("Content-Type", contentType );
conn.setRequestProperty("Content-Length",
   String.valueOf(encodedData.length()));

conn.setDoOutput(true);
OutputStream os = conn.getOutputStream();
os.write( encodedData.getBytes() );

int response = conn.getResponseCode();
if (response == HttpURLConnection.HTTP_MOVED_PERM
    || response == HttpURLConnection.HTTP_MOVED_TEMP) {
  System.out.println("Moved to: "+ conn.getHeaderField("Location"));
} else {
  try (InputStream in = conn.getInputStream()) {
    Files.copy(in, Paths.get("bbc.txt"),
               StandardCopyOption.REPLACE_EXISTING);
  }
}
```

注意，请求参数要在请求的主体中发送，而且发送前要编码。我们还要禁止跟踪 HTTP 重定向，并且手动处理服务器返回的每个重定向响应。这是因为 HttpURLConnection 类有个缺陷——不能正确处理 POST 请求的重定向响应。

旧的 API 确实显示出了它的年代感，事实上它只实现了 HTTP 标准的 1.0 版本，这是非常低效和过时的。作为另一种选择，现代 Java 程序可以使用新的 API，这是由于 Java 需要支持新的 HTTP/2 协议而添加的。

它是在 Java 9 中作为孵化器模块添加的，但在 Java 11 中，现在已成为一个完全受支持的模块，java.net.http。让我们看一个使用新 API 的简单示例：

```
import static java.net.http.HttpResponse.BodyHandlers.ofString;

var client = HttpClient.newBuilder().build();
var uri = new URI("https://www.oreilly.com");
var request = HttpRequest.newBuilder(uri).build();

var response = client.send(request,
        ofString(Charset.defaultCharset()));
var body = response.body();
System.out.println(body);
```

请注意，此 API 设计为可扩展的，具有诸如 HttpResponse 之类的接口。BodySubscriber 可用于自定义处理。接口层还无缝地隐藏了 HTTP/2 和旧的 HTTP/1.1 协议之间的差异，这意味着随着 Web 服务器采用新版本，Java 应用程序将能够优雅地迁移。

下面介绍网络协议栈的下一层，传输控制协议（Transmission Control Protocol，TCP）。

10.5.2 TCP

TCP 是互联网中可靠传输网络数据的基础，它能确保传输的网页和其他互联网流量完整且易于理解。从网络理论的视角来看，由于 TCP 具有下述特性，才能作为互联网流量的"可靠性层"。

基于连接

数据属于单个逻辑流（连接）。

保证送达

如果未收到数据包，会一直重新发送，直到送达为止。

错误检查

能检测到网络传输导致的损坏，并自动修复。

TCP 是双向通信通道，使用特殊的编号机制（TCP 序号）为数据块指定序号，确保通信流的两端保持同步。为了在同一个网络主机中支持多个不同的服务，TCP 使用端口号识别服务，而且能确保某个端口的流量不会走另一个端口传输。

Java 使用 Socket 和 ServerSocket 类表示 TCP。这两个类分别表示连接中的客户端和服务器端。也就是说，Java 既能连接网络服务，也能用来实现新服务。

举个例子，我们来重新实现 HTTP。这个协议基于文本，相对简单。连接的两端都要实现，下面先基于 TCP 套接字实现 HTTP 客户端。为此，其实我们需要实现 HTTP 协议的细节，不过我们有个优势——完全掌控着 TCP 套接字。

我们既要从客户端套接字中读取数据，也要把数据写入客户端套接字，而且构建请求时要遵守 HTTP 标准（RFC 2616, 使用显式的换行符句法）。最终写出的代码如下所示：

```java
String hostname - "www.example.com";
int port = 80;
String filename = "/index.html";

try (Socket sock = new Socket(hostname, port);
  BufferedReader from = new BufferedReader(
      new InputStreamReader(sock.getInputStream()));
  PrintWriter to = new PrintWriter(
      new OutputStreamWriter(sock.getOutputStream())); ) {

  // The HTTP protocol
  to.print("GET " + filename +
    " HTTP/1.1\r\nHost: "+ hostname +"\r\n\r\n");
  to.flush();

  for(String l = null; (l = from.readLine()) != null; )
    System.out.println(l);

}
```

在服务器端，可能需要处理多个连入连接。因此，需要编写一个服务器主循环，然后使用 accept() 方法从操作系统中接收一个新连接。随后，要迅速把这个新连接传给单独的类处理，好让服务器主循环继续监听新连接。服务器端的代码比客户端复杂：

```java
// Handler class
private static class HttpHandler implements Runnable {
  private final Socket sock;
  HttpHandler(Socket client) { this.sock = client; }

  public void run() {
    try (BufferedReader in =
          new BufferedReader(
            new InputStreamReader(sock.getInputStream()));
        PrintWriter out =
          new PrintWriter(
            new OutputStreamWriter(sock.getOutputStream())); ) {
      out.print("HTTP/1.0 200\r\nContent-Type: text/plain\r\n\r\n");
      String line;
      while((line = in.readLine()) != null) {
        if (line.length() == 0) break;
        out.println(line);
      }
    } catch(Exception e) {
```

```java
        // Handle exception
      }
    }
  }

  // Main server loop
  public static void main(String[] args) {
    try {
      int port = Integer.parseInt(args[0]);

      ServerSocket ss = new ServerSocket(port);
      for(;;) {
        Socket client = ss.accept();
        HTTPHandler hndlr = new HTTPHandler(client);
        new Thread(hndlr).start();
      }
    } catch (Exception e) {
      // Handle exception
    }
  }
```

为通过 TCP 通信的应用设计协议时，要谨记一个简单而意义深远的网络架构原则——Postel 法则（以互联网之父之一 Jon Postel 的名字命名）。这个法则有时表述为："发送时要保守，接收时要开放。"这个简单的原则表明，网络系统中的通信有太多可能性，即便非常不完善的实现也是如此。

如果开发者遵守 Postel 法则，还遵守尽量保持协议简单这个通用原则（有时也叫 KISS 原则），那么，基于 TCP 的通信实现起来要比不遵守时更简单。

之后会介绍是互联网通用的运输协议——互联网协议（Internet Protocol，IP）。

10.5.3 IP

IP 是传输数据的最低层标准，抽象了把字节从 A 设备实际移动到 B 设备的物理网络技术。

和 TCP 不同，IP 数据包不能保证一定送达，在传输的路径中，任何过载的系统都可能会丢掉数据包。IP 数据包有目的地，但一般没有路由数据——真正传送数据的是沿线的物理传输介质（可能有多种不同的介质）。

在 Java 中可以创建基于单个 IP 数据包（首部除了可以指定使用 TCP 协议，还可以指定使用 UDP 协议）的数据报服务，不过，除了延迟非常低的应用之外很少需要这么做。Java 使用 DatagramSocket 类实现这种功能，不过很少有开发者需要深入到网络协议栈的这一层。

最后，值得注意的是，互联网使用的寻址方案目前正在经历一些变化。目前使用的 IP 版本是 IPv4，可用的网络地址有 32 位存储空间。现在，这个空间严重不足，因此已经开始部署多种缓解技术。

IP 的下一版（IPv6）已经出现，但还没广泛使用，也还没有取代 IPv4，尽管它仍在稳步发展成为标准。不过，在未来十年，IPv6 应该会更为普及而低层网络需要适应这个全新版本。然而，对于 Java 程序员来说，好消息是该语言和平台多年来一直致力于对 IPv6 以及它所带来的变化提供良好支持。对于 Java 应用程序来说，IPv4 和 IPv6 之间的转换可能比许多其他语言更平滑，问题也会更少。

第 11 章

类加载、反射和方法句柄

第 3 章提到过 Java 的 Class 对象,这是在运行中的 Java 进程里活跃类型的表示。在此基础上,本章将讨论 Java 环境加载类以及让新的类型可用的方式。本章后半部分介绍 Java 的内省功能——既包括最原始的反射 API,也会介绍较新的方法句柄功能。

11.1 类文件、类对象和元数据

在第 1 章中曾提到过,类文件是编译 Java 源码文件(也可能是其他语言的源码文件)得到的中间格式,由 JVM 使用。类文件是二进制文件,其设计目的并不是为了供人类阅读。

类文件在运行时表示为对象,其中包含了元数据,而类对象表示的是构建出类文件的类型。

11.1.1 类对象示例

在 Java 中,获取类对象有多种方式。其中最简单的方式是:

```
Class<?> myCl = getClass();
```

上述代码得到调用对象的 getClass() 方法后返回的类对象。查看 Object 类的公开方法可以得知,Object 类中的 getClass() 方法是公开的,所以,任意对象 o 的类对象都是可以获取的:

```
Class<?> c = o.getClass();
```

已知类型的类对象还可以写成"类字面量":

```java
// Express a class literal as a type name followed by ".class"
c = int.class; // Same as Integer.TYPE
c = String.class; // Same as "a string".getClass()
c = byte[].class; // Type of byte arrays
```

基本类型和 void 也可以使用字面量表示类对象：

```
// Obtain a Class object for primitive types with various
// predefined constants
c = Void.TYPE; // The special "no-return-value" type
c = Byte.TYPE; // Class object that represents a byte
c = Integer.TYPE; // Class object that represents an int
c = Double.TYPE; // etc.; see also Short, Character, Long, Float
```

对于未知的类型，需要用更为复杂的方法。

11.1.2 类对象和元数据

类对象包含指定类型的元数据，包括该类定义的方法、字段和构造方法等。开发者可以使用这些元数据对类进行探究，就算加载类时对这个类一无所知也没关系。

例如，可以找出类中所有的弃用方法（弃用方法使用 @Deprecated 注解标记）：

```
Class<?> clz = getClassFromDisk();
for (Method m : clz.getMethods()) {
  for (Annotation a : m.getAnnotations()) {
    if (a.annotationType() == Deprecated.class) {
      System.out.println(m.getName());
    }
  }
}
```

我们还可以找出两个类的共同祖先类。下面这种简单的写法在使用同一个类加载器加载两个类时才能使用：

```
public static Class<?> commonAncestor(Class<?> cl1, Class<?> cl2) {
  if (cl1 == null || cl2 == null) return null;
  if (cl1.equals(cl2)) return cl1;
  if (cl1.isPrimitive() || cl2.isPrimitive()) return null;

  List<Class<?>> ancestors = new ArrayList<>();
  Class<?> c = cl1;
  while (!c.equals(Object.class)) {
    if (c.equals(cl2)) return c;
    ancestors.add(c);
    c = c.getSuperclass();
  }
  c = cl2;
  while (!c.equals(Object.class)) {
    for (Class<?> k : ancestors) {
      if (c.equals(k)) return c;
    }
    c = c.getSuperclass();
  }

  return Object.class;
}
```

类文件必须符合非常明确的合法布局，JVM 才能加载。类文件包含以下部分（按如下顺序）：

- 魔数（所有类文件都以 CA FE BA BE 这四个十六进制的字节开始）。

- 使用的类文件标准的版本号。

- 当前类的常量池。

- 访问标志（`abstract`、`public` 等）。

- 当前类的名称。

- 继承信息（例如超类的名称）。

- 实现的接口。

- 字段。

- 方法。

- 属性。

类文件是一种简单的二进制文件，但是对人类而言是不可读的。如果想了解其内容，需要使用 `javap`（见第 13 章）等工具。

类文件中最常使用的部分之一是常量池，常量池中包含类需要引用的所有方法、类、字段和常量（不论是否来自当前类）。常量池经过精心设计，字节码通过索引序号就能方便地引用其中的条目——这样能节省了字节码占用的空间。

不同的 Java 版本生成的类文件版本号有所不同，不过，Java 是向后兼容的，因此新版 JVM（及相关工具）都能使用旧版本的类文件。

下面介绍在类加载过程中，如何使用硬盘中的字节集合来新建类对象。

11.2 类加载的各个阶段

类加载是把新类型添加到运行中的 JVM 进程里的过程。这是新代码进入 Java 系统的唯一方法，也是 Java 平台中将数据转换成代码的唯一方式。类加载分为几个阶段，下面将会逐一介绍。

11.2.1 加载

类加载过程首先会加载一个字节数组。这个数组通常从文件系统中读取，不过也可以从 URL 或其他地址（一般使用 Path 对象表示）读取。

`Classloader::defineClass()` 方法的作用是把类文件（表示为字节数组）转换成类对象。这是受保护的方法，因此只能通过它的子类来访问。

在这里，`defineClass()` 的第一个任务是加载。加载的过程中会生成类对象的骨架，与要加载的类对应。这个阶段会对类做一些基础检查（例如，会检查常量池中的常量，以确保前后一致）。

不过，加载阶段并没有生成完整的类对象，因此类还不能被使用。加载结束后，必须执行类连接。这一步可拆分成以下几个子阶段：

- 验证。

- 准备和解析。

- 初始化。

11.2.2 验证

验证阶段确认类文件与预期相符，并且也没有违背 JVM 的安全模型（详情参见 11.3 节）。

JVM 字节码经过精心设计，（大多数时候）可以对它做静态检查。不过这么做会减慢类加载过程，优点则是能提升运行时速度（因为此时无须再次检查）。

验证阶段的目的是避免 JVM 执行可能导致自身崩溃的字节码，或者把 JVM 带入未经测试的不可控状态，这些情况会产生漏洞并招致恶意代码的攻击。验证字节码可以防御恶意编写的 Java 字节码，还能防止不可信的 Java 编译器输出无效的字节码。

 默认方法机制在类加载过程中是能够正常运作的。加载接口的实现类时，会检查是否实现了默认方法，如果实现了，类加载过程正常向下执行；否则，将为实现接口的类打补丁，添加缺失方法的默认实现。

11.2.3 准备和解析

验证通过后，类就处于就绪状态，可供使用。此时内存也已分配好，类中的静态变量也可进行初始化了。

不过在这个阶段，变量还未初始化，而且也没执行新类的字节码。开始执行任意代码之前，JVM 要确保运行时了解这个类文件引用的每个类型。如果类型未知，可能还要加载这些类型——于是开始其他的类加载过程，让 JVM 加载新类型。

这个加载和发现的过程会不断进行下去，直到运行时了解所有类型。对最初加载的类型来说，这个过程叫作"传递闭包"[注1]。

下面来观察一个简单的示例，我们来分析一下 `java.lang.Object` 类的依赖。图 11-1 显示的是简化后的 `Object` 类依赖图，只显示了可见的 `Object` 的 public API 的直接依赖，以及各个依赖的 API 可见的直接依赖。此外还有反射子系统中 `Class` 类的依赖，以及 I/O 子系统中 `PrintStream` 和 `PrintWriter` 类的依赖，图中对类型的依赖关系做了大量的简化。

从图 11-1 可以看出 `Object` 类的部分传递闭包。

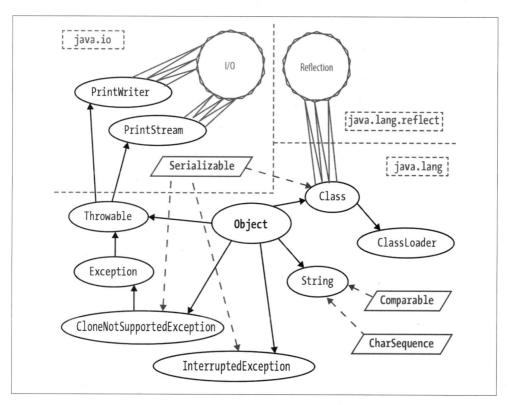

图 11-1：类型的传递闭包

11.2.4 初始化

解析阶段结束后，JVM 终于可以初始化类了。这个阶段会初始化静态变量，还会运行静态初始化代码块。

这是 JVM 首次执行新加载的类的字节码。静态初始化代码块运行完毕后，类就完全加载完毕了，可以开始使用。

注 1：　和第 6 章一样，我们从数学的图论分支中借用了"传递闭包"这种说法。

11.3 安全的编程和类加载

Java 程序能从多种源码动态加载 Java 类，包括不可信的源，例如通过不安全网络访问的网站。能创建和使用这种动态代码源是 Java 的一大优势特性。不过，为了让这种机制能正确运作，Java 平台花大力气夯实了它的安全架构，既能让不可信的代码安全运行，还不用担心损害宿主系统。

Java 的类加载子系统中实现了很多安全方面的特性。类加载架构中的核心安全机制只有一种途径（使用类）才可以把可执行代码传给进程。

由此我们看到了希望，因为创建新类只有一种方式，即使用 Classloader 类提供的功能，从字节流中加载类。因此，可以缩小防御阵地，全力保障类加载过程的安全性。

JVM 的一个特性对它的安全架构特别有帮助：JVM 是栈机器。因此，所有操作都在栈中执行，而不在寄存器中执行。栈的状态可在方法内的任意位置被推断出来，这一点可以保证字节码不会破坏安全模型。

JVM 实现的一些安全检查措施如下所示：

* 类的所有字节码都拥有有效的参数。

* 所有方法被调用时，传入的参数数量必须正确，而且静态类型也正确。

* 禁止字节码尝试上溢或下溢 JVM 栈。

* 局部变量在初始化之前不可用。

* 只能把类型匹配的值赋值给变量。

* 必须考虑字段、方法和类的访问控制修饰符。

* 禁止不安全的强制转换（例如，试图把 int 类型转换为指针）。

* 所有分支指令必须指向同一个方法中的合法位置。

其中最重要的是对内存和指针的访问。在汇编语言和 C/C++ 中，整数和指针类型可以相互转换，所以整数能被用作内存地址。使用汇编语言可以编写如下代码：

```
mov eax, [STAT] ; Move 4 bytes from addr STAT into eax
```

Java 最底层的安全机制来源于 Java 虚拟机以及虚拟机执行字节码这一设计。JVM 不允许使用任何方式直接访问底层系统中的某个内存地址，因此 Java 代码无法干扰本地硬件和操作系统。这些特意为 JVM 制定的限制在 Java 语言中也有所体现，即 Java 不支持指针和指针运算。

Java 语言和 JVM 都不允许将整数类型强制转换为对象引用，反之亦然。而且，无论如何都不能获取对象在内存中的地址。屏蔽了寻址功能，恶意代码无立足之地。

第 2 章中说过，Java 中的值有两种类型——基本类型和对象引用。只有这两种值可以赋值给变量。这里请注意，"对象的内容"并不能赋值给变量。Java 没有与 C 语言中结构体（struct）类似的元素，而且传递的始终是值。对引用类型来说，传递的其实是引用的副本——这也是值。

引用在 JVM 中用指针来表示，不过，指针并不直接通过字节码处理。事实上，字节码中没有用于访问特定位置内存的操作码。

因此，我们所能做的只是访问字段和方法，字节码不能随意访问内存。这意味着，JVM 始终清楚代码和数据之间的区别。因此，能避免一系列的栈溢出及其他攻击。

11.4 应用类加载知识

若想应用类加载知识，必须要深入理解 java.lang.ClassLoader 类。

这是个抽象类，功能完善，它没有抽象方法。之所以使用 abstract 修饰符是为了强调：若想使用 ClassLoader，必须为它创建子类。

除了前面提到的 defineClass() 方法，还可以使用公开的 loadClass() 方法加载类。子类 URLClassLoader 通常会使用这个方法，根据 URL 或文件路径加载类。

可使用 URLClassLoader 对象从本地硬盘中加载类，如下所示：

```
String current = new File( "." ).getCanonicalPath();
try (URLClassLoader ulr =
  new URLClassLoader(new URL[] {new URL("file://"+ current + "/")})) {
  Class<?> clz = ulr.loadClass("com.example.DFACaller");
  System.out.println(clz.getName());
}
```

在这里，loadClass() 方法的参数是类文件的二进制名。注意，类文件必须存放在文件系统中的预定位置，URLClassLoader 对象才能找到指定的类。例如，要在相对于工作目录的 *com/example/DFACaller.class* 文件中才能找到 com.example.DFACaller 类。

Class 类还提供了 Class.forName() 方法，这是个静态方法，能从类路径中加载还未被引用的类。

这个方法的参数是类的完全限定名称。例如：

```
Class<?> jdbcClz = Class.forName("oracle.jdbc.driver.OracleDriver");
```

如果找不到指定的类，这个方法会抛出 ClassNotFoundException 异常。如这个示例所示，forName() 方法在旧版 JDBC 中经常使用，目的是确保加载了正确的驱动程序。如果使用 import，会直接导入与驱动程序相关的依赖，forName() 方法则能避免这个问题。

JDBC 4.0 之后，不再需要这个初始化步骤了。

Class.forName() 方法还有一个重载的三参数版本，有时会与另一个类加载器配套使用：

```
Class.forName(String name, boolean inited, Classloader classloader);
```

ClassLoader 类有很多子类，分别用于处理各种特殊的类加载过程。这些子类组成了类加载程序层次结构。

类加载程序层次结构

JVM 有多个类加载程序，而且形成一个层次结构，每个类加载程序（除了第一层"原始"类加载程序）都可以把工作交给父级类加载程序完成。

 Java 9 中模块化的出现影响了类加载操作的细节。特别是，加载 JRE 类的类加载器现在变成了模块化的类加载器。

按照约定，类加载器会要求父级类加载器解析并加载类，只有父级类加载器无法完成时才会自己动手。一些常用的类加载器如图 11-2 所示。

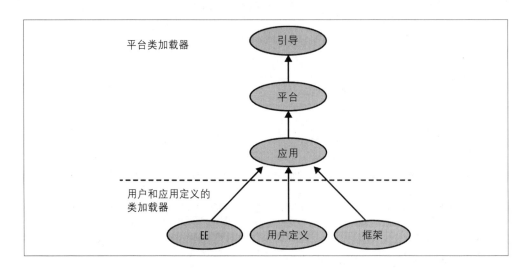

图 11-2：类加载程序的层次结构

1. 引导类加载器

这是所有 JVM 进程中出现的第一个类加载器，只用来加载系统的核心类。在较旧的文档中，它有时被称为原始类加载器，但现代文档中倾向于使用引导类加载器这一名称。

出于性能原因，引导类加载器不进行验证，而依赖于引导类路径的安全性。引导类加载器加载的类型被隐式地授予所有安全权限，因此会被尽可能地限制这些模块的使用。

2. 平台类加载器

这个层级的类加载器最初被用作扩展类加载器，但现在这种机制已被删除。

在它的新角色中，这个类加载器（以引导类加载器作为其父类）被称为平台类加载器。它可以通过方法 `Class Loader::getPlatformClassLoader` 获得，从 Java 9 开始出现在 Java 规范中（并且是该规范所必需的）。它从基础系统加载剩余的模块（相当于 Java 8 及更早版本中加载 `rt.jar`）。

3. 应用类加载器

这个类加载器以前叫作系统类加载器，这个名称有些词不达意，因为它并不加载系统（这是引导类加载器和平台类加载器的工作）。相反地，应用类加载器从模块路径或类路径加载应用程序代码。它是最常见的类加载器，平台类加载器作为其父级。

要执行类加载，应用程序类加载器首先搜索模块路径上的命名模块（对三个内置类加载器都可见）。如果请求的类存在于这些类加载器中的已知模块中，则该类加载器将加载该类。如果在已知的命名模块中找不到该类，则应用类加载器委托给其父级类加载器（平台加载器）。如果还找不到该类，则应用类加载器将搜索类路径。如果在类路径上找到该类，它将作为应用类加载器的未命名模块的成员被加载。

应用程序类加载器应用非常广泛，但是许多高级的 Java 框架需要一些主要的类加载器所没有提供的功能。于是，需要对标准类加载器进行扩展。这就是"自定义类加载器"出现的原因，它作为 `ClassLoader` 的新子类进行工作。

4. 自定义类加载程序

加载类时，迟早都要把数据转成代码。前文提到过，`defineClass()` 方法（其实是一组相关的方法）的作用是把 `byte[]` 数组转换成类对象。

这个方法通常在子类中调用，例如下面这个简单的自定义类加载器从硬盘中读取文件，并创建类对象：

```
public static class DiskLoader extends ClassLoader {
```

```
        public DiskLoader() {
          super(DiskLoader.class.getClassLoader());
        }
        public Class<?> loadFromDisk(String clzName) throws IOException {
          byte[] b = Files.readAllBytes(Paths.get(clzName));

          return defineClass(null, b, 0, b.length);
        }
      }
```

注意，上述示例和 URLClassLoader 类的示例不同，这次无须把类文件存放在硬盘中
"正确的"位置。

我们需要提供一个类加载器来充当任何自定义类加载器的父类。在这个例子中，我们提
供了装载 DiskLoader 类的类加载器（通常是应用程序类加载器）。

自定义类加载器是 Java EE 和高级 SE 环境中十分常见的技术，它为 Java 平台提供了复
杂而巧妙的功能。我们将在后面看到一个自定义类加载的示例。

动态类加载有一个缺点，在处理动态加载的类对象时，我们通常很少甚至根本没有关于该
类的信息。因此，为了有效地使用这个类，我们通常必须使用一组动态编程技术——反射。

11.5 反射

反射是在运行时校验、操作和修改对象的能力，可以修改对象的结构和行为，甚至还能
自我修改。

 Java 模块系统给平台的反射机制带来了重大的改变。了解了模块的工作原理
以及这两种功能是如何相互作用的之后，非常推荐读者重新阅读本节。

即便编译时不知道类型和方法的名称，反射机制一样可以工作。反射使用类对象提供的
基本元数据，能从类对象中找出方法或字段的名称，进而获取表示方法或字段的对象。

通过使用 Class::newInstance() 或其他构造方法，在创建实例时一样具有反射功能。
如果有一个能反射的对象和一个 Method 对象，就能在之前类型未知类型的对象上调用
任何方法。

反射是一种十分强大的技术，因此，需要知道什么时候可以用，什么时候由于功能太强
反而不能使用。

11.5.1 什么时候使用反射

大多数 Java 框架都会适度使用反射。如果要编写足够灵活的架构，在运行时之前都不知

道要处理什么代码，那么通常都要用到反射。例如，插件架构、调试器、代码浏览器和 REPL 类环境往往都会基于反射实现。

反射在测试中也有广泛的应用，例如，JUnit 和 TestNG 库都用到了反射，而且创建模拟对象也要使用反射。如果你用过任何一个 Java 框架，即便没有意识到，也几乎可以确定，你使用的是具有反射功能的代码。

要在自己的代码中使用反射 API 时，一定要意识到，获取到的对象几乎所有信息都未知，因此处理起来可能会很麻烦。

只要知道动态加载的类的部分静态信息（例如，加载的类实现一个已知的接口），与这个类交互的过程就能大大简化，从而减轻反射操作的负担。

使用反射时有个常见的误区：试图创建能适用于所有场景的反射框架，而正确的做法是，只处理当前领域可以立即解决的问题。

11.5.2 如何使用反射

任何反射操作的第一步都是获取一个 Class 对象，表示要处理的类型。有了这个对象，就能访问表示字段、方法或构造方法的对象，并应用于未知类型的实例。

获取未知类型的实例，最简单的方式是使用没有参数的构造方法，这个构造方法可以直接在 Class 对象上调用：

```
Class<?> clz = getSomeClassObject();
Object rcvr = clz.newInstance();
```

如果构造方法有参数，就必须找到具体需要使用的构造方法，并使用 Constructor 对象表示。

Method 对象是反射 API 提供的对象中最常使用的，下面会详细讨论。Constructor 和 Field 对象在很多方面都很类似。

1. Method 对象

类对象中包含与该类中每个方法一一对应的 Method 对象。这些 Method 对象在类加载后惰性创建，所以在 IDE 的调试器中不会立即出现。

我们看一下 Method 类的源码，看看 Method 对象中保存了方法的哪些信息和元数据：

```
private Class<?>                clazz;
private int                     slot;
// This is guaranteed to be interned by the VM in the 1.4
// reflection implementation
private String                  name;
```

```
private Class<?>                    returnType;
private Class<?>[]                  parameterTypes;
private Class<?>[]                  exceptionTypes;
private int                         modifiers;
// Generics and annotations support
private transient String            signature;
// Generic info repository; lazily initialized
private transient MethodRepository genericInfo;
private byte[]                      annotations;
private byte[]                      parameterAnnotations;
private byte[]                      annotationDefault;
private volatile MethodAccessor     methodAccessor;
```

Method 对象提供了所有可用的信息,包括方法能抛出的异常和注解(保留 RUNTIME 异常的策略),甚至还有会被 javac 擦除的泛型信息。

Method 对象中的元数据可以调用访问器方法查看,不过一直以来,Method 对象的最大用处是反射调用。

这些对象表示的方法可以在 Method 对象上使用 invoke() 方法调用。下面这个例子表示在 String 对象上调用 hashCode() 方法:

```
Object rcvr = "a";
try {
  Class<?>[] argTypes = new Class[] { };
  Object[] args = null;

  Method meth = rcvr.getClass().getMethod("hashCode", argTypes);
  Object ret = meth.invoke(rcvr, args);
  System.out.println(ret);

} catch (IllegalArgumentException | NoSuchMethodException |
         SecurityException e) {
  e.printStackTrace();
} catch (IllegalAccessException | InvocationTargetException x) {
  x.printStackTrace();
}
```

为了获取想使用的 Method 对象,需要在类对象上调用 getMethod() 方法,得到的是一个 Method 对象的引用,指向这个类中对应的公开方法。

注意,变量 rcvr 的静态类型是 Object。在反射调用的过程中不会用到静态类型信息。invoke() 方法返回的也是 Object 对象,所以 hashCode() 方法真正的返回值被自动打包成了 Integer 类型。

从自动打包可以看出,反射 API 有些方面稍微有点难处理——下一节详述。

2. 反射的问题

Java 的反射 API 往往是处理动态加载代码的唯一方式,但是这些 API 中有部分让人感到头疼的地方，处理起来稍微有点困难：

- 大量使用 `Object[]` 表示调用参数和其他实例。

- 大量使用 `Class[]` 表示类型。

- 同名方法可以重载，所以需要维护一个类型组成的数组，区分不同的方法。

- 不能很好地表示基本类型——需要手动打包和拆包。

`void` 就是个明显的问题——虽然有 `void.class`，但是没坚持用下去。Java 甚至不知道 `void` 是不是一种类型，而且反射 API 中的部分方法也使用了 `null` 来代替 `void`。

这些处理起来很费劲，也容易出错，尤其是稍微有点冗长的数组句法，更是容易出错。

一个更严重的问题是处理非公开的方法。我们不能使用 `getMethod()` 方法，必须使用 `getDeclaredMethod()` 方法才能获取非公开方法的引用，而且还要使用 `setAccessible()` 方法覆盖 Java 的访问控制子系统，然后才能执行非公开方法：

```java
public class MyCache {
  private void flush() {
    // Flush the cache...
  }
}

Class<?> clz = MyCache.class;
try {
  Object rcvr = clz.newInstance();
  Class<?>[] argTypes = new Class[] { };
  Object[] args = null;

  Method meth = clz.getDeclaredMethod("flush", argTypes);
  meth.setAccessible(true);
  meth.invoke(rcvr, args);
} catch (IllegalArgumentException | NoSuchMethodException |
         InstantiationException | SecurityException e) {
  e.printStackTrace();
} catch (IllegalAccessException | InvocationTargetException x) {
  x.printStackTrace();
}
```

不过，需要指出的是，使用反射的过程中始终会涉及未知信息。从某种程度来说，为了能使用反射 API 为开发者提供的运行时动态功能，我们只能容忍这种啰唆的方式。

下面是本节最后一个例子，展示了如何把反射和自定义类加载结合在一起使用，检查硬盘中的类文件里是否包含弃用方法（弃用方法应该使用 `@Deprecated` 标记）：

```java
public class CustomClassloadingExamples {
    public static class DiskLoader extends ClassLoader {
```

```
    public DiskLoader() {
        super(DiskLoader.class.getClassLoader());
    }

    public Class<?> loadFromDisk(String clzName)
      throws IOException {
        byte[] b = Files.readAllBytes(Paths.get(clzName));

        return defineClass(null, b, 0, b.length);
    }
}

public void findDeprecatedMethods(Class<?> clz) {
    for (Method m : clz.getMethods()) {
        for (Annotation a : m.getAnnotations()) {
            if (a.annotationType() == Deprecated.class) {
                System.out.println(m.getName());
            }
        }
    }
}

public static void main(String[] args)
  throws IOException, ClassNotFoundException {
    CustomClassloadingExamples rfx =
      new CustomClassloadingExamples();

    if (args.length > 0) {
        DiskLoader dlr = new DiskLoader();
        Class<?> clzToTest = dlr.loadFromDisk(args[0]);
        rfx.findDeprecatedMethods(clzToTest);
    }
}
}
```

11.5.3 动态代理

Java 的反射 API 还有最后一个功能没讲——创建动态代理。动态代理是实现了一组接口的类（继承自 java.lang.reflect.Proxy 类）。这些类在运行时动态创建，而且会把所有调用都转交给 InvocationHandler 对象处理：

```
InvocationHandler h = new InvocationHandler() {
  @Override
  public Object invoke(Object proxy, Method method, Object[] args)
                    throws Throwable {
    String name = method.getName();
    System.out.println("Called as: "+ name);
    switch (name) {
      case "isOpen":
        return false;
      case "close":
        return null;
    }
```

```
      return null;
    }
  };

  Channel c =
    (Channel) Proxy.newProxyInstance(Channel.class.getClassLoader(),
                            new Class[] { Channel.class }, h);
  c.isOpen();
  c.close();
```

代理可以用作测试的替身对象（尤其是测试使用模拟方式实现的对象）。

代理的另一个作用是提供接口的部分实现，或者修饰、控制委托对象的某些方面：

```java
public class RememberingList implements InvocationHandler {
  private final List<String> proxied = new ArrayList<>();

  @Override
  public Object invoke(Object proxy, Method method, Object[] args)
                        throws Throwable {
    String name = method.getName();
    switch (name) {
      case "clear":
        return null;
      case "remove":
      case "removeAll":
        return false;
    }

    return method.invoke(proxied, args);
  }
}

RememberingList hList = new RememberingList();
List<String> l =
  (List<String>) Proxy.newProxyInstance(List.class.getClassLoader(),
                              new Class[] { List.class },
                              hList);
l.add("cat");
l.add("bunny");
l.clear();
System.out.println(l);
```

代理的功能极其强大，也很灵活，很多 Java 框架都使用它。

11.6 方法句柄

Java 7 引入了全新的内省和方法访问机制。这种机制原本是为动态语言设计的，运行时可能需要加入方法调度决策机制。为了在 JVM 层支持这个机制，Java 引入了一个新字节码——invokedynamic。但 Java 7 并没有使用这个字节码，直到 Java 8 中才大量用于 lambda 表达式和 Nashorn JavaScript 引擎中。

即便没有 invokedynamic，新方法句柄 API 的功能在很多方面也和反射 API 差不多，而且用起来更简洁，概念也更简单，单独使用也没问题。方法句柄可以理解成更安全、更现代化的反射。

11.6.1 MethodType 对象

在反射 API 中，方法签名使用 Class[] 表示。这处理起来很麻烦。而方法句柄 API 则使用 MethodType 对象表示。使用这种方式表示方法的类型签名更安全，也更符合面向对象的思想。

MethodType 对象包含返回类型和参数类型，但没有接收者的类型或方法的名称。正因为没有方法的名称，所以具有正确签名的方法都可以绑定到任何名称上（参照 lambda 表达式的函数式接口行为）。

方法的类型签名通过工厂方法 MethodType.methodType() 获取，是 MethodType 类不可变实例。例如：

```
MethodType m2Str = MethodType.methodType(String.class); // toString()

// Integer.parseInt()
MethodType mtParseInt =
  MethodType.methodType(Integer.class, String.class);

// defineClass() from ClassLoader
MethodType mtdefClz = MethodType.methodType(Class.class, String.class,
                                            byte[].class, int.class,
                                            int.class);
```

与反射相比，这提供了显著的好处，因为它使方法签名更容易表示和讨论。下一步是获取方法的句柄。这是通过查找过程实现的。

11.6.2 方法查找

方法查找的查询在定义方法的类中执行，其结果取决于执行查询的上下文。从下面的例子可以看出，在一般的查找上下文中查找受保护的 Class::defineClass() 方法时会失败，抛出 IllegalAccessException 异常，因为无法访问这个受保护的方法：

```
public static void lookupDefineClass(Lookup l) {
    MethodType mt = MethodType.methodType(Class.class, String.class,
                                          byte[].class, int.class,
                                          int.class);

    try {
      MethodHandle mh =
        l.findVirtual(ClassLoader.class, "defineClass", mt);
      System.out.println(mh);
```

```
    } catch (NoSuchMethodException | IllegalAccessException e) {
      e.printStackTrace();
    }
  }

  Lookup l = MethodHandles.lookup();
  lookupDefineClass(l);
```

我们一定要调用 MethodHandles.lookup() 方法，基于当前执行的方法获取上下文
Lookup 对象。

在 Lookup 对象上可以调用几个方法（方法名都以 find 开头），查找需要的方法，包括
findVirtual()、findConstructor() 和 findStatic()。

反射 API 和方法句柄 API 之间一个重大的区别在于如何处理访问控制。Lookup 对象只
会返回在创建这个对象的上下文中可以访问的方法——这个规则不可违反（不像反射
API 可以使用 setAccessible() 方法调整访问控制）。

因此，方法句柄始终会遵守安全规则，而使用反射 API 的等效代码则无法做到这一点。方法
句柄会在构建查找上下文时检查访问权限，所以不会为没有正确访问权限的方法创建句柄。

Lookup 对象以及它派生的方法句柄，可以返回给其他上下文，包括不再能访问该方法的
上下文。在这种情况下，句柄依然是可以执行的，因为访问控制在查询时检查。这一点
从下面的示例中得到体现：

```
public class SneakyLoader extends ClassLoader {
  public SneakyLoader() {
    super(SneakyLoader.class.getClassLoader());
  }

  public Lookup getLookup() {
    return MethodHandles.lookup();
  }
}

SneakyLoader snLdr = new SneakyLoader();
l = snLdr.getLookup();
lookupDefineClass(l);
```

通过 Lookup 对象可以为任何能访问的方法生成方法句柄，还能访问方法无法访问的字
段。在 Lookup 对象上调用 findGetter() 和 findSetter() 方法，分别可以生成读取字
段和更新字段的方法句柄。

11.6.3 调用方法句柄

方法句柄表示调用方法的能力。方法句柄对象是强类型的，会尽量保证类型安全。方法

句柄都是 java.lang.invoke.MethodHandle 类的子类实例，JVM 会使用特殊的方式处理这个类。

调用方法句柄有两种方式——调用 invoke() 方法或 invokeExact() 方法。这两个方法的参数都是返回值和调用参数。invokeExact() 方法尝试直接调用方法句柄，而 invoke() 方法在需要时会修改调用参数。

一般来说，invoke() 方法会调用 asType() 方法进行参数转换。转换的规则如下：

- 如果需要，打包基本类型的参数。

- 如果需要，拆包打包好的基本类型参数。

- 如果需要，放大转换基本类型的参数。

- 会把 void 返回类型修改为 0 或 null，具体取决于期待的返回值是基本类型还是引用类型。

- 不管静态类型是什么，都能传入 null。

考虑到可能会执行这些转换，所以需要像下面这样调用方法句柄：

```
Object rcvr = "a";
try {
  MethodType mt = MethodType.methodType(int.class);
  MethodHandles.Lookup l = MethodHandles.lookup();
  MethodHandle mh = l.findVirtual(rcvr.getClass(), "hashCode", mt);
  int ret;
  try {
    ret = (int)mh.invoke(rcvr);
    System.out.println(ret);
  } catch (Throwable t) {
    t.printStackTrace();
  }
} catch (IllegalArgumentException |
  NoSuchMethodException | SecurityException e) {
  e.printStackTrace();
} catch (IllegalAccessException x) {
  x.printStackTrace();
}
```

方法句柄提供的动态编程功能和反射是一样的，但处理方式更加清晰明了。而且，方法句柄能在 JVM 的底层执行模型中运行良好，因此，性能大幅领先于反射。

Java 平台模块化

随着 Java 9 的发布，Java 平台终于获得了期盼已久的模块系统。在 Oracle 收购 Sun 之前，这一特性原本是 Sun 的 Java 7 发行版的一部分。然而，实践证明，这项任务远比预期得复杂而微妙。

当 Oracle 获得 Java 时（作为从 Sun 接收到的技术的一部分），Java 的首席架构师 Mark Reinhold 提出了"B 计划"，它缩小了 Java 7 的范围，以便能够更快发布。

Java 平台模块（"项目拼图"）与 lambda 表达式一起被推迟到 Java 8。然而，在 Java 8 的开发过程中，由于这一特性的影响面和复杂性，它又被推迟到了 Java 9（为了保证 lambda 表达式和其他高度期望的特性的可用性）。

最终的结果是，模块化功能先是被推迟到 Java 8，后来又被推迟到 Java 9。即便这样，工作量仍然很大，导致 Java 9 的发布被严重推迟，所以模块化功能直到 2017 年 9 月才真正交付。

在本章中，我们简要介绍 Java 平台模块系统（JPMS）。然而，这是一个庞大而复杂的主题，感兴趣的读者可以参考更深入的资料，例如 Sander Mak 和 Paul Bakker 编写的 *Java 9 Modularity*（由 O'Reilly 出版）。

模块化是一个相对高级的特性，主要是关于整个应用及其依赖的打包与部署。新手 Java 程序员在学习编写简单的 Java 程序时，并不需要完全理解这个主题。

由于模块化是高级特性，本章假定你熟悉现代 Java 构建工具，例如 Gradle 或 Maven。如果你是 Java 新手，也可以忽略对这些工具的引用，只需对 JPMS 有一个初步、抽象的了解就可以了。

12.1 为什么要模块化

希望向 Java 平台增加模块化的主要原因是期望获得如下特性：

- 强封装。

- 定义良好的接口。

- 显式依赖项。

这些都是语言（以及应用程序设计）层面的，它们与新平台层面所承诺的功能（如下所示）结合在一起。

- 开发可扩展。

- 提高性能（特别是启动时间）并减少空间占用。

- 减少攻击面，提升安全性。

- 可演化的内部构件。

在封装方面，这是由于原始语言规范只支持私有、公开、受保护以及包内私有等可见性级别，无法做到更细粒度的访问控制以表达以下概念：

- 只有指定的包可以作为 API，而其他包都是内部的，不能访问。

- 某些包只能被某个给定列表中的包访问，而不能被其他包访问。

- 定义严格的输出机制。

在构建大型 Java 系统时，缺少这部分相关能力一直是一个重大的缺点。不仅如此，如果没有合适的保护机制，JDK 的内部组件也难以进化，因为无法阻止用户应用程序直接访问实现类。

模块系统试图同时解决所有这些问题，并提供一个既适用于 JDK 又适用于用户应用程序的解决方案。

JDK 模块化

Java 8 中那个庞杂的 JDK 是模块化系统的第一个目标，它将我们熟悉的 `rt.jar` 拆分到了多个模块中。这项工作在 Java 8 中完成了，即简化配置这一特性，而模块化则被推迟到了 Java 9。

`java.base` 就是一个能够满足 Java 应用启动需求的最小模块。包含的核心包如下所示：

```
java.io
java.lang
java.math
```

```
java.net
java.nio
java.security
java.text
java.time
java.util
javax.crypto
javax.net
javax.security
```

它还包含一些子包和未导出的实现包，如 sun.text.resources。在下面这个简单的程序中可以看到，Java 8 和模块化 Java 之间，编译行为存在一些差异，它扩展了 java.base 中包含的内部公开类：

```
import java.util.Arrays;
import sun.text.resources.FormatData;

public final class FormatStealer extends FormatData {
    public static void main(String[] args) {
        FormatStealer fs = new FormatStealer();
        fs.run();
    }

    private void run() {
        String[] s = (String[]) handleGetObject("japanese.Eras");
        System.out.println(Arrays.toString(s));

        Object[][] contents = getContents();
        Object[] eraData = contents[14];
        Object[] eras = (Object[])eraData[1];
        System.out.println(Arrays.toString(eras));
    }
}
```

当在 Java 8 下编译并运行时，这会产生一个日本地区的列表：

```
[, Meiji, Taisho, Showa, Heisei]
[, Meiji, Taisho, Showa, Heisei]
```

但是，试图在 Java 11 上编译代码则会产生下列报错消息：

```
$ javac javanut7/ch12/FormatStealer.java
javanut7/ch12/FormatStealer.java:4:
        error: package sun.text.resources is not visible
import sun.text.resources.FormatData;
                ^
  (package sun.text.resources is declared in module
        java.base, which does not export it to the unnamed module)
javanut7/ch12/FormatStealer.java:14: error: cannot find symbol
        String[] s = (String[]) handleGetObject("japanese.Eras");
                                ^
  symbol:   method handleGetObject(String)
  location: class FormatStealer
```

```
javanut7/ch12/FormatStealer.java:17: error: cannot find symbol
        Object[][] contents = getContents();
                              ^
  symbol:    method getContents()
  location: class FormatStealer
3 errors
```

使用模块化 Java，即使是公开的类也不能被访问，除非在模块中被定义成显式输出。我们可以临时强制编译器使用加上 --add exports 开关的内部包（基本上是重新声明旧的访问规则），如下所示：

```
$ javac --add-exports java.base/sun.text.resources=ALL-UNNAMED \
        javanut7/ch12/FormatStealer.java
javanut7/ch12/FormatStealer.java:5:
        warning: FormatData is internal proprietary API and may be
        removed in a future release
import sun.text.resources.FormatData;
                          ^
javanut7/ch12/FormatStealer.java:7:
        warning: FormatData is internal proprietary API and may be
        removed in a future release
public final class FormatStealer extends FormatData {
                                         ^
2 warnings
```

我们需要指定输出被授权给未命名模块，因为是独立编译类，而不是作为模块的一部分。编译器警告我们，我们正在使用一个内部 API，这可能会与将来发布的 Java 产生冲突。

有趣的是，如果我们的代码运行在 Java 11 上，那么产生的输出略有不同：

```
[, Meiji, Taisho, Showa, Heisei, NewEra]
[, Meiji, Taisho, Showa, Heisei, NewEra]
```

这是因为日本的年号在 2019 年 5 月 1 日从平成（当前的）转变为新年号。按照传统，新年号不能提前公布，所以 "NewEra" 是一个占位符，将被未来发布的正式年号取代。Unicode 代码点 U+32FF 已保留给将代表新年号的字符。

尽管 java.base 满足应用程序启动所需的最低要求，但在编译时，我们希望可视平台能提供接近预期的（Java 8）体验。这意味着我们使用了一组更大的模块，包含在一个伞形模块 java.se 下。这个模块的依赖关系如图 12-1 所示。

这几乎包含了大多数 Java 开发人员期望和使用的所有类和包。但是，java.se 不需要定义了 CORBA 和 Java EE API 的模块，但 java.se.ee 模块却需要它们。

这意味着任何依赖 Java EE API（或 CORBA）的项目在 Java 9 以后版本的默认配置下都无法编译，必须使用特殊的构建配置。

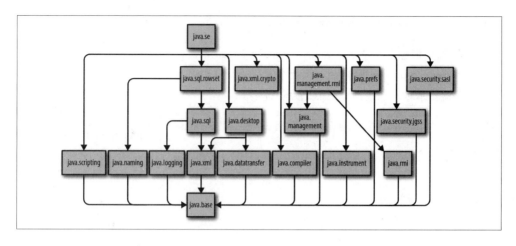

图 12-1：java.se 的模块依赖图

使用像 JAXB 这样的 API 来编译项目时，`java.se.ee` 必须显式地包含在构建中。

除了这些对编译可见性的变更之外，由于 JDK 的模块化，模块系统还允许开发人员对自己的代码进行模块化改造。

12.2 自行开发模块

在本节中，我们将讨论编写模块化 Java 应用程序需要了解的一些基本概念。

12.2.1 基本模块句法

模块化的关键是新的文件 *module-info.java*，它包含对模块的描述，被称为模块描述符。

需要按照以下方式在文件系统上配置一个模块，以保证能被正确编译：

- 在项目的根目录（*src*）下，需要有一个与模块名相同的目录（*moduledir*）。
- 在这个目录（*moduledir*）下包含 *module-info.java* 文件，与包的起始位置处于同一级别。

模块信息被编译为二进制格式文件 *module-info.class*，其中包含模块运行时尝试链接和运行应用程序时将使用的元数据。下面来看 *module-info.java* 的一个简单示例。

```
module kathik {
    requires java.net.http;

    exports kathik.main;
}
```

这引入了一些新的句法：`module`、`exports` 和 `requires`，但这些并不是公认的完全意义上的关键字。如 Java 语言规范 SE 9 所述：

> 另外 10 个词是受限关键字：open、module、requires、transitive、exports、opens、
> to、uses、provides 和 with。仅当它们在 ModuleDeclaration 和 ModuleDirective 产
> 品终端显示时，这些词才被标记为关键字。

这意味着这些关键字只能出现在模块元数据中，并由 javac 编译成二进制格式。主要受
限关键字的含义是：

module
    开始模块的元数据声明。

requires
    列出此模块所依赖的模块。

exports
    声明哪些包作为 API 导出。

其余的关键字将在本章的后续部分中介绍。

在示例中，这意味着我们要声明一个依赖于 Java 11 中标准化的模块 java.net.http（以
及对 java.base 隐式依赖）的模块 kathik。该模块导出一个包 kathik.main，这是该模
块中在编译时唯一可以被其他模块访问的包。

12.2.2 构建简单的模块化应用程序

以我们在第 10 章中遇到的一个 API 为例，构建一个简单的工具来检查网站是否使用了
HTTP/2：

```java
import static java.net.http.HttpResponse.BodyHandlers.ofString;

public final class HTTP2Checker {
    public static void main(String[] args) throws Exception {
        if (args.length == 0) {
            System.err.println("Provide URLS to check");
        }
        for (final var location : args) {
            var client = HttpClient.newBuilder().build();
            var uri = new URI(location);
            var req = HttpRequest.newBuilder(uri).build();

            var response = client.send(req,
                    ofString(Charset.defaultCharset()));
            System.out.println(location +": "+ response.version());
        }
    }
}
```

这依赖于两个模块：`java.net.http` 和无处不在的 `java.base`。该应用程序的模块文件非常简单：

```
module http2checker {
    requires java.net.http;
}
```

假设有一个简单的标准模块配置，可以用如下命令编译：

```
$ javac -d out/http2checker\
    src/http2checker/javanut7/ch12/HTTP2Checker.java\
    src/http2checker/module-info.java
```

这将在 *out/* 目录中创建一个已编译的模块。要使用的话，则需要打包为 JAR 文件：

```
$ jar -cfe httpchecker.jar javanut7.ch12.HTTP2Checker\
    -C out/http2checker/ .
```

我们使用 `-e` 参数为模块设置一个入口点，即当我们将模块用作应用程序时要运行的类。用如下命令来看看它的作用：

```
$ java -jar httpchecker.jar http://www.google.com
http://www.google.com: HTTP_1_1
$ java -jar httpchecker.jar https://www.google.com
https://www.google.com: HTTP_2
```

这表明，在编写本书时，谷歌的网站使用 HTTP/2 通过 HTTPS 提供主页，但其余的 HTTP 服务仍然使用 HTTP/1.1。

既然我们已经了解了如何编译和运行一个简单的模块化应用程序，那么接下来让我们了解构建和运行完整的应用程序所需的模块化的一些核心特性。

12.2.3 模块路径

许多 Java 开发人员都熟悉类路径的概念。在使用模块化 Java 应用程序时，就需要使用模块路径。这是模块的一个新概念，在可能的情况下会替换类路径。

模块携带有关其导出和依赖关系的元数据，它们不仅仅是一大堆类型。这意味着很容易构建模块依赖关系图，并且能有效地解析模块。

尚未模块化的代码继续放置在类路径上。此代码被加载到未命名模块中，该模块是特殊的，可以读取 `java.se` 能访问的所有其他模块。当类放置在类路径上时，将自动使用未命名模块。

这为迁移代码模块化 Java 运行时提供了方法，而无须将代码迁移到完全模块化的应用程序路径。但是，这确实会带来两大缺点：在应用程序完全迁移之前，模块化的优点都不可用；在模块化完成之前，类路径的自身一致性必须手工维护。

12.2.4 自动模块

模块系统的一个限制是我们不能引用命名模块的类路径上的 JAR。这是一个安全特性，模块系统的设计者希望模块依赖关系图能利用完整的元数据。然而，有时模块化代码需要引用尚未模块化的包。解决方案是将未修改的 JAR 直接放置在模块路径上（并从类路径中移除它）。该解决方案具有以下特性：

- 模块化的 JAR 包可以成为自动模块。

- 从 JAR 名派生的模块名（或者从 MAINFEST.MF 读取）。

- 导出所有包。

- 依赖所有其他模块（包括未命名模块）。

这是另一个帮助迁移的特性，旨在减轻迁移负担，但是使用自动模块仍然会牺牲一些安全性。

12.2.5 开放模块

如前所述，仅仅将方法标记为 public 不再保证元素在任何地方都可以被访问。相反，是否可访问现在还取决于包含该元素的包是否由其定义模块导出。模块设计中的另一个主要问题是使用反射访问类。

反射是一种广泛的通用机制，乍一看，很难看出它是如何与 JPMS 的强大封装目标相协调的。更糟糕的是，Java 生态系统中许多最重要的库和框架都依赖于反射（例如单元测试、依赖注入等），没有反射的解决方案将使模块无法用于任何实际应用程序。

提供的解决方案有两个方面。首先，模块可以声明自己是一个开放模块，如下所示：

```
open module kathik {
    exports kathik.api;
}
```

该声明具有以下效果：

- 模块中的所有包都可以通过反射访问。

- 未导出的包不能在编译时访问。

这意味着配置在编译时的作用类似于标准模块。总体目标是提供与现有代码和框架的简单兼容性，并降低迁移成本。使用开放模块，可以恢复到以前对反射式访问代码的期望。此外，允许访问私有方法和其他通常不允许访问的方法的 setAccessible() 后门也将保留给开放模块。

opens 受限关键字还提供了对反射访问的细粒度控制。这将通过显式声明包可通过反射访问，有选择地允许特定包进行反射访问：

```
module kathik {
    exports kathik.api;
    opens kathik.domain;
}
```

使用这种类型在某些情形下非常有帮助。例如，当提供一个领域模型供对象关系映射（ORM）系统使用时，这种类型可能非常有用，因为它需要能对核心领域类型进行反射访问。

可以使用 to 受限关键字进一步限制对特定客户端包的反射访问。在某些的情况下，这可能是一个很好的设计原则，当然，这种技术在通用框架（如 ORM）中无法很好地工作。

通过类似的方式，可以将包的导出限制为特定的外部包。然而，这个特性在很大程度上是为了帮助 JDK 本身的模块化而添加的，而它对用户模块的适用性较差。

不仅如此，还可以导出和打开包，但在迁移期间不建议这样做，理想情况下，对包的访问应该控制在编译时或反射，而不是两者都可以。

在需要反射式访问模块中的包的情况下，平台提供了一些开关，可以在过渡期充当创可贴角色。特别是，java 选项 --add-opens module/package=ALL-UNNAMED 可以用来打开特定模块的包，以便从类路径反射访问所有代码，并会覆盖模块系统的行为。

对于已经模块化的代码，它还允许对特定模块的反射访问。

当将代码迁移到模块化 Java 时，任何反射式访问另一个模块的内部代码的代码都应该在运行时先打开该开关，直到情况得到纠正。

与反射访问（以及特殊情况）相关的是框架广泛使用内部平台 API 的问题。这通常被称为"不安全问题"，我们将在本章末尾部分再讲到它。

12.2.6 服务

模块系统包括服务机制，它用先进的封装形式来缓解另一个问题。这个问题可以通过一段熟悉的代码来解释：

```
import services.Service;
Service s = new ServiceImpl();
```

即使 Service 在导出的 API 包中，除非导出包含 ServiceImpl 的包，否则这行代码仍然无法编译。我们需要一种机制，以允许对实现服务类的类进行细粒度访问，而无须导入整个包。例如，我们可以这样写：

```
module kathik {
    exports kathik.api;
    requires othermodule.services;

    provides services.Service;
    with kathik.services.ServiceImpl;
}
```

现在，ServiceImpl 类在编译时作为 Service 接口的实现是可访问的。请注意，services 包必须包含在另一个模块中，当前模块需要依赖此模块才能工作。

12.2.7 多发布 JAR 包

为了解释多发布 JAR 解决的问题，让我们考虑一个简单的例子：查找当前执行进程（即执行代码的 JVM）的进程 ID（PID）。

 我们没有使用之前的 HTTP/2 示例，因为 Java 8 没有 HTTP/2 API，所以我们必须做大量的工作（本质上是一个完整的服务后台！）为 Java 8 提供同等的功能。

这似乎是一项简单的任务，但在 Java 8 上，这需要大量的样板代码：

```java
public class GetPID {
    public static long getPid() {
        // This rather clunky call uses JMX to return the name that
        // represents the currently running JVM. This name is in the
        // format <pid>@<hostname>—on OpenJDK and Oracle VMs only—there
        // is no guaranteed portable solution for this on Java 8
        final String jvmName =
            ManagementFactory.getRuntimeMXBean().getName();
        final int index = jvmName.indexOf('@');
        if (index < 1)
            return -1;

        try {
            return Long.parseLong(jvmName.substring(0, index));
```

```
        } catch (NumberFormatException nfe) {
            return -1;
        }
    }
}
```

正如我们所看到的，这远没有我们所希望得那么简单。更糟糕的是，在所有的 Java 8 实现中，标准方式都无法支持。幸运的是，从 Java 9 开始，我们可以使用新的 Process-Handle API，如下所示：

```
public class GetPID {
    public static long getPid() {
        // Use new Java 9 Process API...
        ProcessHandle processHandle = ProcessHandle.current();
        return processHandle.getPid();
    }
}
```

这利用了一个标准的 API，但它带来了一个严重的问题：开发人员如何编写能够在所有当前 Java 版本上运行的代码？

我们需要在多个 Java 版本中正确地构建和运行一个项目。我们希望依赖于仅在较新版本中可用的库类，但又可以使用一些代码"垫片"在较旧版本上运行。最终结果必须是一个 JAR，但不需要项目切换到多模块格式，事实上，该 JAR 必须作为一个自动模块工作。

让我们看一个必须在 Java 8 和 Java 11 中正确运行的示例项目。主代码库是用 Java 8 构建的，Java 11 部分必须用 Java 11 构建。构建的这一部分必须与主代码库隔离，以防止编译失败，尽管它可能依赖于在 Java 8 上构建的组件。

为了保持构建配置的简单性，可以使用 JAR 文件中 MANIFEST.MF 的配置项来控制此特性：

```
Multi-Release: True
```

然后，变量代码（即用于更高版本的代码）存储在 *META-INF* 的一个特殊目录中。在我们的例子中，这个目录是 *META-INF/versions/11*。

对于实现此特性的 Java 运行时，版本相关的特定目录中的任何类都会覆盖内容根目录中的版本。另一方面，对于 Java 8 和更早的版本，manifest 条目和 *versions/* 目录都被忽略，只能找到根目录中的类。

12.2.8 转换成多发布 JAR 包

要将软件部署为多发布 JAR，请遵循以下要求：

1. 隔离特定于 JDK 版本的代码。

2. 如果可能，将该代码放入一个包或一组包中。

3. 要求 Java 8 项目构建保持干净。

4. 为补充类创建新的单独项目。

5. 为新项目（Java 8 组件）设置单个依赖项。

对于 Gradle，还可以使用源代码集的概念，并使用其他（新版本）编译器编译 v11 代码。然后可以使用这样一段配置将其构建到 JAR 中：

```
jar {
  into('META-INF/versions/11') {
     from sourceSets.java11.output
  }
  manifest.attributes(
     'Multi-Release': 'true'
  )
}
```

对于 Maven，当前最简单的方法是使用 Maven 依赖插件，并将模块类作为单独的 generateresources 阶段的一部分添加到整个 JAR 中。

12.2.9 迁移到模块

许多 Java 开发人员都面临着何时迁移应用程序以使用模块的问题。

 模块应该是所有新开发的应用程序的默认设置，特别是那些以微服务风格构建的应用程序。

当考虑现有应用程序的迁移（尤其是大型项目）时，可以使用以下路线图：

1. 将应用程序运行时升级到 Java 11（最初从类路径运行）。

2. 识别模块化的所有应用程序依赖项，并将这些依赖项迁移到模块。

3. 将任何非模块化依赖项保留为自动模块。

4. 引入一个大而全的模块，该模块包含所有应用程序代码。

此时，一个模块化程度最低的应用程序现在应该可以进行生产部署了。在这个过程的这个阶段，该模块通常是一个开放的模块。下一步是架构重构，此时应用程序可以根据需要分解成各个模块。

一旦应用程序代码在模块中运行，就可以通过 opens 关键字限制对代码的反射访问。作为消除任何不必要访问的第一步，可以将此访问限制到特定模块（例如 ORM 或依赖注入模块）。

对于 Maven 用户来说，值得注意的是 Maven 不是一个模块系统，但它确实有依赖项，而且（与 JPMS 依赖项不同）它们是版本控制的。Maven 工具仍在发展，以完全集成 JPMS（在撰写本书时，许多插件还没有赶上）。然而，模块化 Maven 项目的一些通用指南正在出现，特别是：

- 旨在为每个 MAVEN POM 生成一个模块。

- 在你准备好（或者有迫切的需要）之前不要模块化一个 Maven 项目。

- 记住，在 Java 11 运行时环境上运行不需要在 Java 11 工具链上构建。

最后一点表明，Maven 项目迁移的一个途径是首先构建一个 Java 8 项目，并确保这些 Maven 组件可以干净地（作为自动模块）部署在 Java 11 运行时上。只有当第一步工作正常时，才能进行完全模块化。

有一些好的工具支持可以帮助模块化过程。Java 8 及更高版本附带 jdeps（见第 13 章），jdeps 是一个用于确定代码所依赖的包和模块的工具。这对于从 Java 8 迁移到 11 非常有帮助，建议在重新安排结构时使用 jdeps。

12.2.10 自定义运行时镜像

JPMS 的一个关键目标是，应用程序可能并不需要 Java 8 庞大的运行时中的每个类，而是可以使用更小的模块子集进行管理。这样的应用程序在启动时间和内存开销方面占用的空间要小得多。这个思考可以更进一步：如果不是所有的类都是必需的，那么为什么不将一个应用程序与一个只包含必需内容的简化的自定义运行时镜像一起发布呢？

为了演示这个想法，让我们将 HTTP/2 检查器打包成一个带有自定义运行时的独立工具。我们可以使用 jlink 工具（自 Java 9 以来一直是平台的一部分）来实现以下目标：

```
$ jlink --module-path httpchecker.jar:$JAVA_HOME/jmods \
--add-modules http2checker \
--launcher http2chk=http2checker \
--output http2chk-image
```

注意，这里假设 JAR 文件 *httpchecker.jar* 用一个主类（aka 入口点）创建的。其结果是一个输出目录 *http2chk-image*，其大小约为 39M，远小于完整的镜像，特别是考虑到由于该工具使用新的 HTTP 模块，因此需要库来进行安全性、加密等。

在自定义映像目录中，我们可以直接运行 http2chk 工具，并确保即使机器没有所需的 Java 版本，它也能正常工作：

```
$ java -version
java version "1.8.0_144"
Java(TM) SE Runtime Environment (build 1.8.0_144-b01)
Java HotSpot(TM) 64-Bit Server VM (build 25.144-b01, mixed mode)
$ ./bin/http2chk https://www.google.com
https://www.google.com: HTTP_2
```

自定义运行时映像的部署仍然是一个非常新的工具，但是它有很大的潜力来减少代码占用，并帮助 Java 在微服务时代保持竞争力。将来，jlink 甚至可以与新的编译方法相结合，包括 Graal 编译器（它可以用作 AOT 编译器和 JIT 编译器（参见 jaotc））。然而，从 Java 11 开始，jlink 和 jaotc 的结合似乎并没有带来任何决定性的性能提升。

12.3 模块化的问题

尽管模块系统是 Java 9 的旗舰特性，并且投入了大量的工程时间，但它并非完美无瑕。这也许是不可避免的，因为该特性从根本上改变了 Java 应用程序的架构和交付。当试图在大型、成熟的 Java 生态系统上进行模块化改造时，一些问题几乎是不可避免的。

12.3.1 安全性相关问题

sun.misc.Unsafe 类是一个广泛使用的类，在 Java 世界中受到框架作者和其他实现者的欢迎。但是，它是一个内部实现类，并不是 Java 平台的标准 API 的一部分（正如包名明确指出的那样）。类名还提供了一个相当有力的线索，说明 Java 应用程序实际上并不打算使用它。

Unsafe 是一个不受支持的内部 API，因此可以被任何新的 Java 版本撤回或修改，而不考虑对用户应用程序的影响。任何使用它的代码在技术上都直接耦合到 HotSpot VM，而且可能是非标准的，可能不会在其他实现上运行。

尽管 Unsafe 在任何方面都不是 Java SE 的正式部分，但它已经成为事实上的标准，并且基本上也是各个主流框架的关键部分。在后来的版本中，它演变成为了非标准但必要的特性们的倾倒场。这些特性混合成了一个真正的混合袋，每种特性都提供了不同程度的安全性。Unsafe 的用途包括：

- 快速的序列化 / 反序列化。

- 线程安全的 64 位本机内存访问（例如，堆外）。

- 原子内存操作（例如 CAS）。

- 快速段 / 内存访问。

- JNI 的多操作系统替换。

- 访问具有 volatile 语义的数组项。

关键的问题是，许多框架和库无法在不替换某些不安全特性的情况下迁移到 Java 9。这影响到使用模块库的所有人，涉及许多的框架，可以说是影响到了 Java 生态系统中的所有应用程序。

为了解决这个问题，Oracle 为一些必需的功能创建了新的 API，并将无法及时封装到 jdk.unsupported 模块中的 API 分离出来，这清楚地表明这些是不受支持的 API，开发人员如果使用到，则需要自己承担对应的风险。

这给了 unsafe 一个临时通行证（严格限制时间），同时鼓励库和框架开发人员迁移到新的 API。替换 API 的一个例子是 VarHandles。这些 API 扩展了方法句柄的概念（从第 11 章开始），并添加了新的功能，比如 Java 9 的并发屏障模式。这些更新，以及对 JMM 的一些适度更新，旨在生成一个标准 API，用于访问新的低级处理器特性，但允许开发人员完全访问危险的功能，不再像 Unsafe 那样。

有关 Unsafe 和相关的底层平台技术的更多细节，请参见 *Optimizing Java*（O'Reilly 出版）。

12.3.2 缺乏版本控制

从 Java 11 开始的 JPMS 标准不包括依赖项的版本控制。

 这是一个精心设计的决策，用于减少交付系统的复杂性，并且不排除模块将来包含版本依赖的可能性。

当前情况需要外部工具来处理模块依赖项的版本控制。比如 Maven，这将在项目 POM 中控制。这种方法的一个优点是，版本的下载和管理也在构建工具的本地仓库中进行。

不过，这是完成的，简单的事实是依赖项版本信息必须存储在模块之外，并且不构成 JAR 组件的一部分。

不得不承认这是相当丑陋的，但相反的是，这种情况也不比依赖关系是从类路径推导出来的更糟。

12.3.3 采用比例较低

随着 Java 9 的发布，Java 的发布模式发生了根本性的变化。Java 8 和 Java 9 使用"keystone 发布"模型，其中一个加星特性（比如 lambda 或模块）基本上定义了发布，因此发布日期由特性完成的时间决定。这种模式的问题是，由于版本发布的时间存在不确定性，它可能导致效率低下。特别是，一个小的功能，只是错过了一个版本将不得不等下一个主要版本，从而等待很长的时间。

因此，从 Java 10 开始，采用了一种新的发布模型，它引入了严格的基于时间的版本控制。这包括：

- Java 发布现在被归类为"特性"版本，每六个月定期出现一次。

- 特性在基本完成之前不会合并到平台中。

- 主线代码仓库始终处于可发布状态。

这些版本只在六个月内有效，之后将不再受支持。每三年，一个特殊版本被指定为长期支持（LTS）版本，它提供了扩展的支持。

尽管 Java 社区对新的更快的发布周期普遍持肯定态度，但 Java 9 及更高版本的采用比例比以前的版本要小得多。这可能是因为大型企业希望拥有更长的支持周期，而不是在仅仅六个月后升级到新的特性版本。

另外，从 Java 8 升级到 Java 9 并不能无缝替换（与 Java 7 到 Java 8 的升级不同）。模块子系统从根本上改变了 Java 平台的许多方面，即使最终用户应用程序没有利用到模块化。这使得团队不愿意从 Java 8 升级，除非他们能看到这样做的明显好处。

这会导致"鸡生蛋还是蛋生鸡"的问题，团队不升级，是因为他们认为所依赖的库和其他组件还不支持模块化 Java。另一方面，维护库和其他工具的公司和开源社区可能会觉得，由于模块化 Java 的用户数量仍然很小，所以支持 Java 8 个以上版本的优先级很低。

Java 11 是 Java 8 之后的第一个 LST 发行版，它的到来可能有助于解决这种情况，因为它提供了一个受支持的环境，企业团队可能会觉得将它作为迁移目标更合适。

12.4 小结

模块特性首先在 Java 9 中引入，目的是同时解决几个问题。缩短启动时间，降低占用空间，减少对内部设备的访问的复杂性，这些目标都得到了满足。而长期目标，比如实现更好的应用程序架构，并开始考虑新的编译和部署方法，则仍在进行中。

然而，显而易见的事实是，到 Java 11 发布时，没有多少团队和项目全心全意地进入模块化世界。这是意料之中的，因为模块化是一个长期项目，回报缓慢，依赖于生态系统内的网络效应来获得全部收益。

新的应用程序从一开始就应该考虑以模块化的方式构建，但是 Java 生态系统中平台模块化的总体情况仍然只是刚刚开始。

第 13 章
平台工具

本章介绍 OpenJDK 版 Java 平台提供的工具，并主要介绍命令行工具。如果你使用的是其他的 Java 发行版，那么你可能会找到类似但不完全相同的工具。

在本章的后半部分，我们将专门用一节介绍 jshell 工具，它是从 Java 9 版本开始引入的交互式开发工具。

13.1 命令行工具

我们会介绍最常用的、也是最实用的命令行工具，但是，不会对每个可用的工具都详加说明。尤其是涉及 CORBA 和 RMI 服务器部分的工具，本章都不会涵盖，因为在 Java 11 发布时已经删掉了这些模块。

有时我们要讨论指定文件系统路径的切换。这类情况下，我们都使用 Unix 惯用的路径表示方法，这和本书其他地方保持一致。

我们要介绍的工具包括：

- javac

- java

- jar

- javadoc

- jdeps

- jps

- jstat

- jstatd

- jinfo

- jstack

- jmap

- javap

- jaotc

- jlink

- jmod

13.1.1 javac

1. 基本用法

```
javac some/package/MyClass.java
```

2. 说明

javac 是 Java 源码编译器，把 *.java* 源码文件编译成字节码（保存在 *.class* 文件中）。

现代化 Java 项目往往不直接使用 javac，因为它相对低层，也不灵便，尤其是对大型的代码库而言。现代化集成开发环境（Integrated Development Environment，IDE）要么自动为开发者调用 javac，要么提供内置的编译器，在编写代码的同时进行调用。部署时，大多数项目会使用单独的构建工具，例如 Maven、Ant 或 Gradle。这些工具不在本书讨论之列。

尽管如此，对开发者而言，掌握如何使用 javac 仍然是有益的，因为对小型代码库来说，有时手动编译更好，而不用安装和管理产品级构建工具，例如 Maven。

3. 常用选项

-classpath
    提供编译时需要的类。

-d *some/dir*
    告诉 javac 编译得到的类文件的存放位置。

@project.list
    从 *project.list* 文件中加载选项和源码文件。

-help

选项的帮助信息。

-X

非标准选项的帮助信息。

-source *<version>*

设定 javac 能接受的 Java 版本。

-target *<version>*

设定 javac 编译得到的类文件版本。

-profile *<profile>*

设定编译应用时 javac 使用的配置。本章后面会详细介绍紧凑配置。

-Xlint

显示详细的警告信息。

-Xstdout

把编译过程中的输出存入一个文件。

-g

把调试信息添加到类文件中。

4. 注意事项

根据习惯，javac 有两个选项（-source 和 -target）用来指定编译器接受的源码语言版本和编译得到的类文件格式的版本。

这个功能为开发者带来了便利，却为编译器带来了额外的复杂度（因为内部要支持多种语言句法）。Java 8 对这个功能做了轻微的清理，变得更加正式。

从 JDK 8 开始，javac 的 -source 和 -target 选项只能往前兼容三个版本，即 JDK 5、JDK 6、JDK 7、JDK 8。不过，这对 java 解释器没影响——所有 Java 版本的类文件都能在 Java 8 的 JVM 中运行。

C 和 C++ 开发者可能觉得 -g 选项不如在这两种语言中有用。这是因为 Java 生态系统广泛使用 IDE，较之类文件中附加的调试符号，IDE 集成的调试信息有用得多，同时也更加易于使用。

是否使用 Lint 功能，在开发者中颇有争议。很多 Java 开发者编写的代码会触发大量编译提醒，而他们直接将其忽略。可是，编写大型代码库的经验告诉我们，大多数情况下，触发提醒的代码可能潜藏着难以发现的缺陷。因此，我们强烈推荐使用 Lint 功能或者静态分析工具（例如 FindBugs）。

13.1.2 java

1. 基本用法

```
java some.package.MyClass java -jar my-packaged.jar
```

2. 说明

java 是启动 Java 虚拟机的可执行文件。程序的首个入口点是指定类中的 main() 方法。这个方法的签名如下：

```
public static void main(String[] args);
```

这个方法在启动 JVM 时创建的应用线程里运行。这个方法返回后（以及该方法启动的其他所有非守护应用线程都终止运行），JVM 进程就会退出。

如果执行的是 JAR 文件而不是类（可执行的 JAR 格式），那么 JAR 文件必须包含一个元数据，告诉 JVM 从哪个类开始执行。

这个元数据是 Main-Class: 属性，包含在 *META-INF/* 目录里的 *MANIFEST.MF* 文件中。详情参见 jar 工具的说明。

3. 常用选项

-cp *<classpath>*
    定义从哪个路径读取类。

-X、-?、-help
    显示 java 可执行文件及其选项的帮助信息。

-D *<property=value>*
    设定 Java 系统属性，在 Java 程序中能取回设定的属性。使用这种方式可以设定任意个属性。

-jar
    运行一个可执行的 JAR 文件（参见对 JAR 的介绍）。

-Xbootclasspath(/a or /p)
    运行时使用其他系统类路径（极少使用）。

`-client`、`-server`

　　选择一个 HotSpot JIT 编译器（参见"注意事项"）。

`-Xint`、`-Xcomp`、`-Xmixed`

　　控制 JIT 编译（极少使用）。

`-Xms<size>`

　　设定分配给 JVM 堆内存的最小值。

`-Xmx<size>`

　　设定分配给 JVM 堆内存的最大值。

`-agentlib:<agent>`、`-agentpath:<path to agent>`

　　指定一个 JVM Tooling Interface（JVMTI）代理，附加在启动的进程上。这种代理一般用于监测程序。

`-verbose`

　　生成额外的输出，主要用于调试。

4. 注意事项

HotSpot 虚拟机中有两个不同的 JIT 编译器，一个是客户端编译器（C1），一个是服务器编译器（C2）。这两个编译器是面向不同的场景设计的，客户端的编译器更能预知性能，而且启动快，不过不会主动优化代码。

以前，Java 进程使用的 JIT 编译器在启动进程时通过指定 `-client` 或 `-server` 选项指定。不过，随着硬件的发展，编译的成本越来越低，因此出现了一种新的方式：先使用客户端编译器，预热 Java 进程之后，换用服务器编译器，优化代码提高性能。这种方案叫分层编译（Tiered Compilation），也是 Java 8 默认采用的方案。多数进程都不再需要显式指定 `-client` 或 `-server` 选项。

在 Windows 平台中，经常使用一个稍微不同的 Java 可执行文件——javaw。这个版本的 Java 虚拟机启动时不再会强制显示 Windows 终端窗口。

旧版 Java 支持一些过时的解释器和虚拟机模式。现在，这些模式基本上都被移除了，仍然存在的应该被理解为残留品。

以 `-X` 开头的选项都是非标准选项。不过，有些选项也开始变成标准了（尤其是 `-Xms` 和 `-Xmx`）。与此同时，新的 Java 版本不断引入 `-XX:` 选项。这些选项是实验性质的，不要在生产中使用。不过，随着实现越来越稳定，高级用户可以使用其中一些选项（甚至可以在生产环境的应用中使用）。

总之，本书不会详细介绍所有选项。配置生产环境使用的 JVM 需要专业知识，开发者一定要谨慎对待，尤其不能随意调整垃圾回收子系统相关的设定。

13.1.3 jar

1. 基本用法

```
jar cvf my.jar someDir/
```

2. 说明

实用工具 JAR 用于处理 Java 档案（.jar）文件。这是 ZIP 格式的文件，包含 Java 类、附加的资源和元数据（通常会有）。这个工具处理 .jar 文件时有五种主要的操作模式：创建、更新、索引、列表和提取。

这些模式由 jar 命令的参数字符控制，而不是选项。并且，一次只能指定一个字符，但是还可以使用可选的修饰符。

3. 常用选项

- c：新建一个档案文件。

- u：更新档案文件。

- i：索引档案文件。

- t：列出档案文件中的内容。

- x：提取档案文件中的内容。

4. 修饰符

- v：详细模式。

- f：处理指定的文件，而不是标准输入。

- 0：存储但不压缩添加到档案文件中的文件。

- m：把指定文件中的内容添加到 JAR 文件的元数据文件中。

- e：把 JAR 文件变成可执行文件，而且使用指定的类作为入口点。

5. 注意事项

jar 命令的句法特意制定得和 Unix 的 tar 命令非常类似。正因为如此，jar 才使用命令参数，而不使用选项（Java 平台的其他命令使用选项）。

创建 JAR 文件时，jar 工具会自动添加一个名为 *META-INF* 的目录，并在其中创建一个名为 *MANIFEST.MF* 的文件——这个文件中保存的是元数据，格式为首部与值配对。默认情况下，*MANIFEST.MF* 文件中只包含两个首部：

```
Manifest-Version: 1.0
Created-By: 1.8.0 (Oracle Corporation)
```

使用 m 修饰符，创建 JAR 文件时才会把额外的元数据添加到 *MANIFEST.MF* 文件中。Main-Class: 就是一个经常添加的属性，用于指定 JAR 文件中应用的入口点。包含 Main-Class: 属性的 JAR 文件可以直接通过 java -jar 命令由 JVM 执行。

因为经常要添加 Main-Class: 属性，索性 jar 提供了 e 修饰符，直接在 *MANIFEST.MF* 文件中创建这个属性，而不用再单独创建一个文本文件。

13.1.4 javadoc

1. 基本用法

```
javadoc some.package
```

2. 说明

javadoc 从 Java 源码文件中生成文档。javadoc 会读取特定格式的注释（称为 Javadoc 注释），将其解析成标准的文档格式，然后再输出成各种格式的文档（截至目前，HTML 是最常用的格式）。

Javadoc 句法的详细说明参见第 7 章。

3. 常用选项

-cp *<classpath>*
    定义要使用的类路径。

-D *<directory>*
    告知 javadoc 生成的文档的存放位置。

-quiet
    压制除错误和报警信息之外的输出信息。

4. 注意事项

Java 平台的 API 文档都是使用 Javadoc 写的。

javadoc 底层使用的类和 javac 一样，而且实现 Javadoc 的特性时用到了源码编译器的部分基础设施。

javadoc 一般用于为整个包生成文档，而不是单个类。

javadoc 的选项非常多，能控制很多方面的行为。本书不会详细介绍所有选项。

13.1.5 jdeps

jdeps 是个静态分析工具，用于分析包或类的依赖。该工具有多种用途，可以识别开发者编写的代码中对 JDK 内部未注释的 API（如 sun.misc 类）的调用，还能跟踪依赖的传递。

jdeps 还能确认 JAR 文件是否能在某个紧凑配置中运行（本章后面会详细介绍紧凑配置）。

1. 基本用法

```
jdeps com.me.MyClass
```

2. 说明

jdeps 可以分析指定的类，输出依赖信息。指定的类可以是类路径中的任何类、文件路径、目录或者 JAR 文件。

3. 常用选项

-s、-summary
   只打印依赖概要。

-v、-verbose
   打印所有类级依赖。

-verbose:package
   打印包级依赖，并且排除同一个档案文件中的依赖。

-verbose:class
   打印类级依赖，并且排除同一个档案文件中的依赖。

-p <pkg name>、-package <pkg name>
   找出指定包的依赖。这个选项可以多次使用，指定多个不同的包。-p 选项和 -e 选项是互斥的。

-e *<regex>*、-regex *<regex>*

　　找出包名匹配正则表达式的包的依赖。-p 选项和 -e 选项是互斥的。

-include *<regex>*

　　限制只分析匹配模式的类。这个选项的作用是过滤要分析的类。这个选项可以结合 -p 和 -e 使用。

-jdkinternals

　　找出 JDK 内部 API 的类级依赖（即使是平台的小版本发布，内部 API 也可能发生变化甚至消失）。

-apionly

　　限制只分析 API。例如，对公开类的公开方法和受保护的方法来说，从其签名中能找出的依赖包括：字段类型、方法参数类型、返回值类型和已检异常类型。

-R、-recursive

　　递归遍历所有依赖。

-h、-?、-help

　　打印 jdeps 的帮助信息。

4. 注意事项

jdeps 是一个很有用的工具，它使开发者意识到，对 JRE 的依赖不是整体的，而是更加模块化的。

13.1.6 jps

1. 基本用法

```
jps jps <remote URL>
```

2. 说明

jps 列出本地设备中所有活动的 JVM 进程（如果远程设备中运行着合适的 jstatd 实例，也能列出这台远程设备中的 JVM 进程）。

3. 常用选项

-m

　　输出传给 main() 方法的参数。

-l

　　输出应用的主类的完整包名（或者应用 JAR 文件的完整路径）。

-v

　　输出传给 JVM 的参数。

4. 注意事项

严格来说，这个命令是不必要的，使用标准的 Unix ps 命令已经足够了。不过，jps 没有使用标准的 Unix 机制查询进程，所以某些情况下，已经停止响应的 Java 进程（在 jps 看来也已经"死亡"）还会被操作系统列为存活的进程。

13.1.7 jstat

1. 基本用法

```
jstat <pid>
```

2. 说明

这个命令显示指定 Java 进程的一些基本信息。查看的通常是本地进程，不过，如果远程设备中运行着合适的 jstatd 进程，也能查看这台远程设备中的进程。

3. 常用选项

-options

　　列出 jstat 能输出的信息类型。

-class

　　输出目前为止类的加载情况。

-compiler

　　目前为止当前进程的 JIT 编译信息。

-gcutil

　　详细的垃圾回收相关信息。

-printcompilation

　　更详细的编译相关信息。

4. 注意事项

jstat 用来识别进程（包括远程进程）的通用句法是：

```
[<protocol>://]<vmid>[@hostname][:port][/servername]
```

这个通用句法用于指定远程设备中的进程（通常通过 RMI 使用 JMX 连接），不过实际上，指定本地进程的句法更常用。本地进程只需指定虚拟机的 ID，在主流平台（例如 Linux、Windows、Unix 和 Mac 等）中就是操作系统的进程 ID（PID）。

13.1.8 jstatd

1. 基本用法

```
jstatd <options>
```

2. 说明

jstatd 能让本地 JVM 的信息通过网络向外界传播。这个过程基于 RMI 实现，JMX 客户端可以访问原本在本地的功能。若想传递信息，需要特殊的安全设置，这和 JVM 的默认设置有所不同。启动 jstatd 之前要先创建如下文件，并将其命名为 *jstatd.policy*：

```
grant codebase "file:${java.home}../lib/tools.jar {
  permission java.security.AllPermission
}
```

这个策略文件会为从 JDK 中的 *tools.jar* 文件中加载的所有类获取安全授权。

若想让 jstatd 使用这个策略文件，要执行下述命令：

```
jstatd -J-Djava.security.policy=<path to jstat.policy>
```

3. 常用选项

```
-p <port>
```
在指定的端口上寻找 RMI 注册信息，若找不到就创建一个。

4. 注意事项

推荐的做法是，在所有生产环境中都开启 jstatd，但限制通过公网访问。在多数企业环境中，这么做是有必要的，而且需要运营部门和网络工程部门的协作。不过，从生产环境中的 JVM 获取遥测数据的好处（尤其是服务中断期间）也不宜夸大。

对 JMX 和监控技术的完整介绍不属于本书的范围。

13.1.9 jinfo

1. 基本用法

```
jinfo <PID> jinfo <core file>
```

2. 说明

这个工具用于显示系统属性和运行中的 Java 进程（或核心文件）的 JVM 选项。

3. 常用选项

`-flags`
　　只显示 JVM 的命令行标志。

`-sysprops`
　　只显示系统属性。

4. 注意事项

虽然该工具偶尔可以用来做正确性校验，确认程序运行是否符合预期，但实际上很少使用。

13.1.10 jstack

1. 基本用法

```
jstack <PID>
```

2. 说明

jstack 实用工具用于输出进程中每个 Java 线程的栈跟踪信息。

3. 常用选项

`-F`
　　强制线程转储。

`-l`
　　长模式（包含关于锁的额外信息）。

4. 注意事项

生成栈跟踪信息时不会停止或终止 Java 进程。jstack 生成的文件可能很大，经常需要对其进行后期处理。

13.1.11 jmap

1. 基本用法

```
jmap <process>
```

2. 说明

jmap 用于查看运行中的 Java 进程的内存分配情况。

3. 常用选项

-histo

生成内存分配当前状态的直方图。

-histo:live

这种直方图只显示存活对象的信息。

-heap

生成运行中的进程的堆转储。

4. 注意事项

生成直方图时会遍历 JVM 分配表。分配表中包含存活对象和（还未回收的）死亡对象。直方图按照对象使用内存的方式组织，按使用内存的字节数从高到低排列。生成直方图的标准方式不会中断 JVM。

生成存活对象的直方图时，为了确保结果的准确性，在生成之前会执行一次完整的 Stop-The-World（STW）垃圾回收。因此，如果一次完整的垃圾回收过程会明显影响用户，就不能在生产环境中使用这种方式生成直方图。

对 -heap 方式来说，需要注意的是，生成堆转储的过程所需的时间可能很长，而且需要执行 STW 垃圾回收。在很多进程中，得到的文件可能非常大。

13.1.12 javap

1. 基本用法

```
javap <classname>
```

2. 说明

javap 是 Java 类的反汇编程序，也就是查看类文件内容的工具。javap 能显示 Java 方法编译得到的字节码，还能显示"常量池"信息（包含的信息类似于 Unix 进程的符号表）。

默认情况下，javap 能显示公开方法、受保护的方法和默认方法的签名。使用 -p 选项还能显示私有方法的签名。

3. 常用选项

-c

反编译字节码。

-v

详细模式（包含常量池信息）。

-p

包含私有方法的签名。

4. 注意事项

只要 javap 所在的 JDK 版本等于或大于生成类文件的 JDK 版本，javap 就能处理这个
class 文件。

 某些 Java 语言特性生成的字节码看上去可能很奇怪。例如，第 9 章中提到
过，String 类的实例其实是不可变的，JVM 实现字符串的连接操作"+"的
方式在 Java 8 之后的版本中和在旧版本中完全不同。这一点在 javap 反汇编
得到的字节码中可以清晰地看出来。

13.1.13 jaotc

1. 基本用法

```
jaotc --output libStringHash.so StringHash.class
```

2. 说明

jaotc 是面向 Java 平台的前置编译器，是一种将 Java 类文件或模块编译为本地代码的
工具。它可用于创建共享对象，由于减少了动态类操作，因而可以大幅缩短进程启动时
间，同时还能降低内存的占用。

3. 常见选项

--info

被编译的程序的基本信息。

--verbose

启用 Verbose 模式（打印全部细节）。

--help

罗列全部选项（非常有用）。

4. 注意事项

jaotc 工具将处理类文件、JAR 或模块，并且可以支持多个链接器后端。在 macOS 上，生成的共享对象将是 Mach *.dylib* 文件，而不是 Linux 共享对象。

 在编译为静态代码时，某些 Java 语言特性（如反射、方法句柄）可能有一些限制。

13.1.14 jlink

1. 基本用法

```
jlink [options] --module-path modulepath --add-modules module
```

2. 说明

jlink 是 Java 平台自定义的运行时镜像链接工具，它将 Java 类、模块及其依赖项链接和打包到自定义运行时镜像中。由 jlink 工具创建的镜像将包含一组链接的模块及其传递依赖项。

3. 常见选项

--add-modules module [, *module1*]
    将模块添加到要链接的模块的根集中。

--endian {little|big}
    指定目标架构的终端。

--module-path path
    指定要链接的模块的路径。

--save-opts file
    将选项保存到指定文件的链接器。

--help
    打印帮助信息。

@filename
    从文件名而不是命令行读取选项。

4. 注意事项

jlink 工具可以处理任何类文件或模块，链接需要链接的代码及其可传递依赖项。

默认情况下，自定义运行时映像不支持自动更新。这意味着开发者在必要时需要负责重新构建和更新自己的应用程序。一些 Java 语言特性可能会遭到限制，因为运行时映像可能没有包含完整的 JDK，所以反射和其他动态技术可能无法完全支持。

13.1.15 jmod

1. 基本用法

```
jmod create [options] my-new.jmod
```

2. 说明

jmod 负责把 Java 软件组件准备好，以供自定义链接器（jlink）使用。jmod 会生成 *.jmod* 文件。这应该被视为一个中间文件，而不是用于分发的主要组件。

3. 基本模式

create
　　创建新的 JMOD 文件。

extract
　　从 JMOD 文件中提取所有文件（解压缩）。

list
　　查看 JMOD 文件中的所有文件。

describe
　　打印 JMOD 文件的细节内容。

4. 常见选项

--module-path path
　　指定包含模块核心内容的模块路径。

--libs path
　　指定本机库的路径。

--help
　　打印帮助信息。

@filename
　　从文件名而不是命令行读取选项。

5. 注意事项

jmod 读取和写入 JMOD 格式，但请注意，这与模块化 JAR 格式不同，也没有立即替换掉它的计划。

 jmod 工具目前仅适用于要链接到运行时镜像的模块（使用 jlink 工具）。另一个可能的用例是打包具有本机库或其他必须随模块一起分发的配置文件的模块。

13.2 介绍 JShell

传统来说，Java 被理解为一种面向类的语言，它有一个独特的"编译 – 解释 – 评估"的执行模型。但是，在本节中，我们将讨论一种新技术，它通过提供一种交互式或脚本化功能的形式，扩展了 Java 的编程范式。

随着 Java 9 的出现，Java 运行时和 JDK 捆绑了一个新工具——JShell。这是一个用于 Java 的交互式 shell，类似于 Python、Scala 或 Lisp 等语言中的 REPL。shell 用于教学和探索性使用，而且由于 Java 语言的性质，对程序员而言，在工作场景中，它的用途不及其他语言中的类似 shell。

特别是，Java 不可能成为 REPL 驱动的语言。相反，这为使用 JShell 进行不同风格的编程提供了一个机会，这种编程方式不仅补充了传统的用例，而且提供了新的视角，特别是在使用新 API 时。

使用 JShell 探索简单的语言特性非常容易，例如：

* 基本数据类型。

* 简单的数值运算。

* 字符串操作基础。

* 对象类型。

* 定义新的类。

* 创建新对象。

* 调用方法。

要启动 JShell，只需从命令行调用它：

```
$ jshell
|  Welcome to JShell -- Version 10
```

```
|  For an introduction type: /help intro

jshell>
```

在这里，我们可以输入一小段 Java 代码（代码片段）：

```
jshell> 2 * 3
$1 ==> 6

jshell> var i = 2 * 3
i ==> 6
```

shell 被设计成一个简单的工作环境，因此它放宽了 Java 程序员习以为常的一些规则。JShell 片段和普通 Java 之间的一些区别如下：

- JShell 中分号是可选的。

- JShell 支持 verbose 模式。

- JShell 有比普通 Java 程序更广泛的默认导入集。

- 方法可以在顶层声明（在类之外）。

- 方法可以在代码段中重新定义。

- 代码段不能声明包或模块——所有内容都放在由 shell 控制的未命名包中。

- JShell 只能访问公开类。

- 由于包的限制，建议在使用 JShell 定义类时忽略访问控制。

创建简单的类层次结构很简单（例如，用于探索 Java 的继承和泛型）：

```
jshell> class Pet {}
|  created class Pet

jshell> class Cat extends Pet {}
|  created class Cat

jshell> var c = new Cat()
c ==> Cat@2ac273d3
```

也可以在 shell 使用制表符补全，例如自动完成可能的方法：

```
jshell> c.<TAB TAB>
equals(        getClass()    hashCode()    notify()      notifyAll()
toString()     wait(
```

还可以创建顶层方法，例如：

```
jshell> int div(int x, int y) {
   ...> return x / y;
```

```
...> }
| created method div(int,int)
```

并支持简单的异常回溯：

```
jshell> div(3,0)
| Exception java.lang.ArithmeticException: / by zero
|        at div (#2:2)
|        at (#3:1)
```

我们可以访问 JDK 中的类：

```
jshell> var ls = List.of("Alpha", "Beta", "Gamma", "Delta", "Epsilon")
ls ==> [Alpha, Beta, Gamma, Delta, Epsilon]

jshell> ls.get(3)
$11 ==> "Delta"

jshell> ls.forEach(s -> System.out.println(s.charAt(1)))
l
e
a
e
p
```

或者在必要时显式导入类：

```
jshell> import java.time.LocalDateTime

jshell> var now = LocalDateTime.now()
now ==> 2018-10-02T14:48:28.139422

jshell> now.plusWeeks(3)
$9 ==> 2018-10-23T14:48:28.139422
```

该环境还允许执行 JShell 命令，该命令以 / 开头。了解一些最常见的基本命令是很有用的：

- /help intro：介绍性帮助文本。

- /help：帮助系统更全面的入口。

- /vars：展示当前域中的变量。

- /list：展示 shell 的历史信息。

- /save：保存代码片段到文件。

- /open：读取一个保存的文件并引入环境。

例如，JShell 中可用的导入不仅仅包括 java.lang。整个列表在启动期间由 JShell 加载，可以看成特殊导入，通过 /list -all 命令可以查看：

```
jshell> /list -all
  s1 : import java.io.*;
  s2 : import java.math.*;
  s3 : import java.net.*;
  s4 : import java.nio.file.*;
  s5 : import java.util.*;
  s6 : import java.util.concurrent.*;
  s7 : import java.util.function.*;
  s8 : import java.util.prefs.*;
  s9 : import java.util.regex.*;
 s10 : import java.util.stream.*;
```

JShell 环境中可以用制表符补全，这大大增加了该工具的可用性。用户在上手掌握 JShell 时，verbose 模式特别有用，它可以在启动时加上 -v 选项来激活，也可以通过 shell 命令来激活。

13.3 小结

过去的 20 多年，Java 的变化是显著的，可是，平台和社区都仍然充满活力。做到这一点的同时还能让大众认可这个语言和平台，这可是一个很大的成就。

从根本上说，Java 能持续存在并保持生命力，是每一位开发者的功劳。有了这个基础，Java 的未来是光明的，我们期待 Java 25 岁及以后还能再出现一次浪潮。

附加工具

在本附录中，我们将讨论两个工具，它们曾经是随 JDK 一起发布的，但是现在官方已经不推荐使用或只提供单独的下载。这两个工具是：

- Nashorn
- VisualVM

Nashorn 是一个 JavaScript 的完全兼容实现和一个附带的 shell，最初是作为 Java 8 的一部分发布的，但是从 Java 11 开始就被正式弃用了。

JVisualVM（通常称为 VisualVM）是一个基于 Netbeans 平台的图形化工具。它用于监控 JVM，实质上是 13.1 节中介绍的各个工具的一个图形化聚合。

介绍 Nashorn

本章假定你对 JavaScript 有一定的了解。如果你还不熟悉 JavaScript 的基本概念，Michael Morrison 写的 *Head First JavaScript*（O'Reilly 出版）是本不错的入门书。

回忆一下 1.5.4 节介绍的 Java 和 JavaScript 之间的区别，你会发现，这两种语言十分不同。因此，能在 Java 的虚拟机中运行 JavaScript 看起来有点奇怪。

在 JVM 中运行 Java 之外的语言

其实，除了 Java 之外有相当多的语言都运行在 JVM 中，而且其中有些与 Java 的差异大于 JavaScript 与 Java 的差异。之所以能在 JVM 中运行其他语言，是因为 Java 语言和 JVM 耦合得非常松，两者之间只通过特定格式的类文件交互。在 JVM 中运行其他语言有两种方式：

- 目标语言使用 Java 实现的解释器。解释器在 JVM 中运行，执行使用目标言编写的程序。

- 目标语言提供编译器，把目标语言代码转换成类文件。编译得到的类文件直接在 JVM 中执行，通常还会提供一些语言专用的运行时功能。

Oracle 在 Java 8 中引入了 Nashorn，一个运行在 JVM 上的新 JavaScript 实现。Nashorn 的设计目的是取代最初的 JavaScript-on-the-JVM 项目，这个项目被称为 Rhino（Nashorn 是德语中"Rhino"的意思）。

Nashorn 是一个完全重写的实现，努力实现了与 Java 简便交互、高性能和对 JavaScript ECMA 规范的精确一致性。Nashorn 是达到百分之百完全符合规范要求的 JavaScript 实现，并且在大多数装载上比 Rhino 至少快 20 倍。

Nashorn 采用完全编译的方法，但是对运行时中的编译器进行了优化，这样 JavaScript 源代码就不会在程序执行开始之前编译。这意味着无须专门为 Nashorn 编写，而 JavaScript 代码仍然可以很轻易地部署到平台上。

 Nashorn 和很多其他运行在 JVM 中的语言（例如 JRuby）有个区别，它没有实现任何解释器。Nashorn 总是把 JavaScript 代码编译成 JVM 字节码，然后直接执行字节码。

从技术的角度来看，这种实现方式很有趣。不过很多开发者好奇的是，Nashorn 在已经建立好的 Java 成熟生态系统中扮演着怎样的角色。下面就来看看 Nashorn 扮演的角色。

目的

在 Java 和 JVM 生态系统中，Nashorn 有多种用途。首先，它为 JavaScript 开发者提供了一个可用的环境，用于探索 JVM 的功能。其次，它让企业继续利用对 Java 技术的现有投资，采用 JavaScript 作为一门开发语言。最后，它为 HotSpot 使用的先进虚拟机技术提供了一个很好的工程样板。

JavaScript 不断发展，应用范围越来越宽，以前只能在浏览器中使用，而现在则能在更通用的计算和服务器端使用。Nashorn 在稳固的 Java 现有生态系统和一波有前途的新技术之间架起了一座桥梁。

下面我们要介绍 Nashorn 运作的技术细节，以及如何开始使用这个平台。在 Nashorn 中运行 JavaScript 代码有多种不同的方式，下一节会介绍其中最常使用的两种。

在 Nashorn 中执行 JavaScript 代码

本节介绍 Nashorn 环境，还会讨论两种执行 JavaScript 代码的方式（这两种方式使用的工具都在 *$JAVA_HOME* 的子目录 *bin* 中）。

jrunscript

这是一个简单的脚本运行程序，执行 *.js* 格式的 JavaScript 文件。

jjs

这是一个功能更完整的 shell，既能运行脚本，也能作为交互式读取 - 求值 - 输出循环 (Read-Eval-Print-Loop，REPL) 环境使用，用于探索 Nashorn 及其功能。

我们先介绍基本的运行程序 `jrunscript`，它适用于大多数简单的 JavaScript 应用。

在命令行中运行

若想在 Nashorn 中执行名为 *my_script.js* 的 JavaScript 文件，使用 `jrunscript` 命令即可：

```
jrunscript my_script.js
```

除了 Nashorn，`jrunscript` 还能使用其他脚本引擎。如果需要使用其他引擎，可以通过 `-l` 选项指定：

```
jrunscript -l nashorn my_script.js
```

如果有合适的脚本引擎，使用这个选项还能让 `jrunscript` 运行使用其他语言编写的脚本。

这个基本的运行程序特别适合在简单的应用场景中使用，不过它有一定的局限性，因此，在重要场合下，我们需要使用功能更强的执行环境。而 `jjs`，也就是 Nashorn shell，就提供了这样的执行环境。

使用 Nashorn shell

启动 Nashorn shell 的命令是 `jjs`。 Nashorn shell 既可以交互式使用，也可以非交互式使用，能直接替代 `jrunscript`。

最简单的 JavaScript 示例当然是经典的 " Hello World"，我们看一下如何在交互式 shell 中编写这个示例：

```
$ jjs
jjs> print("Hello World!");
Hello World!
jjs>
```

在 shell 中可以轻易处理 Nashorn 和 Java 之间的相互操作。我们在之后会讨论这一点，不过现在先举个例子。若想在 JavaScript 中直接访问 Java 类和方法，使用完全限定的类名即可。下面这个实例获取 Java 原生的正则表达式功能：

```
jjs> var pattern = java.util.regex.Pattern.compile("\\d+");
jjs> var myNums = pattern.split("a1b2c3d4e5f6");

jjs> print(myNums);
[Ljava.lang.String;@10b48321

jjs> print(myNums[0]);
a
```

 在 REPL 中打印 JavaScript 变量 myNums 时，得到的结果是 [Ljava.lang.String;@10b48321。这表明，虽然 myNums 是 JavaScript 代码中的变量，但其实它是 Java 中的字符串数组。

稍后会详细说明 Nashorn 和 Java 之间的相互操作，现在先介绍 jjs 的其他功能。jjs 命令的通用格式是：

```
jjs [<options>] <files> [-- <arguments>]
```

能传给 jjs 的选项有很多，其中最常使用的如下所示：

- -cp 或 -classpath：指定在哪个位置寻找额外的 Java 类（稍后会发现，通过 Java.type 机制实现）。

- -doe 或 -dump-on-error：如果强制退出 Nashorn，转储完整的错误信息。

- -J：把选项传给 JVM。例如，如果想增加 JVM 可用的最大内存，可以这么做：

```
$ jjs -J-Xmx4g
jjs> java.lang.Runtime.getRuntime().maxMemory()
3817799680
```

- -strict：在 JavaScript 严格模式中执行所有脚本和函数。这是 ECMAScript 5 引入的 JavaScript 特性，目的是减少缺陷和错误。所有新编写的 JavaScript 代码都推荐使用严格模式，如果你对这个特性还不了解，应该找些资料看看。

- -D：让开发者把键值对表示的系统属性传给 Nashorn，这和 JVM 的通常做法一样。例如：

```
$ jjs –DmyKey=myValue
jjs> java.lang.System.getProperty("myKey");
myValue
```

- -v 或 -version：打印标准的 Nashorn 版本字符串。

- -fv 或 -fullversion：打印完整的 Nashorn 版本字符串。

- -fx：把脚本当成 JavaFX GUI 应用执行。 JavaFX 程序员使用 Nashorn 可以少编写一些样板代码[注1]。

- -h：显示帮助信息。

Nashorn 与 javax.script 包

Nashorn 不是 Java 平台提供的第一个脚本语言。早在 Java 6 中就提供了 `javax.script` 包，这个包为引擎提供了通用接口，让脚本语言能和 Java 相互操作。

这个通用接口中包含脚本语言的基本概念，例如脚本代码的执行和编译方式（完整的脚本或者单个脚本语句是否在现有的上下文中）。而且还提出了脚本实体和 Java 绑定的概念，以及发现脚本引擎的功能。最后，`javax.script` 包提供了可选的调用功能（有别于执行，因为调用功能的作用是从脚本语言的运行时中导出中间代码，提供给 JVM 运行时使用）。

本节的示例使用 Rhino 语言编写，不过也有很多其他语言利用了 `javax.script` 包提供的功能。Java 8 移除了 Rhino，现在 Java 平台提供的默认脚本语言是 Nashorn。

通过 javax.script 包使用 Nashorn

我们看一个非常简单的示例，这个示例展示了如何在 Java 代码中使用 Nashorn 运行 JavaScript 代码：

```
import javax.script.*;

ScriptEngineManager m = new ScriptEngineManager();
ScriptEngine e = m.getEngineByName("nashorn");

try {
  e.eval("print('Hello World!');");
} catch (final ScriptException se) {
  // ...
}
```

这里的关键概念是 `ScriptEngine`（通过 `ScriptEngineManager` 对象获取）。`ScriptEngine` 对象提供一个空脚本环境，然后调用 `eval()` 方法把代码添加到这个环境中。

上述代码只是 `eval()` 方法的一个非常简单的应用——但是，我们可以很容易地想象，在运行时加载文件的内容时使用它，而不是像本例中那样使用一个简单的字符串。

Nashorn 引擎只提供了一个全局 JavaScript 对象，所以每次调用 `eval()` 方法都会在同一

注1： JavaFX 是一种用于制作 GUI 的标准 Java 技术，但它不在本书的讨论范围之内。

个环境中执行 JavaScript 代码。也就是说,我们可以多次调用 eval() 方法,在脚本引擎中逐渐积累 JavaScript 状态。例如:

```
e.eval("i = 27;");
e.put("j", 15);
e.eval("var z = i + j;");

System.out.println(((Number) e.get("z")).intValue()); // prints 42
```

注意,直接在 Java 代码中与脚本引擎交互有个问题:一般不知道值的任何类型信息。

然而,Nashorn 和 Java 的类型系统绑定得相当紧密,所以要稍微小心一些。在 Java 代码中使用 JavaScript 中等价的基本类型时,往往都会转换成对应的(包装)类型。例如,如果把下面这行代码添加到前一个示例的末尾:

```
System.out.println(e.get("z").getClass());
```

很明显,e.get("z") 获得的值是 java.lang.Integer 类型。如果稍微修改一下,改成:

```
e.eval("i = 27.1;");
e.put("j", 15);
e.eval("var z = i + j;");

System.out.println(e.get("z").getClass());
```

那么 e.get("z") 返回值的类型就变成了 java.lang.Double,由此体现了两种类型系统之间的区别。在其他 JavaScript 实现中,可能会把两种情况的返回值都当成数字类型(因为 JavaScript 没有定义整数类型)。可是,Nashorn 对数据的真正类型知道得更多。

 使用 JavaScript 时,Java 程序员必须清醒地认识到,Java 的静态类型和 JavaScript 类型的动态本性之间是有区别的。如果没认识到这一点,很容易在不经意间引入缺陷。

在上述示例中,我们在 ScriptEngine 对象上调用 get() 和 put() 方法。这么做可以直接获取和设定 Nashorn 引擎当前全局作用域中的对象,无须直接编写或使用 eval() 方法执行 JavaScript 代码。

javax.script API

本节最后,我们要简介 javax.script API 中的关键类和接口。这个 API 相当小(6 个接口,5 个类,1 个异常),自从 Java 6 引入之后就没改动过。

ScriptEngineManager 类

这个类是脚本功能的入口点,维护着一组当前进程中可用的脚本实现。这个功能由

Java 的服务提供者（service provider）机制实现，这种机制经常用于管理不同实现之间可能有较大差异的 Java 平台扩展。默认情况下，唯一可用的脚本扩展是 Nashorn，不过，也能使用其他脚本环境（例如 Groovy 和 JRuby）。

`ScriptEngine` 接口

这个接口表示脚本引擎，作用是维护解释脚本的环境。

`Bindings` 接口

这个接口扩展 Map 接口，把字符串（变量或其他符号的名称）映射到脚本对象上。Nashorn 使用这个接口实现 `ScriptObjectMirror` 机制，让 Java 和 JavaScript 代码能相互操作。

其实，多数应用只会使用 `ScriptEngine` 这个相对不透明的接口提供的方法，例如 `eval()`、`get()` 和 `put()` 方法，不过，理解这个接口在整个脚本 API 中的作用，会对你有所帮助。

Nashorn 的高级用法

Nashorn 是个复杂的编程环境，也是个适合部署应用的稳健平台，而且能和 Java 相互操作。这一节我们介绍一些高级用法，把 Java 代码集成在 JavaScript 代码中，还会深入 Nashorn 的一些实现细节，说明实现这种集成的方式。

在 Nashorn 中调用 Java 代码

我们知道，每个 JavaScript 对象都会编译成某个 Java 类的实例，那么，你或许就不会奇怪，在 Nashorn 中能无缝集成 Java 代码——尽管二者的类型系统和语言特性有重要区别。不过，为了实现这种集成，还需要实现一些机制。

我们已经知道，在 Nashorn 中可以直接访问 Java 类和方法，例如：

```
$ jjs -Dkey=value
jjs> print(java.lang.System.getProperty("key"));
value
```

下面仔细分析一下这个句法，看看 Nashorn 是如何实现这种功能的。

JavaClass 和 JavaPackage 类型

在 Java 中，表达式 `java.lang.System.getProperty("key")` 的意思是通过完全限定的名称调用 `java.lang.System` 类中的 `getProperty()` 静态方法。不过，在 JavaScript 的句法中，这个表达式的意思是，从符号 `java` 开始，链式访问属性。下面在 jjs shell 中

看一下这些符号的表现：

```
jjs> print(java);
[JavaPackage java]

jjs> print(java.lang.System);
[JavaClass java.lang.System]
```

可以看出，`java` 是个特殊的 Nashorn 对象，用于访问 Java 系统中的包。在 JavaScript 中，Java 包使用 `JavaPackage` 类型表示，而 Java 类使用 `JavaClass` 类型表示。任何顶层包都能直接作为包导航对象，子包则可以赋值给 JavaScript 对象。因此，可以使用简短的句法访问 Java 类：

```
jjs> var juc = java.util.concurrent;
jjs> var chm = new juc.ConcurrentHashMap;
```

除了可以使用包对象导航之外，还可以使用另一个对象 Java。在这个对象上可以调用一些有用的方法，其中一个最重要的方法是 `Java.type()`。使用这个方法可以查询 Java 的类型系统，访问 Java 类。例如：

```
jjs> var clz = Java.type("java.lang.System");
jjs> print(clz);
[JavaClass java.lang.System]
```

如果在类路径（例如，使用 jjs 的 -cp 选项指定）中找不到指定的类，会抛出 ClassNot-FoundException 异常（jjs 会把这个异常包装在一个 Java RuntimeException 异常对象中）：

```
jjs> var klz = Java.type("Java.lang.Zystem");
java.lang.RuntimeException: java.lang.ClassNotFoundException:
  Java.lang.Zystem
```

多数情况下，JavaScript 中的 `JavaClass` 对象都可以像 Java 的类对象一样使用（这两个类型稍微有所不同，不过可以把 `JavaClass` 理解为类对象在 Nashorn 中的镜像）。例如，在 Nashorn 中可以直接使用 `JavaClass` 创建 Java 新对象：

```
jjs> var clz = Java.type("java.lang.Object");
jjs> var obj = new clz;
jjs> print(obj);
java.lang.Object@73d4cc9e

jjs> print(obj.hashCode());
1943325854

// Note that this syntax does not work
jjs> var obj = clz.new;
jjs> print(obj);
undefined
```

不过，使用时要稍微小心一些。jjs 环境会自动打印表达式的结果，这可能会导致一些意料之外的行为：

```
jjs> var clz = Java.type("java.lang.System");
jjs> clz.out.println("Baz!");
Baz!
null
```

这里的问题是，java.lang.System.out.println() 方法有返回值，类型为 void。而在 jjs 中，如果表达式没赋值给变量，就会得到一个值，并打印出来。所以，println() 方法的返回值会映射到 JavaScript 的 null 值上，并打印出来。

不熟悉 JavaScript 的 Java 程序员要注意，在 JavaScript 中处理 null 和缺失值很麻烦，尤其是 null != undefined。

JavaScript 函数和 Java lambda 表达式

JavaScript 和 Java 之间的相互操作层级非常深，甚至可以使用 JavaScript 函数作为 Java 接口的匿名实现（或者作为 lambda 表达式）。下面举个例子，使用 JavaScript 函数作为 Callable 接口的实例（表示后续调用的代码块）。Callable 接口中只有一个方法 call()，这个方法没有参数，返回值是 void。在 Nashorn 中，我们可以使用 JavaScript 函数作为 lambda 表达式：

```
jjs> var clz = Java.type("java.util.concurrent.Callable");
jjs> print(clz);
[JavaClass java.util.concurrent.Callable]
jjs> var obj = new clz(function () { print("Foo"); } );
jjs> obj.call();
Foo
```

这个示例要表明的基本事实是，在 Nashorn 中，JavaScript 函数和 Java lambda 表达式之间没有区别。和在 Java 中一样，函数会被自动转换成相应类型的对象。下面看一下如何在 Java 线程池中使用 Java 的 ExecutorService 对象执行一些 JavaScript 代码：

```
jjs> var juc = java.util.concurrent;
jjs> var exc = juc.Executors.newSingleThreadExecutor();
jjs> var clbl = new juc.Callable(function (){
  \java.lang.Thread.sleep(10000); return 1; });
jjs> var fut = exc.submit(clbl);
jjs> fut.isDone();
false
jjs> fut.isDone();
true
```

与等效的 Java 代码相比（就算使用 Java 8 引入的 lambda 表达式），样板代码的减少量十分惊人。不过，lambda 表达式的实现方式导致了一些限制。例如：

```
jjs> var fut=exc.submit(function (){\
java.lang.Thread.sleep(10000); return 1;});
java.lang.RuntimeException: java.lang.NoSuchMethodException: Can't
unambiguously select between fixed arity signatures
[(java.lang.Runnable), (java.util.concurrent.Callable)] of the method
java.util.concurrent.Executors.FinalizableDelegatedExecutorService
.submit for argument types
[jdk.nashorn.internal.objects.ScriptFunctionImpl]
```

这里的问题是，线程池中有一个重载的 submit() 方法。一个版本的参数是一个 Callable 对象，而另一个版本的参数是一个 Runnable 对象。可是，JavaScript 函数（作为 lambda 表达式时）既能转换成 Callable 对象，也能转换成 Runnable 对象。这就是错误消息中出现"unambiguously select"（明确选择）的原因。运行时能选择其中任何一个，但不能在二者之间作出抉择。

Nashorn 对 JavaScript 语言所做的扩展

前面说过，Nashorn 是完全遵守 ECMAScript 5.1 标准（这是 JavaScript 的标准）的实现。不过，除此之外，Nashorn 还实现了一些 JavaScript 语言句法扩展，让开发者的生活更轻松。经常使用 JavaScript 的开发者应该会熟悉这些扩展，有相当一部分扩展实现的都是 Mozilla JavaScript 方言中的功能。下面介绍几个最常使用和最有用的扩展。

遍历循环

标准的 JavaScript 没有提供等同于 Java 遍历循环的句法，不过 Nashorn 实现了 Mozilla 使用的 *for each in* 循环，如下所示：

```
var jsEngs = [ "Nashorn", "Rhino", "V8", "IonMonkey", "Nitro" ];
for each (js in jsEngs) {
    print(js);
}
```

单表达式函数

Nashorn 还支持另一个小小的句法增强，目的是让只由一个表达式组成的函数更易于阅读。如果函数（具名或匿名）只有一个表达式，那么可以省略花括号和返回语句。在下述示例中，cube() 和 cube2() 这两个函数完全等效，不过 cube() 函数使用的句法在普通的 JavaScript 中不合法：

```
function cube(x) x*x*x;

function cube2(x) {
    return x*x*x;
```

```
    }

    print(cube(3));
    print(cube2(3));
```

多个 catch 子句

JavaScript 支持 try、catch 和 throw 语句，而且处理方式和 Java 类似。

 JavaScript 不支持已检异常，所有异常都是未检异常。

可是，标准的 JavaScript 只允许在 try 块后跟一个 catch 子句，也就是说，不支持使用不同的 catch 子句处理不同的异常类型。幸好，Mozilla 已经实现了支持多个 catch 子句的句法扩展，而且 Nashorn 也实现了，如下述示例所示：

```
function fnThatMightThrow() {
    if (Math.random() < 0.5) {
        throw new TypeError();
    } else {
        throw new Error();
    }
}

try {
    fnThatMightThrow();
} catch (e if e instanceof TypeError) {
    print("Caught TypeError");
} catch (e) {
    print("Caught some other error");
}
```

Nashorn 还实现了一些其他非标准的句法扩展（前面介绍 jjs 的脚本模式时见过一些其他有用的句法革新），不过前面介绍的这几个扩展最为人熟知，而且使用广泛。

实现细节

前面说过，Nashorn 的工作方式是直接把 JavaScript 程序编译成 JVM 字节码，然后像任何其他类一样运行。正是因为这样，才能把 JavaScript 函数当作 lambda 表达式，并在二者之间相互操作。

下面仔细分析前面的一个示例，说明 JavaScript 函数为何能当作 Java 接口的匿名实现：

```
jjs> var clz = Java.type("java.util.concurrent.Callable");
jjs> var obj = new clz(function () { print("Foo"); } );
jjs> print(obj);
jdk.nashorn.javaadapters.java.util.concurrent.Callable@290dbf45
```

可以看出，实现 Callable 接口的 JavaScript 对象其实属于 jdk.nashorn.javaadapters. java.util.concurrent.Callable 类。当然，Nashorn 没有提供这个类。Nashorn 会动态生成字节码，实现所需的任何接口，并且为了可读性，会在包结构中保留接口原来的名称。

 记住，动态生成代码是 Nashorn 的基本特性，Nashorn 会把所有 JavaScript 代码编译成 Java 字节码，绝不会直接解释。

最后还有一点要注意，因为 Nashorn 坚持 100% 符合规范，所以有时会限制实现的功能。例如，像下面这样打印一个对象：

```
jjs> var obj = {foo:"bar",cat:2};
jjs> print(obj);
[object Object]
```

根据 ECMAScript 规范，打印出的内容只能是 [object Object]——符合规范的实现不能提供更具体的有用信息（例如 obj 对象的完整属性列表和其中包含的值）。

Nashorn 与 GraalVM 的未来

2018 年春天，甲骨文首次发布了 GraalVM（*https://github.com/oracle/graal*），它是甲骨文实验室的一个研究项目，可能会用于替换掉当前 Java 运行时环境（HotSpot）。这项研究工作可以看作是几个独立但相互关联的项目，它是为 HotSpot 打造的新 JIT 编译器，也是一个新的、支持多语言的虚拟机。我们将 JIT 编译器称为 Graal，将新 VM 称为 GraalVM。

Graal 项目的总体目标是重新思考：编译在 Java 中的工作原理（对于 GraalVM 而言，也考虑其他语言）。Graal 项目最初起源于非常简单的观察：

> Java 编译器将字节码转化为机器码——这一过程在 Java 看来，只是一个接受 byte[] 类型的参数并返回其他的 byte[] 类型的方法。因此，我们当然可以用 Java 来开发编译器。

事实证明，用 Java 编写的编译器有一些 C++（如当前编译器所使用的）编写的编译器所不具备的优点：

- 编译器不会有处理指针引起的错误或崩溃。
- 能够使用 Java 工具链进行编译器开发。
- 大大降低了工程师开发编译器的门槛。

- 可以对新的编译器特性快速进行原型验证。

- 编译器可以独立于 HotSpot。

Graal 使用新的 JVM 编译器接口（JVMCI，以 JEP 243 的形式提供）来接入 HotSpot，但也可以独立使用，它是 GraalVM 的主要部分。Graal 技术已经出现并随同 Java 11 发布，但是它仍然被认为不能完全适用于大多数生产场景用例。

长期来看，甲骨文正在向 GraalVM 投入大量资源，并朝着一个真正的多语言化的未来发展。GraalVM 能够将非 Java 语言完全嵌入运行在 GraalVM 中的 Java 应用程序，这是朝着这个未来迈出的第一步。

 Graal 的一些功能可以看作是 JSR 223（Java 平台的脚本编写）的替代品，但是 Graal 方法比以前的 HotSpot 中类似的技术更进一步、更深入。

该特性依赖于 GraalVM 和 Graal SDK，Graal SDK 是 GraalVM 默认类路径的一部分，但是应该作为依赖项被显式地包含在项目中。下面是一个简单的例子，我们只是从 Java 调用一个 JavaScript 函数：

```
import org.graalvm.polyglot.Context;

public class HelloPolyglot {
    public static void main(String[] args) {
        System.out.println("Hello World: Java!");
        Context context = Context.create();
        context.eval("js", "print('Hello World: JavaScript!');");
    }
}
```

自从 Java 6 引入了编写脚本的 API，多语言支持功能的基本形态就存在了。随着 Nashorn 的到来，以及其中基于动态调用的 JavaScript 实现，多语言功能在 Java 8 中有了显著的提升。

GraalVM 技术真正与众不同的是，在这个生态系统中显式地包含了一个 SDK 以及支持工具，用于支持多语言，并使这些语言作为共同平等和配合互动的公民在底层 VM 上运行。在运行于 GraalVM 的诸多语言中，Java 只是其中之一（尽管它很重要）。

这一步的关键是一个名为 Truffle 的组件和一个简单的、不加修饰的 VM，即能够执行 JVM 字节码的底层 VM。Truffle 提供了一个运行时和库，用于为非 Java 语言创建解释器。一旦这些解释器运行，Graal 编译器将介入并将解释器编译成快速的机器代码。为了开箱即用，GraalVM 附带了 JVM 字节码、JavaScript 和 LLVM 支持，随着时间的推移还将添加其他语言。

GraalVM 方法意味着，例如，JS 运行时可以调用另一个运行时的对象的方法，并进行无缝的类型转换（至少对于简单的情况可以做到）。

JVM 工程师们已经讨论了很长一段时间（至少 10 年），在语义和类型系统非常不同的语言之间具有可替换性的能力，并且随着 GraalVM 的到来，它朝着主流迈出了非常重要的一步。

GraalVM 对 Nashorn 的意义在于，甲骨文已经宣布他们打算放弃 Nashorn，并最终将其从 Java 的发行版中删除。预期的替代品是 GraalVM 版本的 JavaScript，但目前还没有时间表，甲骨文承诺在替代品完全准备好之前不会删除 Nashorn

VisualVM

VisualVM 是随 Java 6 一起引入的，但是从 Java 9 开始已经从主要的 Java 发行版中删除了。这意味着在当前的 Java 上使用 VisualVM 的唯一方法是使用 VisualVM 的独立版本。然而，即便是安装 Java 8，standalone 版本的 VisualVM 也更新，是重要场合中更优的选择。VisualVM 的最新版可从 *http://visualvm.java.net/* 下载。

下载后，确保 VisualVM 的二进制文件在 PATH 中，否则，在 Java8 中你调用到的是 JRE 中集成的版本。

 jvisualvm 是早期 Java 版本中常用的 jconsole 工具的替代品。visualvm 可用的兼容插件使得 jconsole 已经过时，所有使用 jconsole 的设备都应该迁移。

首次运行 VisualVM 时，它会调整你的设备，所以要确保调整的过程中没有运行其他应用。调整结束后，VisualVM 会打开一个如图 A-1 所示的界面。

把 VisualVM 附属到运行中的进程上有不同的方式，各种方式之间稍有不同，这取决于进程运行在本地还是远程设备中。

本地进程在界面的左边列出。双击某个进程后，会在右面板中出现一个新标签页。

若想查看远程进程，要输入主机名和标签页中显示的名称。默认连接的端口是 1099，不过也可以改成其他端口。

为了能连接上远程进程，远程主机中必须运行着 jstatd（详情参见 13.1 节对 jstatd 的介绍）。如果连接的是应用服务器，服务器中可能已经内置了与 jstatd 等同的功能，因此无须再运行 jstatd。

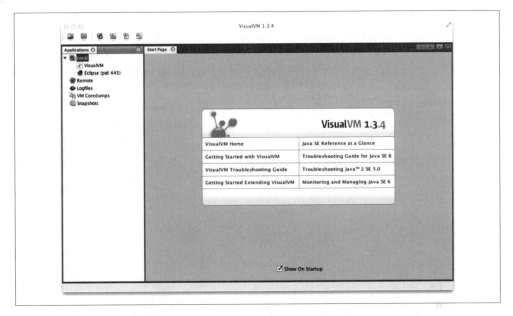

图 A-1：VisualVM 的欢迎界面

"Overview"（概述）标签页（如图 A-2）中显示的是 Java 进程的概要信息，包含传入的命令行标志和系统属性，以及使用的 Java 版本。

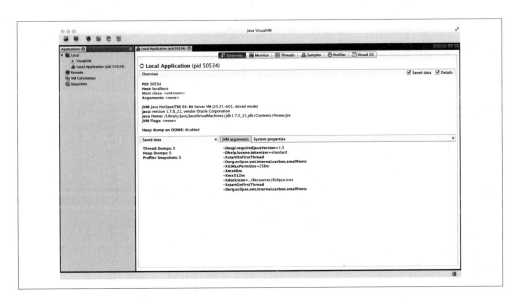

图 A-2："Overview"（概述）标签页

"Monitor"（监视）标签页（如图 A-3）中显示的是 JVM 系统活动部分的图表和数据。

这些其实是 JVM 的高层遥测数据，包括 CPU 使用情况，以及垃圾回收用掉了多少 CPU。

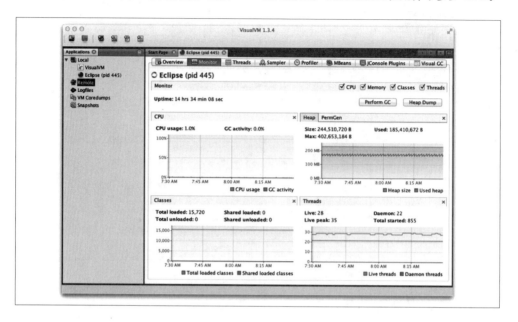

图 A-3："Monitor"（监视）标签页

这个标签页中还显示了一些其他信息，包括加载和卸载的类数量、基本的堆内存信息，以及运行中的线程数量。

在这个标签页中也能让 JVM 生成堆转储文件，或者执行完整的垃圾回收过程——不过，在一般的生产环境中，都不推荐做这两个操作。

图 A-4 是"Threads"（线程）标签页，显示 JVM 中运行中的线程相关的数据。这些数据在连续的时间线中显示，可以查看单个线程的详情，还能执行线程转储操作，做进一步分析。

这个标签页中的信息类似于 `jstack` 工具得到的信息，不过在这里更方便诊断死锁和线程饥饿。注意，在这里可以清楚地看出同步锁（即操作系统的监视器）和用户空间中的 `java.util.concurrent` 锁对象之间的区别。

将在操作系统监视器实现的锁（即同步块）上竞争的线程放入 BLOCKED 状态，在 VisualVM 中使用红色表示。

 锁定的 `java.util.concurrent` 锁对象把线程放入 WAITING 状态（在 VisualVM 中使用黄色表示）。这是因为 `java.util.concurrent` 实现的锁完全在用户空间中，不涉及操作系统。

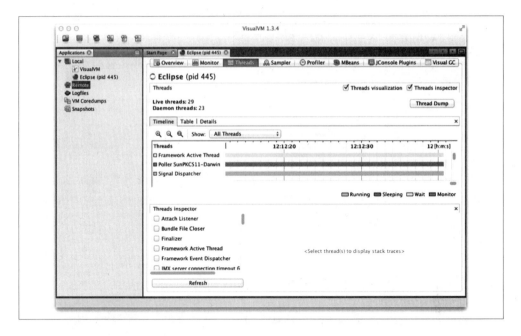

图 A-4："Threads"（线程）标签页

内存采样模式中的"Sampler"（抽样器）标签页如图 A-5 所示。在此标签页中开发人员可以看到最常见的对象（字节或实例）是什么（使用 jamp-histo 也可以做到这一点）。

Metaspace 模式中显示的对象往往是 Java/JVM 核心结构[注2]。我们通常需要深入分析系统的其他部分，例如类加载，才能看到负责创建这些对象的代码。

jvisualvm 提供了插件系统，下载并安装额外的插件就能扩展这个框架的功能。我们推荐一定要安装 MBeans 插件（如图 A-6）和 VisualGC 插件（下面会介绍，如图 A-7）。为了兼容以前的 Java 版本，通常还会安装 JConsole 插件。

在 MBeans 标签页中可以与 Java 管理服务（尤其是 MBeans）交互。JMX 能很好地管理 Java/JVM 应用的运行时，不过本书不会详细介绍。

VisualGC 插件，如图 A-7 所示，是最简单的也是出现最早的垃圾回收调试工具之一。第 6 章提到过，做重要分析时使用垃圾回收日志要比 VisualGC 提供的基于 JMX 的视图好。

话虽如此，但 VisualGC 仍是理解应用中垃圾回收行为很好的方式，而且还能进行深入分析。使用 VisualGC 几乎能实时查看 HotSpot 的内存池状况，而且开发者能看到垃圾回收循环中对象在不同区之间的游动。

注2： 在 Java 8 之前，Metaspace 叫 PermGen。

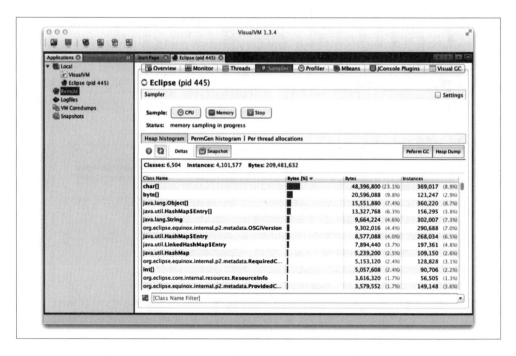

图 A-5："Sampler"（抽样器）标签页

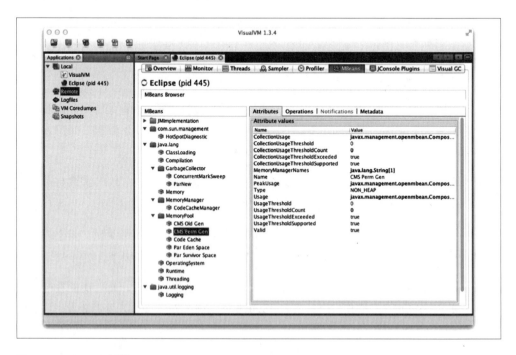

图 A-6：MBeans 插件

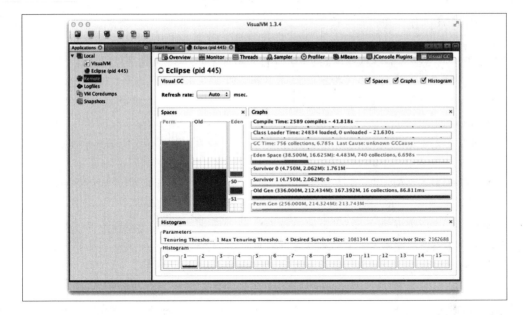

图 A-7：VisualGC 插件

作者简介

Benjamin J. Evans 是初创公司 jClarity 的联合创始人，该公司致力于向开发和运维团队提供性能工具。他是 LJC（伦敦 Java 用户组）的组织者，还是 JCP（Java Community Process）执行委员会的成员，帮助定义 Java 生态系统的标准。他获得过 Java Champion 奖和 JavaOne Rockstar 奖，与人合著了 *The well-Grounded Java Developer*。他经常做公开演讲，涉及的主题包括 Java 平台、性能、并发等。他在剑桥大学获得了数学硕士学位。

David Flanagan 是 Mozilla 的软件工程师，目前在 MDN（Mozilla Developer Network）网站工作。他著有《JavaScript 权威指南》、*Java Examples in a Nutshell*、*Java Foundation Classes in a Nutshell* 和 *JavaScript Pocket Reference* 等书。David 在麻省理工学院获得了计算机科学与工程学士学位。他和妻儿住在太平洋西北地区，在美国华盛顿州西雅图市和加拿大不列颠哥伦比亚省温哥华市之间。

封面简介

本书封面上的动物是爪哇虎（Javan tiger，学名 *Panthera tigris sondaica*），这个亚种只生活在爪哇岛（island of Java）上。爪哇虎天性孤僻，这曾为生物学家和其他研究人员提供了极好的研究机会，但是人类入侵爪哇虎的栖息地之后，爪哇虎就消失了，它们生活的爪哇岛慢慢变成了地球上人口最密集的岛。当人类意识到爪哇虎的危险境地时已经太晚了，即使圈养也无法保护这个物种了。

爪哇虎最后一次被发现是在 1976 年。1994 年，世界野生动物基金会宣布该物种灭绝。但后来有人宣称在东爪哇省的梅里·伯蒂里国家公园和穆里亚山脉看到了爪哇虎。2012 年，人们开始使用摄像头捕捉爪哇虎，希望能证实这个物种还存在。

O'Reilly 出版的图书，封面上的很多动物都濒临灭绝。这些动物都是地球的至宝。如果你想知道如何保护这些动物，请访问 *animals.oreilly.com*。

封面图片是 19 世纪的雕刻，出自 *Dover Pictorial Archive*。